"十二五"环境科学与工程系列规划教材

环境工程原理

主　编　徐建平　唐　海
副主编　王　艳　汤　婕
　　　　王　馨　颜酉斌

U0322889

合肥工业大学出版社

责任编辑 张择瑞

封面设计 汪哂秋

图书在版编目(CIP)数据

环境工程原理/徐建平,唐海主编 . —合肥:合肥工业大学出版社,2013.3
ISBN 978 - 7 - 5650 - 1015 - 6

Ⅰ.①固… Ⅱ.①徐…②唐… Ⅲ.①环境工程—高等学校—教材 Ⅳ.①X5

中国版本图书馆 CIP 数据核字(2013)第 285469 号

环 境 工 程 原 理

主 编 徐建平 唐 海		副主编 王 艳 汤 婕 王 馨 颜酉斌		
出 版	合肥工业大学出版社	版 次	2013 年 3 月第 1 版	
地 址	合肥市屯溪路 193 号	印 次	2013 年 6 月第 1 次印刷	
邮 编	230009	开 本	710 毫米×1010 毫米 1/16	
电 话	综合图书编辑部:0551—62903204	印 张	21.25	
	市 场 营 销 部:0551—62903198	字 数	405 千字	
网 址	www.hfutpress.com.cn	印 刷	中国科学技术大学印刷厂	
E-mail	hfutpress@163.com	发 行	全国新华书店	

主编信箱	xy1204@ahpu.edu.cn	责编信箱/热线	zrsg2020@163.com 13965102038

ISBN 978 - 7 - 5650 - 1015 - 6 定价:38.00 元(含教学光盘 1 张)

如果有影响阅读的印装质量问题,请与出版社市场营销部联系调换。

前　言

　　环境学科与工程是随着环境污染问题的日趋突出而产生的，经历了半个世纪的发展逐渐成为一门独立的新兴学科，而且其学科体系还正在不断的丰富。环境工程作为环境领域的一个重要分支，从学科长远发展的角度来看，如何不断总结、提炼具有共性的专业基础理论并将其融入到课程教学中去，成为进一步提高和保证环境工程专业人才培养质量，促进环境工程学科进一步快速、健康发展的重要基石。

　　"环境工程原理"在这种大背景下成为环境工程课程体系中的一门新课程，其主要任务是系统阐述环境污染控制工程专业基础理论和基本原理，是环境工程专业的核心课程和专业基础理论平台课程。《环境工程原理》是在化工原理、化学反应工程以及生物工程原理的基础上，结合环境工程的专业特点编写而成的，主要内容包括环境工程原理基础、分离工程和反应工程原理。全书共分为十一章，由徐建平教授和唐海副教授担任主编，王艳讲师、王馨讲师、颜酉斌讲师和汤婕讲师参编。

　　具体内容如下：绪论（第一章，徐建平），质量衡算与能量衡算（第二章，汤婕），流体流动（第三章，颜酉斌、唐海）、质量传递（第四章，王馨）、沉降（第五章，汤婕），过滤（第六章，徐建平），吸收（第七章，王馨）、吸附（第八章，颜酉斌）、反应动力学（第九章，王艳），反应器（第十章，王艳），微生物反应器（第十一章，唐海），由唐海负责全书的通稿。书中引用了一些资料的图、表、公式、定义等，因为此书为统编教材，考虑到篇幅关系，没能全面注明出处，敬请被引用者谅解。

通过对《环境工程原理》内容的学习，环境工程及相关专业的学生能够有效掌握环境工程中常用单元操作与单元过程的原理、方法及应用，为后续的水污染控制工程、大气污染控制工程等专业课程的学习打下良好的基础。

《环境工程原理》可作为高等院校环境工程、环境科学及其相关专业的本科教材，也可作为从事环境保护工作的专业技术人员和科研人员的参考用书。

由于编者的知识水平和写作能力有限，缺点和错误难免，敬请同行专家不吝指教。

编　者
2013 年 6 月

目　　录

第一章　绪　　论

第一节　环境问题与环境学科的发展

一、环境概念

"环境"是一个相对概念,是与某个中心事物相关周围事物的总称。环境学科所涉及的环境,其中心事物从狭义上讲是人类,广义上讲是地球上所有的生物。环境学科所研究的环境包括自然环境和人工环境两种。

自然环境是指直接或间接影响到地球生物的所有自然形成的物质、能量和自然现象的总体,是人类赖以生存、生活和生产所必需的自然条件及自然资源的总称。它包括阳光、空气、水、土壤、岩石、温度、气候等自然因素,也包括微生物、高等生物,等等。人工环境分广义和狭义两种,广义的人工环境是指为了满足人类的需要,在自然物质的基础上,通过人类长期有意识的社会劳动、加工和改造自然物质,创造物质的生产体系,积累物质文化等所形成的环境体系之和。狭义的人工环境,是指由人为设置边界面围成的空间环境。

二、环境问题的产生

产业革命以后,生产力水平得到快速发展,技术水平亦日新月异,人类活动的强度和范围大幅增强和扩展,造成人类与环境的矛盾以及由此带来的环境问题日趋突出。

三、人类面临的环境问题

生态破坏和环境污染是目前人类面临的两大环境问题,它们已经成为影响社会可持续发展、人类可持续生存的重大问题。

四、"环境科学"学科的诞生

"环境科学"是随着环境问题的日趋突出而产生的一门新兴的综合性边缘学科。它从 20 世纪 60 年代起逐渐发展成为一门独立的新兴学科。

五、"环境科学"的任务

"环境科学"是研究人类活动与环境质量关系的科学,其主要任务是研究人类与环境的对立统一关系,掌握其发展规律,从而保护环境并使其向有利于人类的方向发展。

六、环境学科的体系

"环境学科"是一门正在快速发展的学科,其研究范围和内涵不断扩展,所涉及的学科众多,且各个学科间又互相交叉和渗透,因此具有丰富的学科内涵。

$$
环境学科体系\begin{cases}环境科学 \\ 环境工程学 \\ 环境生态学 \\ 环境规划与管理\end{cases}
$$

图 1-1　环境学科的体系

第二节　　环境污染与环境工程学

环境污染是人类面临的主要环境问题之一,它主要是由于人类活动造成的环境质量恶化,从而破坏了原生的生态系统、生物生存和人类生活条件的一种现象。

一、"环境工程学"的任务

环境工程学的任务是利用环境学科与工程学的方法,研究环境污染控制理论、技术、措施和政策,以改善环境质量,保证人类的身体健康、舒适的生存环境和社会的可持续发展。

二、"环境工程学"的研究对象

环境工程学的研究对象不仅包括水污染控制技术、大气(包括室内空气)污染控制技术、固体废物处理与处置和资源化技术、物理性污染(热污染、辐射污染、噪声、振动)防治技术、自然资源的合理利用与保护、环境监测与环境质量评价等传统的内容,还包括生态修复与构建理论与技术、清洁生产理论与技术、环境规划、环境管理与环境系统工程等。目前其研究范围仍在继续扩展。

三、环境工程学的学科体系

环境工程学是在吸收给排水工程、土木工程、卫生工程、化学工程、机械工程等经典学科基础理论和技术的基础上,为了改善环境质量而逐步形成的一门新兴的学科。它虽然脱胎于上述经典学科,但无论是学科任务还是研究对象都与这些学科有显著的区别。近年来,大量其他学科知识,如生物工程与生物技术、化学、材料学、生态学、矿物加工工程、植物学、计算机与信息工程以及社会学等诸多学科都向其渗透,使其学科理论体系日趋完善,已经成为具有鲜明特色的独立的学科体系。

环境工程学
├─ 环境净化与污染控制技术及原理
│   ├─ 水质净化与水污染控制工程
│   ├─ 空气净化与大气污染物控制工程
│   ├─ 固体废弃物处理处置与管理
│   ├─ 物理性污染控制工程
│   ├─ 土壤净化与污染物控制工程
│   └─ 废物资源化技术
├─ 生态修复与构建技术及原理
├─ 清洁生产理论与技术原理
├─ 环境规划管理与环境系统工程
└─ 环境工程检测与环境质量评价

图 1 - 2 环境工程学的学科体系

第三节 环境净化与污染控制技术概述

一、水质净化与水污染控制技术

(一) 水中的主要污染物及其危害

根据污染物的不同,水污染可分为物理、化学和生物污染三大类。污水中的物理性和化学性污染物种类多,成分复杂而多变,可处理性差异较大。为了便于理解污水处理的对象与原理,污水中的污染物可按以下进行分类(图 1 - 3)。

按化学性质分
├─ 无机污染物
└─ 有机污染物
    ├─ 可生物降解性污染物
    └─ 难生物降解性污染物

按物理形态分
├─ 悬浮固体(SS:粒径 $0.1 \sim 0.45\mu m$ 以上)
├─ 胶体性物质(粒径 $0.001 \sim 0.1\mu m$)
└─ 溶解性物质

图 1 - 3 污水中的污染物分类

水中的无机污染物包括氮、磷等植物性营养物质、非金属、金属与重金属以及主要因无机物的存在而形成的酸碱度。其中氮、磷是导致湖泊、水库、海湾等封闭性水域富营养化的主要元素,而重金属则会对人体和水生生物产生直接的毒害。

污水中的可生物降解性有机污染物(多为天然化合物)排入水体后,能在微生物的作用下得到降解,但消耗了水中的溶解氧,最终引起水体的缺氧和水生动物的死亡,破坏水体自然功能。在厌氧条件下有机物被微生物降解会产生 H_2S、NH_3、低级脂肪酸等有害或恶臭物质。

一些难生物降解性污染物(持续性污染物),如农药、卤代烃、芳香族化合物、聚氯联苯等,具有毒性大、化学及生物学稳定、易于在生物体内富集等特点,排入环境后通过食物链对人体健康造成危害。

(二)水质净化与水污染控制技术

水处理是利用各种技术和手段,将污水中的污染物分离去除或将其转化为无害物质,使污水得到净化的过程。水处理方法种类很多,总的来说可以分为物理法、化学法和生物法三大类。各种水处理方法的原理与主要去除对象分别见表 1-1、表 1-2 和表 1-3。

表 1-1　水的物理处理法

处理方法	利用的主要原理	主要去除对象
重力(离心)沉淀分离	重力(离心)沉降	比重大于 1 的颗粒
气浮	浮力	比重小于 1 的颗粒
过滤(沙滤等)	物理阻截	悬浮物
过滤(筛网过滤)	物理阻截	粗大颗粒、悬浮物
反渗透	渗透压	无机盐等
膜分离	物理阻截	大分子污染物
蒸发浓缩	水与污染物的蒸发性差异	非挥发性污染物

表 1-2　水的化学处理法

处理方法	主要原理	主要去除对象
中和法	酸碱反应	酸性、碱性污染物
化学沉淀法	沉淀反应、固液分离	无机污染物
氧化法	氧化反应	还原性污染物、有害微生物(消毒)
还原法	还原反应	氧化性污染物
电解法	电解反应	氧化、还原性污染物
超临界分解法	热分解、氧化还原反应、游离基反应等	有机污染物

（续表）

处理方法	主要原理	主要去除对象
汽提、吹脱、萃取	污染物在不同相间的分配	有机污染物
吸附法	界面吸附	可吸附性污染物
离子交换法	离子交换	离子性污染物
电渗析法	离子迁移	无机盐
混凝法	中和、吸附架桥	胶体性污染物、大分子污染物

表 1-3　水的生物处理法

处理方法		主要原理	主要去除对象
好氧处理法	活性污泥法 生物膜法 流化床法	生物吸附、生物降解	可降解性有机污染物、还原性无机污染物（NH_4^+）
生态技术	氧化塘 土地渗滤 湿地系统	生物吸附、生物降解 生物降解、土壤吸附 生物降解、土壤吸附、植物吸附	有机污染物、氮、磷、重金属
厌氧处理法	厌氧消化池 厌氧接触法 厌氧生物滤池 高效厌氧反应器（UASB 等）	生物吸附、生物降解	可生物降解性有机污染物、氧化态无机污染物（NO_3^-,SO_4^{2-}）
厌氧-好氧联合工艺		生物吸附、生物降解、硝化-反硝化、生物摄取与排出	有机污染物、氮（硝化-反硝化）、磷

物理法是利用物理作用分离水中污染物的方法，在处理过程中不改变污染物的化学性质。

化学法是利用化学反应的作用通过改变污染在水中的存在形式（如沉淀、上浮等），使之从水中去除，或者使污染物彻底氧化分解、转化为无害物质的处理水中污染物的方法。

生物法是利用生物的作用，使水中的污染物分解、转化成无害物质的方法。

二、空气净化与大气污染控制技术

(一)空气中的污染物及其危害

空气中污染物的种类繁多,根据其存在的状态,可分为颗粒物／气溶胶状态污染物和气态污染物,具体如图1-4所示。空气中的污染物不但能引起各种疾病,危害人体健康,还能引起大气组分的变化,导致气候异常变化,从而影响植物和农作物等的生长。

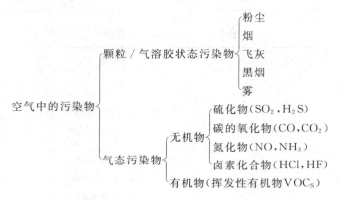

图1-4 空气中的污染物分类

(二)空气净化与大气污染控制技术

主要可分为分离法和转化法两大类。分离法是利用污染物与空气的物理性质的差异使污染物从空气(废气)中分离的一类方法。转化法是利用化学反应或生物反应,使污染物转化成无害物质或易于分离的物质,从而使空气(废气)得到净化与处理的方法。常见的空气净化与大气污染控制技术列于表1-4。

表1-4 空气净化与废气处理技术

处理技术	主要原理	主要去除对象
机械除尘	重力沉降作用、离心沉降	颗粒／气溶胶状态污染物
过滤除尘	物理阻截	颗粒／气溶胶状态污染物
静电除尘	静电沉降	颗粒／气溶胶状态污染物
湿式除尘	惯性碰撞作用、洗涤	颗粒／气溶胶状态污染物
物理吸收法	物理吸收	气态污染物
化学吸收法	化学吸收	气态污染物
吸附法	界面吸附	气态污染物

（续表）

处理技术	主要原理	主要去除对象
催化氧化法	氧化还原反应	气态污染物
生物法	生物降解	可降解有机污染物、还原态无机污染物
燃烧法	燃烧反应	有机污染物
稀释法	扩散	所有污染物

三、土壤净化与污染控制技术

（一）土壤污染物及其危害

土壤中的污染物主要有重金属、挥发性有机物、原油等。土壤的重金属污染主要是由人为活动或自然作用释放出的重金属在土壤中逐渐积累而造成的。土壤的有机污染主要是由化学品的泄漏、非法投放、原油泄漏等造成的。与水污染和大气污染不同，土壤污染通常是局部性的污染，但是在特殊情况下通过地下水的扩散，也会造成区域性污染。

土壤污染的危害主要有：① 通过雨水淋溶作用，可能导致地下水和周围地表水体的污染；② 通过植物吸收而进入食物链，对食物链上的生物产生毒害作用等。

（二）污染土壤净化技术

由于土壤的物理结构和化学成分较复杂，污染土壤的净化比废水与废气处理困难得多。污染土壤的净化技术也可分为物理法、化学法和生物法。

表 1-5　土壤净化与污染控制方法

处理技术	主要原理	主要去除对象
客土法	稀释	所有污染物
隔离法	物理隔离（防止扩散）	所有污染物
清洗法（萃取法）	溶解	溶解性污染物
吹脱法（通气法）	挥发	挥发性有机物
热处理法	热分解作用、挥发	有机污染物
电化学法	电场作用（移动）	离子或极性污染物
焚烧法	燃烧反应	有机污染物
微生物净化法	生物降解	可降解性有机污染物
植物净化法	植物转化、植物挥发、植物吸收/固定	重金属、有机污染物

四、固体废弃物处理、外置与管理

（一）固体废弃物的种类及其危害

废物概念是相对的，它与技术发展水平和经济条件密切相关，在有些地方被看做废物的东西，在另一个地方可能就是原料或资源。过去认为是废物的东西，明天可能就不再是废物。所以固体废弃物有"放错位置的资源"或者"放错地点的原料"的说法。《中华人民共和国固体废物污染环境防治法》规定，固体废弃物是指在生产、生活和其他活动中产生的丧失原有利用价值或者虽未丧失利用价值但被抛弃或者放弃的固态、半固态和置于容器中的气态的物品、物质以及法律、行政法规规定纳入固体废物管理的物品、物质。

固体废弃物对环境的危害包括：① 通过雨水的淋溶和地表径流的渗沥，污染土壤、地下水和地表水，从而危及人体健康；② 通过飞尘、微生物作用产生的恶臭以及化学反应产生的有害气体污染空气；③ 固体废弃物的存放和最终填埋处理占据大面积的土地。

（二）固体废弃物处理处置技术

固体废弃物的处理处置往往与其中所含可利用物质的回收、综合利用联系在一起。

表 1-6　固体废弃物处理处置技术

处理技术	主要原理	主要去除对象
压实	压强（挤压）	高孔隙率固体废弃物
破碎	冲击、剪切、挤压、破碎	大型固体废弃物
分选	重力、磁力、表面物理化学性质、电性、光学特性等	所有固体废弃物
脱水／干燥	过滤、干燥	含水量高的固体废弃物
中和法	中和反应	酸性、碱性废渣
氧化还原法	氧化还原反应	氧化还原性废渣
固化法	固化与隔离	有毒有害固体废物
堆肥	生物降解	有机垃圾
焚烧	燃烧反应	有机固体废弃物
填埋处理	隔离	无机等稳定性固体废弃物

五、物理性污染控制技术

物理性污染主要包括噪声、电磁辐射、振动及热污染等,其主要控制技术包括隔离、屏蔽、吸收、消减技术等。

六、废物资源化技术

废物的资源化途径可分为物质的再生利用和能源转化。根据废弃物的特性以及资源化对象的性质、存在形式和含量,需采取不同的资源化技术。

表 1-7 几种废物资源化技术及其原理

资源化技术	主要原理	作用
焚烧	燃烧反应	有机固体废弃物的能源化
堆肥	生物降解	城市垃圾还田
离子交换	离子交换	工业废水、废液中金属的回收;废酸的再生利用
溶剂萃取	萃取	工业废水、废液中金属的回收;废酸的再生利用
电解	电化学反应	工业废水、废液中金属的回收;废酸的再生利用
沉淀	沉淀	工业废水、废液中金属的回收
蒸发浓缩	挥发	废酸的再生利用
沼气发酵	生物降解	高浓度有机废水、废液利用

第四节 环境净化与污染控制技术原理

随着人类活动范围的扩展、强度的增加和形式的多样化,生产和使用的化学物质的种类日益增加,登录在《化学文摘》上的化学物质,总数已达 6000 多万种,目前仍在高速增加。据统计,仅日常生活和工业生产中经常使用的化学物质就有 6 万～8 万种之多,这使得环境污染物的种类越来越多。而且污染物的物理和化学性质千差万别,在环境中的迁移转化规律也异常复杂,造成由化学物质引起的环境污染问题越来越复杂。此外,不同的地区以及同一地区在不同时期的环境条件、社会条件和经济条件也各不相同,人与环境间的矛盾也随时间、空间的变化而变化,因此环境污染问题具有强烈的综合性和时间及地域特征。所以环境污染控制应根据不同的对象以及社会经济条件,选择最优的方案。

　　人们经过长期的实践,开发出不同的环境净化与污染控制技术,这些技术从原理上可分为"隔离技术"、"分离技术"和"转化技术"三大类,如图1-5所示。

$$
环境净化与污染控制技术原理\begin{cases} 隔离(扩散控制) \\ 分离(不同介质间的迁移) \\ 转化(化学、生物反应) \end{cases}
$$

图1-5　环境净化与污染控制技术原理的分类

　　隔离技术是将污染物或污染介质隔离,切断污染物向周围环境的扩散途径,防止污染进一步扩大;分离技术是利用污染物与污染介质在物理或化学性质上的差异使其与介质分离,达到污染物去除或回收利用的目的;转化技术是利用化学反应或生物反应,使污染物转化成无害物质或易于分离的物质,从而使污染介质得到净化与处理。

第五节　主要目的和内容

　　1. 环境工程的目的

　　系统学习环境净化与污染控制工程的基本技术原理、工程设计计算的基本理论以及分析问题和解决问题的方法论,为后续的专业课程学习和解决实际工程问题打下良好的基础。

　　2. "环境工程原理"课程的主要内容

　　(1)环境工程原理基础:重点阐述环境工程学的基本概念和基本理论,主要内容包括物料与能量衡算以及流体流动、热量传递和质量传递过程基本理论等。

　　(2)分离过程原理:主要阐述沉淀、过滤、吸收、吸附、离子交换、膜分离等基本分离过程的理论。

　　(3)反应工程原理:主要阐述化学与生物反应计量学及动力学、各类化学与生物反应器的解析与基本设计理论等。

　　另外,这些技术原理应用于具体的污染控制工程,需借助适宜的装置才能实现污染物的去除。因此深入理解和掌握污染控制装置的基本类型和基本操作原理,也是环境工程专业以及相关专业技术人才必备的专业基础知识。

思考题与习题

1-1　简要概述环境学科的发展历史及其学科体系。

1-2　简要阐述环境工程学的主要任务及其学科体系。

1-3　去除水中的悬浮物,有哪些可能的方法? 它们的技术原理是什么?

1-4　空气中挥发性有机物(VOCs)的去除有哪些可能的技术? 它们的技术原理是什么?

1-5　简述土壤污染可能带来的危害及其作用途径。

1-6　环境净化与污染控制技术原理可以分为哪几类? 它们的主要作用原理是什么?

1-7　环境工程原理课程的任务是什么?

第二章　　质量与能量衡算

　　质量守恒定律和能量守恒定律是自然界最普遍、最重要的基本定律之一。在任何与周围隔绝的体系中，不论发生何种变化或过程，其总质量始终保持不变。简单地说物质不会凭空产生，也不会凭空消失，只会从一种形态转化成另一种形态。能量既不会凭空产生，也不会凭空消失，只能从一种形式转化为其他形式，或者从一个物体转移到另一个物体，在转化或转移的过程中，能量的总量不变。它在环境工程学中是用于研究环境中污染物的产生、迁移转化和最终去向的有力工具，在预测雨水径流、确定固体废物的产生量、计算溶解氧的平衡及热过程的效率、气候变化等都要用到该定律。

第一节　　常用物理量

一、计量单位

　　计量单位是由数值和计量单位两部分表示出来，各种物理量都有它们的量度单位，并以选定的物质在规定条件显示的数量作为基本量度单位的标准，在不同时期和不同的学科中，基本量的选择可以不同。如物理学上以时间、长度、质量、温度、电流强度、发光强度、物质的量这 7 个物理单位为基本量，它们的单位依次为秒、米（单位）、千克、开尔文、安培、坎德拉、摩尔，这 7 个基本量在 1960 年的第十一届国际计量大会上被确定为国际单位制的基本单位，国际单位制中规定的 7 个基本单位和 2 个辅助单位见表 2-1 所列。

　　由基本量根据有关公式推导出来的其他量，叫做导出量。导出量的单位叫做导出单位，任何一个物理量的导出单位都是按照定义式由基本单位相乘或相除求得的。如速度的单位是由长度和时间单位组成的，用"m/s"表示。组合单位则是由其他量的单位组合而成的单位。如压强的单位（Pa）可以用力的单位（N）和面积的单位（m^2）组成，即 N/m^2。但若用基本单位表示导出单位，会带来很大的不便，因此对于导出单位国际单位制又规定了专门的名称，详见表 2-2 所列。

表 2-1　国际单位制基本和辅助单位

量的名称	单位名称	单位符号	单位性质
长度	米	m	基本单位
质量	千克	kg	基本单位
时间	秒	s	基本单位
电流	安[培]	A	基本单位
热力学温度	开[尔文]	K	基本单位
物质的量	摩[尔]	mol	基本单位
发光强度	坎[德拉]	cd	基本单位
平面角	弧度	rad	辅助单位
立体角	球面度	sr	辅助单位

注:方括号内的字在不引起混淆或误解的情况下可以省略。

表 2-2　国际单位制中导出单位名称及符号

物理量名称	物理量符号	单位名称	单位符号	备注
面积	$A(S)$	平方米	m^2	
体积	V	立方米	m^3；	
速度	v	米每秒	m/s	
加速度	a	米每二次方秒	m/s^2	
角速度	ω	弧度每秒	rad/s	
频率	f,ν	赫[兹]	Hz	$1Hz = 1s^{-1}$
[质量]密度	ρ	千克每立方米	kg/m^3	
力	F	牛[顿]	N	$1N = 1kg \cdot m/s^2$
力矩	M	牛[顿]米	$N \cdot m$	
动量	p	千克米每秒	$kg \cdot m/s$	
压强	p	帕[斯卡]	Pa	$1Pa = 1N/m^2$
功	$W(A)$	焦[耳]	J	$1J = 1N \cdot m$
能[量]	E	焦[耳]	J	
功率	P	瓦[特]	W	$1W = 1J/s$
电荷[量]	Q	库[仑]	C	$1C = 1A \cdot s$

(续表)

物理量名称	物理量符号	单位名称	单位符号	备注
电场强度	E	伏［特］每米	V/m	
电位、电压、电势差	$U, (V)$	伏［特］	V	$1V = 1W/A$
电容	C	法［拉］	F	$1F = 1C/V$
电阻	R	欧［姆］	Ω	$1\Omega = 1V/A$
电阻率	ρ	欧［姆］米	$\Omega \cdot m$	
磁感应强度	B	特［斯拉］	T	$1T = 1Wb/m^2$
磁通［量］	Φ	韦［伯］	Wb	$1Wb = 1V \cdot s$
电感	L	亨［利］	H	$1H = 1Wb/A$
电导		西［门子］	S	
光通量		流［明］	lm	$1lm = 1cd \cdot sr$
光照度		勒［克斯］	lx	$1lx = 1lm/m^2$
放射性活度		贝可［勒尔］	Bq	$1Bq = 1s^{-1}$
吸收剂量		戈［瑞］	Gy	$1Gy = 1J/kg$

二、常用物理量及其表示方法

环境工程中往往需要一些物理量来进行描述,如浓度、流量、流速、通量、效率等,以下对此物理量进行详细描述。

（一）浓度

浓度的表示方法很多,某组分的浓度可以用单位体积混合物中含有组分的质量或物质的量表示,也可用组分与混合物总量或混合物中惰性组分量的比值表示。浓度表示方法对于分析解决不同状态、不同组分含量及不同过程都更为简便。

1. 质量浓度与物质的量浓度

（1）质量浓度

通常浓度用符号 ρ 进行表示,水中的物质浓度常用质量浓度表示,气态组分浓度有时也用质量浓度表示。常用单位有 mg/L,μg/L,μg/m³ 或 kg/m³,定义式为

$$\rho_A = \frac{m_A}{V} \tag{2-1}$$

式中:ρ_A —— 组分 A 的质量浓度,kg/m³;

m_A—— 混合物中某组分的质量,kg;

V—— 混合物的体积,m^3。

若混合物由 N 个组分组成,则混合物的总质量浓度为

$$\rho = \sum_{i=1}^{N} \rho_i \qquad (2-2)$$

(2) 物质的量浓度

单位体积混合物中某组分的物质的量称为该组分的物质的量浓度,以符号 c 表示,常用单位为 $kmol/m^3$、mol/m^3、mol/dm^3 等,某组分的物质的量浓度定义式为

$$c_A = \frac{n_A}{V} \qquad (2-3)$$

式中:c_A—— 组分 A 的物质的量浓度,$kmol/m^3$;

n_A—— 混合物中某组分的物质的量,kmol;

V—— 混合物的体积,m^3。

若混合物由 N 个组分组成,这混合物的总浓度 c 为

$$c = \sum_{i=1}^{N} c_i \qquad (2-4)$$

组分 A 的质量浓度与物质的量的浓度的关系为

$$c_A = \frac{\rho_A}{M_A} \qquad (2-5)$$

式中:M_A—— 组分 A 的摩尔质量,kg/kmol。

2. 质量分数与摩尔分数

(1) 质量分数和体积分数

混合物中某组分的质量与混合物总质量之比称为该组分的质量分数,以符号 x_m 表示,某组分 A 的质量分数定义式为

$$x_{mA} = \frac{m_A}{m} \qquad (2-6)$$

式中:x_{mA}—— 组分 A 的质量分数;

m—— 混合物的总质量,kg。

若混合物由 N 个组分组成,则有:

$$\sum_{i=1}^{N} x_{mi} = 1 \qquad (2-7)$$

液体中的组分浓度除采用质量浓度外,也常用质量分数表示,当组分浓度很低、质量分数的值较小时,可以采用 10^{-6}(质量分数)或 $\mu g/g$ 表示,也可采用 10^{-9}(质量分数)或 $\mu g/kg$ 表示。

在大气污染控制工程中,也用体积分数来表示污染物的浓度。当气体混合物中有百万分之一的体积为污染物质时,如 $1mL/m^3$,则此气态污染物浓度为 10^{-6}(体积分数),$1\mu L/m^3$ 气态污染物质浓度为 10^{-9}(体积分数)。在混合气体中,组分 A 的体积分数与质量浓度之间的关系与混合物的压力、温度以及组分的相对分子质量有关。1mol 任何理想气体在相同的压力和温度下都有着同样的体积,因此用体积分数表示污染物的浓度在实际应用中非常方便。这些度量方法表示组分的量和溶液总量(流体的量加上组分的量)之间的比例关系,两者用相同的度量单位表示。

(2)摩尔分数

混合物中某组分的物质的量与混合物总物质的量之比称为该组分的摩尔分数,以符号 x 表示。组分 A 的摩尔分数定义式为

$$x_A = \frac{n_A}{n} \tag{2-8}$$

式中:x_A—— 组分 A 的摩尔分数;

n—— 混合物总物质的量,mol。

若混合物有 N 个组分组成,则有

$$\sum_{i=1}^{N} x_i = 1 \tag{2-9}$$

3. 质量比与摩尔比

质量分数(或摩尔分数)是混合物中某种组分的质量(或物质的量)占混合物总质量(或总物质的量)的分数。

混合物中某组分的质量与惰性组分质量的比值称为该组分的质量比,以符号 X_m 表示。若混合物中除组分 A 外,其余为惰性组分,则组分 A 的质量比定义式为

$$X_{mA} = \frac{m_A}{m - m_A} \tag{2-10}$$

式中:X_{mA}—— 组分 A 的质量比,无量纲;

$m - m_A$—— 混合物中惰性物质的质量,kg。

质量比与质量分数的关系为

$$X_{mA} = \frac{x_{mA}}{1 - x_{mA}} \quad\quad\quad (2-11)$$

混合物中某组分的物质的量与惰性组分的物质的量的比值称为该组分的摩尔比,以符号 X 表示。若混合物中除组分 A 外,其余为惰性组分,则组分 A 的摩尔比定义式为

$$X_A = \frac{n_A}{n - n_A} \quad\quad\quad (2-12)$$

式中:X_A—— 组分 A 的摩尔比,无量纲;

$\quad\quad n - n_A$—— 混合物中惰性的物质量,mol。

摩尔比与摩尔分数的关系为

$$X_A = \frac{x_A}{1 - x_A} \quad\quad\quad (2-13)$$

同样,当混合物为气液两相时,常以 X 表示液相中某组分的摩尔比,Y 表示气相中某组分的摩尔比。对于气态混合物,常用分压表示浓度,此时组分 A 的摩尔比可以按下式计算,即

$$Y_A = \frac{p_A}{1 - p_A} \quad\quad\quad (2-14)$$

式中:p—— 气体的总压力,Pa;

$\quad\quad p_A$—— 组分 A 的分压,Pa。

(二) 流量

环境工程学研究的对象多为流体,因此单位时间内流过流动截面的流体体积称为体积流量,以 q_V 表示,单位为 m^3/s,若某一时间 t 内流过截面 A 的体积为 V,则

$$q_V = \frac{V}{t} \quad\quad\quad (2-15)$$

当流体为气体,气体体积流量会随着温度和压力变化而变化,因此采用质量流量较为方便,单位时间内流过流动截面的流体质量称为质量流量,以 q_m 表示,单位为 kg/s,若流体密度为 ρ,则

$$q_m = \frac{V\rho}{t} \quad\quad\quad (2-16)$$

体积流量与质量流量的关系为

$$q_{m}= q_{V}\rho \qquad (2-17)$$

（三）流速

对于很多环境问题,确定问题的严重程度,时间是一个重要的因素,因此单位时间内流体在流动方向上流过的距离称为流速,以 u 表示,单位为 m/s。速度是矢量,在直角坐标系 x,y,z 三个轴方向上的投影分别为 u_x、u_y、u_z。在流动截面上各点的流速称为点流速。对于实际流体,由于流体具有黏性,一般情况下各点流速不相等,其在同一截面上的点流速的变化规律称为速度分布。工程上为了计算方便,通常采用截面上各点流速的平均值,称为主体平均流速 u_m,简称为平均流速。单位时间内以平均速度流过截面的流体体积与按实际上具有速度分布时流过同一截面的流体体积相等,其定义式为

$$u_m = \frac{\int_A u \, \mathrm{d}A}{A} = \frac{q_V}{A} \qquad (2-18)$$

式中:A—— 流过截面的面积,m^2。

由于通常使用圆形管道输送液体或气体,若以 d 表示管道的内径,则式(2-18)变为

$$u_m = \frac{q_V}{\frac{\pi}{4}d^2} \qquad (2-19)$$

于是

$$d = \sqrt{\frac{4q_V}{\pi u_m}} \qquad (2-20)$$

考虑到流速影响流动阻力和管径,以及影响系统的操作费用和建设投资,一般情况下,液体流速为 0.5 ～ 3.0m/s,气体为 10 ～ 30m/s。

（四）通量

单位时间内通过单位面积的物理量称为该物理量的通量。通量是表示传递速率的重要物理量,比如热量通量,单位为 $J/(m^2 \cdot s)$,某组分的质量通量,单位为 $kg/(m^2 \cdot s)$;动量通量,单位为 N/m^2。

第二节　质量衡算

质量衡算是环境工程中分析问题的基本方法,其依据是质量守恒定律。物质平衡或者质量平衡,其最简单的形式可能看作一个记账单的过程,对于一个环境过程,表达式可以写成:

$$积累 = 输入 - 输出$$

式中积累、输入和输出分别表示系统中积累的质量,流进及流出系统的质量。质量衡算提供了一个强有力的工具,可以定量跟踪污染物质在环境中的迁移。

一、衡算的基本概念

(一) 衡算系统

用衡算方法分析各种质量传递与转化有关的过程时,首先应确定一个用于分析的特定区域,即衡算的空间范围,称为衡算系统。包围此区域的界面称为边界,边界以外的范围为系统周围的环境。划定系统的边界后,就可以分析物质通过边界的质量转移及其在区域内的积累。

衡算区域我们称为控制单元,控制单元可以是一个反应池、一个车间、一个湖泊、一段河流或者是整个地球,也可以取微元尺度范围,写出物料平衡表达式,求解未知的输入、输出或积累,衡算系统的大小和几何形状的选取应根据研究问题的方便确定。

(二) 总衡算与微分衡算

总衡算是对宏观范围进行衡算,当研究一个过程的总体规律而不涉及内部的详细情况时,可以运用总衡算,该方法可以解决环境工程中的物料平衡、能量转换与消耗、设备受力以及管道内的平均流速、阻力损失等许多有实际意义的问题,但不能得知系统内部各点的变化规律。

当需要探求系统内部的质量和能量变化规律,了解过程的机理需要采用微分衡算,微分衡算是对微元范围进行衡算,从研究微元体各物理量随时间和空间的变化关系着手,采用微分方程,在特定的边界和初始条件下求解,从而获得系统中某一点的相关物理量随时间和空间的变化规律。

(三) 稳态系统与非稳态系统

对于任何一个系统,根据其任意位置上物理量是否随时间变化,可以将其分为稳态系统和非稳态系统。当系统中流速、压力、密度等物理量只是位置函数,且不随时间发生变化为稳态系统,这时 $\frac{\partial}{\partial t}=0$,只是空间坐标的函数,与时间 t 无关。若上述物理量随位置、时间发生变化则为非稳态系统。通常工程操作中采用连续稳态操作,在间歇操作系统或连续操作系统的开始和结束阶段为非稳态过程。

二、总质量衡算

总质量衡算也称为物料衡算,反映过程中各种物料之间的关系。利用质量守恒定律的平衡关系来跟踪物质从一个地方转移到另一个地方或转化为其他物质的情况。

进行质量衡算时,首先需要划定衡算的系统,其次要确定衡算的对象与衡算的基准,质量衡算的对象可以是物料的全部组分,也可以是物料的关键组分。

(一) 以物料的全部组分为衡算对象

当以物料的全部组分为衡算对象时,一定时间 t 内输入系统的物料质量与输出系统的物料质量之差等于系统内部物料质量的积累。

$$输入物料质量 - 输出物料质量 = 内部积累物料质量$$

或写成

$$m_1 - m_2 = \Delta m \tag{2-21}$$

式中:m_1——t 时间内输入系统的物料质量,kg;

m_2——t 时间内输出系统的物料质量,kg;

Δm——t 时间内系统中积累的物料质量,kg。

时间 t 是衡算的基准,应根据过程的具体情况,以便于分析和计算为原则,通常选择 1min,1h 等,间歇操作中可取每处理一批物料为基准。

对于稳态过程,系统中各处的所有参数均不随时间变化,内部无物料积累,即 $\Delta m = 0$,故

$$输入物料质量 = 输出物料质量$$

即

$$m_1 = m_2 \tag{2-22}$$

【例 2-1】 一对普通夫妻,平均每周他们购买并且带回家里大约 50kg 消费品(食物、杂志、报纸、电器、家具以及相关的包装材料)。在这些物品中,50% 作为食物被消耗掉。食物的一半用于生理维持并且最后转化为二氧化碳释放出去;剩余的被排泄到下水道系统中。产生固体废物的 25% 被这对夫妻循环利用,大约 1kg 积累在家里,估算他们每周放到路边垃圾站的固体废物量。

解：先画一个质量平衡图,标上已知的和未知的输入和输出量。

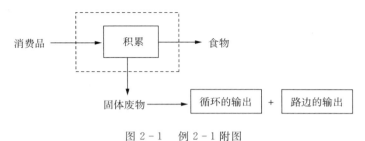

图 2-1　例 2-1 附图

针对上图的质量平衡方程为

输入质量－(作为食物的输出＋作为固体废弃物的输出)＝屋里的积累

已知的输入：输入的一半是食物＝1/2×50kg＝25kg

因此质量平衡方程为：50＝1＋24＋固体废物的输出

固体废物输出＝24kg＝路边的输出＋循环的输出＝路边的输出＋25％×24

路边的输出＝24－6＝18(kg)

所以这对夫妻每周放到路边垃圾站的固体废物量为18kg。

在很多环境问题中,时间是表达问题严重程度的重要参数,在此情况下,质量衡算关系可以表示为

单位时间输入物料质量－单位时间输出物料质量＝单位时间内部积累物料质量

或写成

$$q_{m1} - q_{m2} = \frac{\mathrm{d}m}{\mathrm{d}t} \tag{2-23}$$

式中：q_{m1}——单位时间输入物料质量,即输入系统的质量流量,也称为输入速率,kg/s；

　　　q_{m2}——单位时间输出物料质量,即输出系统的质量流量,也称为输出速率,kg/s；

　　　m——任意时刻系统内物料的质量,kg；

　　　$\mathrm{d}m/\mathrm{d}t$——单位时间系统内积累的物料质量,也称为物料的积累速率,kg/s。

(二) 以某种元素或某种物质为衡算对象

根据分析问题的具体情况和要求,物料衡算也可以取某种元素或某种物质作为衡算对象。某种物质进入衡算系统后,通常有三种去向:一部分物质没有变化而直接输出系统;一部分物质在系统内积累;一部分物质转化,如图 2-2 所示。因此,

可以对衡算物质写出质量平衡关系式。

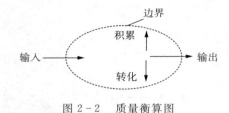

图 2-2　质量衡算图

输入速率 － 输出速率 ＋ 转化速率 ＝ 积累速率

$$q_{m1} - q_{m2} + q_{mr} = \frac{\mathrm{d}m}{\mathrm{d}t} \qquad (2-24)$$

式中：q_{mr} —— 单位时间系统内某组分因生物和化学反应或放射性衰变而转化的质量，即转化的质量流量，称为转化速率或反应速率。当组分为生成物时，q_{mr} 为正值，其质量增加；当该组分为反应物时，q_{mr} 为负值，其质量减少。

进行质量衡算时，为了分析问题方便，可以绘制质量衡算系统图，即画出系统的概念图或过程的流程图，明确衡算系统的边界，将所有输入项、输出项和积累项在图中标出，然后写出质量衡算方程式，以求解未知的输入、输出或积累项，或借助于质量衡算方程，确定是否所有的组分都已考虑进去。此外，应用质量衡算方程计算时，注意应将单位统一。

1. 稳态非反应系统

在稳态非反应系统中，内部物质浓度恒定，不随时间变化，积累速率为 0。同时，系统内衡算物质的组分不发生变化，即不发生化学反应、微生物降解或放射性衰变，其反应速率为 0。因此该系统的质量衡算是最简单的情况。公式简化为

$$q_{m1} = q_{m2} \qquad (2-25)$$

即物质的输入速率等于输出速率。

环境工程中常遇到稳态非反应系统，该系统可能是一个湖泊、一段河流或者城市上方的一团空气，可以有多个输入项和输出项。在稳态的非反应系统中若输入 1 的体积流量为 q_{V1}，其中污染物的质量浓度为 ρ_1；输入 2 的体积流量为 q_{V2}，其中污染物的质量浓度为 ρ_2；输出混合物的体积流量为 q_{Vm}，污染物的质量浓度为 ρ_m。当污染物不发生任何反应且系统处于稳定状态时，污染物的输入速率为

$$q_{m1} = \rho_1 q_{V1} + \rho_2 q_{V2}$$

污染物的输出速率为

$$q_{m2} = \rho_m q_{Vm}$$

式中：
$$q_{Vm} = q_{V1} + q_{V2}$$

代入上式得：

$$\rho_m = \frac{\rho_1 q_{V1} + \rho_2 q_{V2}}{q_{V1} + q_{V2}} \tag{2-26}$$

【例 2-2】 一个雨水管道中融雪水流量为 $5 m^3/s$,融雪水中氯化钠的浓度为 $10 mg/L$,流入一条河流,河流流量为 $12 m^3/s$,河流中自然存在的氯化钠浓度为 $20 mg/L$,氯化钠是不可降解物质,系统属于稳定状态,计算汇合点下游河流中氯化钠浓度(假设两者完全混合)。

解: 划定衡算系统,设雨水管道为输入 1:流量 $q_{V1} = 5 m^3/s$,氯化钠浓度 $\rho_1 = 10 mg/L$

河流为输入 2:流量 $q_{V2} = 12 m^3/s$,氯化钠浓度 $\rho_2 = 20 mg/L$

根据式(2-26)得,

$$\rho_m = \frac{\rho_1 q_{V1} + \rho_2 q_{V2}}{q_{V1} + q_{V2}} = \frac{5 \times 10 + 12 \times 20}{5 + 12} = 17.05 (mg/L)$$

2. 稳态反应系统

在环境工程中,经常遇到某系统内虽然发生反应,但在一定的输入条件下维持足够长时间后,各物理量不再随时间变化。此时可假定系统处于稳定状态,即系统内衡算物质的积累速率为 0。故有

$$q_{m1} - q_{m2} + q_{mr} = 0 \tag{2-27}$$

环境工程中,很多污染物具有较大的化学、生物反应速率。因此必须将它们视为可降解物质。污染物的生物降解经常被视为一级反应,即污染物的降解速率与其浓度成正比。将设体积 V 中可降解物质的浓度均匀分布,则

$$q_{mr} = -k\rho V \tag{2-28}$$

式中:k—— 反应速率常数,s^{-1};

ρ—— 污染物浓度,kg/m^3;

V—— 系统的体积,m^3;

负号表示污染物浓度随时间的增加而减少。

代入上式,可得稳态条件下含有反应过程的系统的质量衡算方程式为

$$q_{m1} - q_{m2} - k\rho V = 0 \tag{2-29}$$

在污染控制工程中,对于污染物进入湖泊、大气中的情况,通常可以假定其为

完全混合系统。因此此式常常用来分析常见的水污染问题和空气质量问题。

【例 2-3】 某一湖泊的容积为 $10 \times 10^6 \, \mathrm{m}^3$，上游未被污染的河流流入该湖泊，流量是 $6.0 \, \mathrm{m}^3/\mathrm{s}$。一工厂以 $0.8 \, \mathrm{m}^3/\mathrm{s}$ 的流量向湖泊排放污水，其中含有可降解的污染物，浓度为 $80 \, \mathrm{mg/L}$。污染物的降解反应速率常数为 $0.25 \, \mathrm{d}^{-1}$。假设污染物在湖中充分混合，不考虑湖泊因蒸发或降雨带来的水量增加或减少。试求稳态条件下湖泊中污染物的浓度。

解： 由于完全混合，所以出水中该污染物浓度等于湖泊中污染物的浓度，即

$$\rho = \rho_m$$

输入速率

$$q_{m1} = \rho_1 q_{V1} + \rho_2 q_{V2} = (0 \times 6.0 + 0.8 \times 80) \times 10^3 = 6.4 \times 10^4 \, (\mathrm{mg/s})$$

输出速率

$$q_{m2} = \rho_m q_{Vm} = (q_{V1} + q_{V2})\rho = (6.0 + 0.8) \times \rho \times 10^3 = 6.8 \times 10^3 \rho \mathrm{L/s}$$

降解速率为

$$k\rho V = (0.25 \times \rho \times 10.0 \times 10^6 \times 10^3)/24 \times 3600 = 27.8 \times 10^3 \rho \mathrm{L/s}$$

污染物衡算方程为

$$6.4 \times 10^4 \, \mathrm{mg/s} - 6.8 \times 10^3 \rho \mathrm{L/s} - 27.8 \times 10^3 \rho \mathrm{L/s} = 0$$

$$64 - (6.8 + 27.8) \times \rho = 0$$

$$\rho = 1.85 \, \mathrm{mg/L}$$

3. 非稳态系统

在非稳态系统中，物质的质量和浓度随时间变化，因此需要采用微分衡算式，通过在初始状态和最终状态下进行积分求得未知量。

【例 2-4】 有一装满水的储槽，直径为 $1\mathrm{m}$，高为 $3\mathrm{m}$，现由槽底部的小孔向外排水，小孔的直径为 $4\mathrm{cm}$，测得水流过小孔时的流速 u_0 与槽内水面高度 z 的关系为 $u_0 = 0.62\sqrt{2gz}$。试求放出 $1\mathrm{m}^3$ 水所需的时间。

解： 设储槽的横截面积为 A_1，小孔面积为 A_2

由题可知

$$A_2 u_0 = -\mathrm{d}V/\mathrm{d}t \quad \text{即} \quad u_0 = -\mathrm{d}z/\mathrm{d}t \times A_1/A_2$$

因此得出

$$-\mathrm{d}z/\mathrm{d}t \times (100/4)^2 = 0.62\sqrt{2gz}$$

即有

$$-226.55 \times z^{-0.5}\mathrm{d}z = \mathrm{d}t, z_0 = 3$$

$$z_1 = z_0 - 1 \times (\pi \times 0.25)^{-1} = 1.73(\mathrm{m})$$

积分可得

$$t = 189.8\mathrm{s}$$

第三节　能量衡算

环境工程中有很多涉及系统能量变化的过程,如污水和污泥加热、烟气冷却、设备管道散热以及流体输送过程中能量相互转化,机械对流体做功、流体因阻力损失消耗机械能而转化为热,通过能量衡算,可以确定加热系统需要的供热量、冷却系统需要的冷却水量、系统与环境交换的热量与其内部温度变化的关系以及流体输送机械的功率、管路直径、流体流量等,也可以对河流或湖泊水体、区域大气乃至全球范围内的能量变化进行分析。

一、热力学第一定律

(一) 能量衡算方程

热力学第一定律指出,能量既不能产生也不能消失(不发生核反应)。与质量守恒定律一样,它并不是说能量的形式不能改变。能量定义为可以做有用功的能力,力作用于物体经过一定距离称为做功。1J 等于恒定的 1N 力作用于一个物体,物体在该力的方向上经过 1m 的路程所做的功。功率是做功的速率或者能量释放的速度。热力学第一定律可以表示为

$$\Delta E = Q - W \qquad\qquad (2-30)$$

式中:E—— 系统内物料所具有的各种能量之和,即总能量,kJ;

　　Q—— 系统内物料从外界吸收的热量,kJ;

　　W—— 系统内物料对外界所做的功,kJ;

　　ΔE—— 系统内部总能量的变化量,kJ。

物质的总能量 E 可以描述为内能、动能、势能、静压能的总和。系统内部能量的变化等于输出系统的物质携带的总能量与输入系统的物质携带的总能量之差加上系统内部能量的积累。因此,对于任一衡算系统,能量衡算方程可以表述为

输出系统的物料的总能量－输入系统的物料的总能量＋系统内物料能量的积累

 ＝系统从外界吸收的热量－系统对外界所做的功   (2-31)

(二) 热量衡算方程

在涉及物料温度与热量变化的过程中,能量可以用焓表示。因此,单位时间系统物料总能量的变化可以表示为

$$\Delta E' = \sum H_P - \sum H_F + E_q \tag{2-32}$$

式中:$\sum H_F$—— 单位时间输入系统的物料的焓值总和,即物料带入的能量总和,kJ/s;

  $\sum H_P$—— 单位时间输出系统的物料的焓值总和,即物料带出的能量总和,kJ/s;

  E_q—— 单位时间系统内部物料能量的积累,kJ/s;

  $\Delta E'$—— 单位时间系统内部总能量的变化,kJ/s。

在此类过程中,系统对外不做功,$W = 0$,则能量衡算方程(也称为热量衡算方程)可表示为

$$\sum H_P - \sum H_F + E_q = q \tag{2-33}$$

式中:q—— 单位时间环境输入系统的热量,即系统的吸热量,kJ/s。

焓是物质的热力学属性,与温度、压力和物质的组成有关。定义式为

$$H = e + pv \tag{2-34}$$

式中:H—— 单位质量物质的焓,kJ/kg;

  e—— 单位质量物质的内能,kJ/kg;

  p—— 物质所处的压力,Pa;

  v—— 单位质量物质的体积,m³/kg。

1. 无相变条件下的能量衡算

当一个没有相变的过程发生,并且没有体积变化的时候,内能的变化定义为

$$E_Q = m\Delta e, \Delta e = c_V \Delta T \tag{2-35}$$

式中:E_Q—— 系统内物料能量的积累,kJ;

  m—— 系统内物料的质量,kg;

  Δe—— 单位质量物料内能的变化,kJ/kg;

  c_V—— 比定容热容,kJ/(kg·℃);

ΔT—— 物料温度的变化值，K。

当一个没有相变的过程发生，并且没有压力变化的时候，焓的变化定义为

$$E_Q = m\Delta H, \Delta H = c_p \Delta T \qquad (2-36)$$

式中：ΔH—— 单位质量物料焓的变化，kJ/kg；

c_p—— 质量定压热容，kJ/(kg · ℃)。

比热容在温度变化范围内是常数，固体和液体几乎是不可压缩的，因此实际上是不做功的，p、V 的变化是零，内能和焓的变化是一样的，因此对于固体或液体来说，当物料无相变时，假设随着温度的变化，比定压热容为衡量或取平均温度下的比定压热容时，则系统中能量的变化可表示为

$$E_Q = mc_p \Delta T \qquad (2-37)$$

2. 有相变条件下的热量衡算

当物质的相发生变化时，吸收或放出热量，但温度不发生变化。单位质量的固体（液体），在恒定压力下转变成液体（气体）需要的能量，称为熔化潜热（汽化潜热），此时系统能量的变化表示为

$$E_Q = mL \qquad (2-38)$$

热量衡算方程表示为

$$Q = mL \qquad (2-39)$$

式中：L—— 物质的潜热，即溶解热或汽化热，kJ/kg。

【例 2-5】 有一个 $4 \times 3m^2$ 的太阳能取暖器，太阳光的强度为 $3000kJ/(m^2 \cdot h)$，有 50% 的太阳能被吸收用来加热流过取暖器的水流，水的流量为 $0.8L/min$。求流过取暖器的水升高的温度。

解：以取暖器为衡算系统，衡算基准取为 1h。

输入取暖器的热量为

$$3000 \times 12 \times 50\% = 18000(kJ/h)$$

设取暖器水升高的温度为 ΔT，水流热量变化率为 $q_m c_p \Delta T$

根据热量衡算方程，有

$$18000kJ/h = 0.8 \times 60 \times 1 \times 4.183 \times \Delta T kJ/(h \cdot K)$$

解之得

$$\Delta T = 89.65\text{K}$$

3. 开放系统的热量衡算

物质和能量都能穿越系统边界,系统为开放系统。例如,发电厂通常使用当地河水作为冷却水,吸收了热量的水再返回河流,导致河流温度升高,因此对开放系统进行衡算时,在系统总能量的变化中,需要考虑物料因携带能量进入和离开系统而导致能量变化率。对于稳态过程,系统内无热量积累,$E_q = 0$,因此式(2-33)可以简化为

$$\sum H_P - \sum H_F = q \tag{2-40}$$

【例2-6】 有一个总功率为 1000MW 的核反应堆,其中 2/3 的能量被冷却水带走,不考虑其他能量损失,冷却水来自于当地的一条河流,河水的流量为 $100\text{m}^3/\text{s}$,水温为 20℃。

(1) 如果水温只允许上升 10℃,冷却水需要多大的流量?

(2) 如果加热后的水返回河中,问河水的水温会上升多少?

解:输入给冷却水的热量为

$$Q = 1000 \times 2/3\text{MW} = 667\text{MW}$$

(1) 以冷却水为衡算对象,设冷却水的流量为 q_m,热量变化率为 $q_m c_p \Delta T$。根据热量衡算定律,有 $q_m \times 10^3 \times 4.184 \times 10\text{J/kg} = 667 \times 10^3\text{J/s}$

$$q_m = 15.94 \times 10^3\text{kg/s}$$

由于水的密度为 1000kg/m^3,因此水的体积流量为 $15.94\text{m}^3/\text{s}$。

(2) 由题,根据热量衡算方程,得 $100 \times 10^6 \times 4.184 \times \Delta T = 667 \times 10^6$

$$\Delta T = 1.59℃$$

河水温度上升 1.59℃,变为 21.6℃。

二、热力学第二定律

热力学第二定律指出,能量从高能区域流向低能区域。当能量发生转化的时候,能量的质会降低,热总是自发地从高温物体流向低温物体,气体自发地通过孔隙从高压区域渗入低压区域,通常从有序变成无序,随机性增加,并且结构和浓度趋于消失,这意味着转化过程中熵会被消耗掉。从高能区域向低能区域的任何转化过程中,熵都会增加,混乱程度越高,熵值越大。

思考题与习题

2-1　往浴缸注水,但未堵上塞子,如果洗浴需要浴缸中水的体积是 $0.450m^3$,水注入的流量是 $1.32L/min$,排水管的流量是 $0.22L/min$,需要多久能将浴缸充满到可以洗浴的水平?

2-2　一节火车罐装车厢出轨破裂,它排放了 $380m^3$ 的杀虫剂到湖中,湖内水的体积为 $50000m^3$。小溪中速度为 $0.1m/s$,流量为 $0.1m^3/s$,溢出点到湖泊的距离是 $20km$,假设杀虫剂溢出后即与小溪完全混合,污染物浓度为 $10.0mg/L$。试求到达湖泊杀虫剂的浓度。

2-3　某一湖泊的容积为 $20×10^6m^3$,上游有一未被污染的河流流入该湖泊,流量为 $50m^3/s$。一工厂以 $5m^3/s$ 的流量向湖泊排放污水,其中含有可降解污染物,浓度为 $120mg/L$,降解反应速率常数为 $0.30d^{-1}$,假设污染物在湖泊中充分混合,求稳态时湖中污染物的浓度。

2-4　一个完全混合的污水塘接受来自下水管的污水 $450m^3/d$。污水塘面积为 $15hm^2$,深度为 $1.0m$。排入水塘的未处理的污水中,污染物浓度是 $150mg/L$,降解速率常数为 $0.65d^{-1}$,不考虑损失或获得,且水塘为完全混合,确定水塘中污染物的稳态浓度。

2-5　在一列管式换热器中,用冷却将 $100℃$ 的热水冷却到 $50℃$,热水流量为 $60m^3/h$,冷却水在管内流动,温度从 $20℃$ 升到 $45℃$。已知传热系数 K 为 $2000W/(m^2·℃)$,换热管为 $\phi25×2.5mm$ 的钢管,长为 $3m$。求冷却水量(逆流)。已知:$\rho_{热水} = 960kg/m^3$,$c_{热水} = c_{冷水} = 4.187kJ/(kg·K)$

2-6　一搅拌槽中原盛有浓度为 60%(质量％,下同)的盐水 $2000kg$。今以 $2kg/s$ 的质量流率向槽中加入 0.25% 的盐水,同时以 $1.2kg/s$ 的质量流率由槽中排出混合后的溶液。设槽中溶液充分混合。求槽中溶液浓度降至 1% 时所需要的时间。(总质量衡算不考虑发生化学反应)

2-7　大小为 $400m^3$ 的房间内有 40 个吸烟者,每人每小时吸 1 支香烟,每支香烟散发的甲醛为 $1.4mg$,甲醛转化为二氧化碳的反应速率常数为 $0.40h^{-1}$,新鲜空气进入房间流量为 $1000m^3/h$,同时室内原有空气以相同流量流出,假设房间内空气完全混合,温度为 $25℃$,气压为 $1.013×10^5Pa$。求稳态条件下甲醛的浓度。

2-8　热水器的发热元件功率是 $8kW$,将 $25L$ 的水从 $15℃$ 加热到 $85℃$,试计算需要多少时间。假设所有电能都转化为水的热能,忽略水箱自身温度升高所消耗的能量和水箱向环境的散热。

2-9　一污水池内有 $80m^3$ 污水,温度为 $12℃$ 为加速消化过程,将其加热到 $18℃$,采用外循环法使污水以 $8m^3/h$ 的流量通过换热器,换热器用水蒸气加热,其出口温度恒定为 $100℃$,假设污水混合均匀,污水密度为 $1000kg/m^3$,不考虑散热,污水加热到所需温度需要多少时间?

2-10　有一个 $4×5m^2$ 的太阳能取暖器,太阳光的强度为 $3000kJ/(m^2·h)$,有 40% 的太阳能被吸收用来加热水流,水的流量为 $0.5L/min$。求流过取暖器水升高的温度。

第三章　流体流动

气体和液体统称为流体。在工业生产中所处理的物料有很多是流体。根据生产要求，往往需要将这些流体按照生产程序从一个设备输送到另一个设备。工厂中，管路纵横排列，与各种类型的设备连接，完成着流体输送的任务。除了流体输送外，工业生产中的传热、传质过程以及化学反应大都是在流体流动下进行的。流体流动状态对这些单元操作有着很大影响。为了能深入理解这些单元操作的原理，就必须掌握流体流动的基本原理。因此，流体流动的基本原理是本课程的重要基础。

本章着重讨论流体流动过程的基本原理及流体在管内的流动规律，并运用这些原理与规律去分析和计算流体的输送问题。在研究流体流动时，常将流体视为由无数分子集团所组成的连续介质。每个分子集团称为质点，其大小与容器或管路相比是微不足道的。质点在流体内部一个紧挨一个，它们之间没有任何空隙，即可认为流体充满其所占据的空间。把流体视为连续介质，其目的是为了摆脱复杂的分子运动，从宏观的角度来研究流体的流动规律。但是，并不是在任何情况下都可以把流体视为连续介质，如高度真空下的气体就不能再视为连续介质了。

第一节　流体静力学基本方程式

流体静力学是研究流体在外力作用下达到平衡的规律。在工程实际中，流体的平衡规律应用很广，如流体在设备或管道内压强的变化与测量、液体在贮罐内液位的测量、设备的液封等均以这一规律为依据。

一、流体的密度

(一) 密度
单位体积流体所具有的质量，称为流体的密度，其表达式为

$$\rho = \frac{m}{V}$$

(3－1)

式中:ρ—— 流体的密度,kg/m^3;

　　m—— 流体的质量,kg;

　　V—— 流体的体积,m^3。

不同的流体密度不同。对于一定的流体,密度是压力 P 和温度 T 的函数。液体的密度随压力和温度变化很小,在研究流体的流动时,若压力和温度变化不大,可以认为液体的密度为常数。密度为常数的流体称为不可压缩流体。

流体的密度一般可在有关资料中查得。

(二)气体的密度

气体是可压缩的流体,其密度随压强和温度而变化。因此气体的密度必须标明其状态,从手册中查得的气体密度往往是某一指定条件下的数值,这就涉及如何将查得的密度换算为操作条件下的密度。但是在压强和温度变化很小的情况下,也可以将气体当做不可压缩流体来处理。

对于一定质量的理想气体,其体积、压强和温度之间的变化关系为

$$\frac{pV}{T} = \frac{p'V'}{T'}$$

将密度的定义式代入并整理得

$$\rho = \rho' \frac{T'p}{Tp'} \tag{3-2}$$

式中:p—— 气体的密度压强,Pa;

　　V—— 气体的体积,m^3;

　　T—— 气体的绝对温度,K;

上标"′"表示指定的条件。

一般当压强不太高,温度不太低时,可近似按下式来计算密度。

$$\rho = \frac{pM}{RT} \tag{3-3a}$$

或

$$\rho = \frac{M}{22.4} \frac{T_0 p}{T p_0} = \rho_0 \frac{T_0 p}{T p_0} \tag{3-3b}$$

式中:p—— 气体的绝对压强,kPa 或 kN/m^2;

　　M—— 气体的摩尔质量,$kg/kmol$;

　　T—— 气体的绝对温度,K;

　　R—— 气体常数,$8.314kJ/(kmol \cdot K)$;

下标"0"表示标准状态($T_0 = 273K$,$p_0 = 101.3kPa$)。

(三) 混合物的密度

工业生产中所遇到的流体往往是含有几个组分的混合物。通常手册中所列的为纯物质的密度,所以混合物的平均密度 ρ_m 需通过计算求得。

1. 液体混合物

各组分的浓度常用质量分率来表示。若混合前后各组分体积不变,则 1kg 混合液的体积等于各组分单独存在时的体积之和。混合液体的平均密度 ρ_m 为

$$\frac{1}{\rho_m} = \frac{x_{wA}}{\rho_A} + \frac{x_{wB}}{\rho_B} + \cdots + \frac{x_{wn}}{\rho_n} \qquad (3-4)$$

式中: $\rho_A, \rho_B, \cdots, \rho_n$ —— 液体混合物中各纯组分的密度,kg/m³;

$x_{wA}, x_{wB}, \cdots, x_{wn}$ —— 液体混合物中各组分的质量分率。

2. 气体混合物

各组分的浓度常用体积分率来表示。若混合前后各组分的质量不变,则 1m³ 混合气体的质量等于各组分质量之和,即

$$\rho_m = \rho_A x_{VA} + \rho_B x_{VB} + \cdots + \rho_n x_{Vn} \qquad (3-5)$$

式中: $x_{VA}, x_{VB}, \cdots, x_{Vn}$ —— 气体混合物中各组分的体积分率。

气体混合物的平均密度 ρ_m 也可按式(3-3a)计算,此时应以气体混合物的平均摩尔质量 M_m 代替式中的气体摩尔质量 M。气体混合物的平均分子量 M_m 可按下式求算:

$$M_m = M_A y_A + M_B y_B + \cdots + M_n y_n \qquad (3-6)$$

式中: $M_A, M_B, \cdots, M_n$ —— 气体混合物中各组分的摩尔质量;

$y_A, y_B, \cdots, y_n$ —— 气体混合物中各组分的摩尔分率。

【例3-1】 已知硫酸与水的密度分别为 1830kg/m³ 与 998kg/m³,试求含硫酸为 60%(质量)的硫酸水溶液的密度为多少。

解:根据式(3-4)

$$\frac{1}{\rho_m} = \frac{0.6}{1830} + \frac{0.4}{998} = (3.28 + 4.01)10^{-4} = 7.29 \times 10^{-4}$$

$$\rho_m = 1372 \text{kg/m}^3$$

【例3-2】 已知干空气的组成为: O_2 21%、N_2 78% 和 Ar 1%(均为体积%),试求干空气在压力为 9.81×10^4 Pa 及温度为 100℃ 时的密度。

解:首先将摄氏度换算成开尔文

$$100(℃) = 273 + 100 = 373(K)$$

再求干空气的平均摩尔质量

$$M_m = 32 \times 0.21 + 28 \times 0.78 + 39.9 \times 0.01 = 28.96$$

根据式(3-3a)气体的平均密度为

$$\rho_m = \frac{9.81 \times 10 \times 28.96}{8.314 \times 373} = 0.916(\text{kg/m}^3)$$

二、流体的静压强

(一) 静压强

流体垂直作用于单位面积上的力,称为压强或称为静压强。其表达式为

$$p = \frac{F_v}{A} \tag{3-7}$$

式中:p—— 流体的静压强,Pa;

　F_v—— 垂直作用于流体表面上的力,N;

　A—— 作用面的面积,m^2。

(二) 静压强的单位

在法定单位中,压强的单位是 Pa,称为帕斯卡。但习惯上还采用其他单位,如 atm(标准大气压)、某流体柱高度、bar(巴)或 kgf/cm^2 等,它们之间的换算关系为

$$1\text{atm} = 1.033\text{kgf/cm}^2 = 760\text{mmHg} = 10.33\text{mH}_2\text{O}$$

$$= 1.0133\text{bar} = 1.0133 \times 10^5 \text{Pa}$$

(三) 静压强的表示方法

压强的大小常以两种不同的基准来表示:一是绝对真空;另一是大气压强。以绝对真空为基准测得的压强称为绝对压强,以大气压强为基准测得的压强称为表压或真空度。表压是因为压强表直接测得的读数按其测量原理往往就是绝对压强与大气压强之差,即

$$\text{表压} = \text{绝对压强} - \text{大气压强}$$

真空度是真空表直接测量的读数,其数值表示绝对压强比大气压低多少,即

$$\text{真空度} = \text{大气压强} - \text{绝对压强}$$

绝对压强、表压强与真空度之间的关系可用图3-1表示。

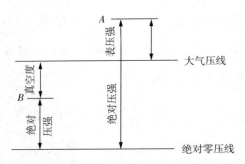

图 3-1 绝对压强、表压强和真空度的关系

三、流体静力学基本方程式

流体静力学基本方程是用于描述静止流体内部,流体在重力和压力作用下的平衡规律。重力可看成不变的,起变化的是压力,所以实际上是描述静止流体内部压力(压强)变化的规律。这一规律的数学表达式称为流体静力学基本方程,可通过下述方法推导而得。

在密度为 ρ 的静止流体中,任意划出一微元立方体,其边长分别为 dx、dy、dz,它们分别与 x、y、z 轴平行,如图 3-2 所示。

由于流体处于静止状态,因此所有作用于该立方体上的力在坐标轴上的投影之代数和应等于零。

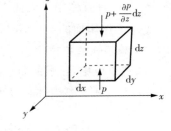

图 3-2 微元流体的静力平衡

对于 z 轴,作用于该立方体上的力有:

(1)作用于下底面的压力为 $p\,dxdy$;

(2)作用于上底面的压力为 $-\left(p+\dfrac{\partial p}{\partial z}dz\right)dxdy$;

(3)作用于整个立方体的重力为 $-\rho g\,dxdydz$。

z 轴方向力的平衡式可写成:

$$p\,dxdy-\left(p+\frac{\partial p}{\partial z}dz\right)dxdy-\rho g\,dxdydz=0$$

即

$$-\frac{\partial p}{\partial z}dxdydz-pg\,dxdydz=0$$

上式各项除以 $dxdydz$,则 z 轴方向力的平衡式可简化为

$$-\frac{\partial p}{\partial z}-pg=0 \qquad\qquad (3-8a)$$

对于 x、y 轴，作用于该立方体的力仅有压力，亦可写出其相应的力的平衡式，简化后得

$$x \text{ 轴} \qquad\qquad -\frac{\partial p}{\partial x} = 0 \qquad\qquad (3-8\text{b})$$

$$y \text{ 轴} \qquad\qquad -\frac{\partial p}{\partial y} = 0 \qquad\qquad (3-8\text{c})$$

式（3-8a）、式（3-8b）、式（3-8c）称为流体平衡微分方程式，积分该微分方程组，可得到流体静力学基本方程式。

将式（3-8a）、式（3-8b）、式（3-8c）分别乘以 $\mathrm{d}z$、$\mathrm{d}x$、$\mathrm{d}y$，并相加后得

$$\frac{\partial p}{\partial x}\mathrm{d}x + \frac{\partial p}{\partial y}\mathrm{d}y + \frac{\partial p}{\partial z}\mathrm{d}z = -\rho g\,\mathrm{d}z \qquad\qquad (3-8\text{d})$$

上式等号的左侧即为压强的全微分 $\mathrm{d}p$，于是

$$\mathrm{d}p + \rho g\,\mathrm{d}z = 0 \qquad\qquad (3-8\text{e})$$

对于不可压缩流体，$\rho =$ 常数，积分上式，得

$$\frac{p}{\rho} + gz = \text{常数} \qquad\qquad (3-8\text{f})$$

液体可视为不可压缩的流体，在静止液体中取任意两点，如图 3-3 所示，则有

$$\frac{p_1}{\rho} + gz_1 = \frac{p_2}{\rho} + gz_2 \qquad (3-9\text{a})$$

或

$$p_2 = p_1 + \rho g(z_1 - z_2) \qquad (3-9\text{b})$$

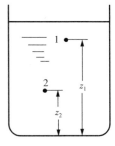

图 3-3　静止液体内
的压强分布

为讨论方便，对式（3-9b）进行适当的变换，即使点 1 处于容器的液面上，设液面上方的压强为 p_0，距液面 h 处的点 2 压强为 p，式（3-9b）可改写为

$$p = p_0 + \rho gh \qquad\qquad (3-9\text{c})$$

式（3-9a）、式（3-9b）及式（3-9c）称为流体静力学基本方程式，说明在重力场作用下，静止液体内部压强的变化规律。由式（3-9c）可见：

（1）当容器液面上方的压强 p_0 一定时，静止液体内部任一点压强 p 的大小与液体本身的密度 ρ 和该点距液面的深度 h 有关。因此，在静止的、连续的同一液体内，处于同一水平面上各点的压强都相等。

（2）当液面上方的压强 p_0 有改变时,液体内部各点的压强 p 也发生同样大小的改变。

（3）式（3-9c）可改写为 $\dfrac{p - p_0}{\rho g} = h$。

上式说明,压强差的大小可以用一定高度的液体柱表示。用液体高度来表示压强或压强差时,式中密度 ρ 影响其结果,因此必须注明是何种液体。

（4）由式（3-8f）,式中 gz 项可以看作为 mgz/m,其中 m 为质量。这样,gz 项实质上是单位质量液体所具有的位能。p/ρ 相应的就是单位质量液体所具有的静压能。位能和静压能都是势能,式（3-8f）表明,静止流体存在着两种形式的势能——位能和静压能,在同一种静止流体中处于不同位置的流体的位能和静压能各不相同,但其总势能则保持不变。若以符号 E_p/ρ 表示单位质量流体的总势能,则式（3-8f）可改写为

$$\frac{E_p}{\rho} = \frac{p}{\rho} + gz = 常数$$

即

$$E_p = p + \rho gz$$

E_p 的单位与压强单位相同,可理解为一种虚拟的压强,其大小与密度 ρ 有关。

虽然静力学基本方程是用液体进行推导的,液体的密度可视为常数,而气体密度则随压力而改变。但考虑到气体密度随容器高低变化甚微,一般也可视为常数,故静力学基本方程亦适用于气体。

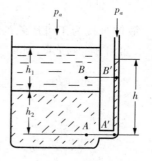

图 3-4　例 3-3 附图

【例 3-3】　本题附图所示的开口容器内盛有油和水。油层高度 $h_1 = 0.7\text{m}$,密度 $\rho_1 = 800\text{kg/m}^3$,水层高度 $h_2 = 0.6\text{m}$,密度 $\rho_2 = 1000\text{kg/m}^3$。

（1）判断下列两关系式是否成立,即

$p_A = p'_A$,$p_B = p'_B$;

（2）计算水在玻璃管内的高度 h。

解:（1）判断两关系式是否成立

$p_A = p'_A$ 的关系成立。因 A 与 A' 两点在静止的连通着的同一流体内,并在同一水平面上。所以截面 A—A' 称为等压面。

$p_B = p'_B$ 的关系不能成立。因 B 及 B' 两点虽在静止流体的同一水平面上,但不是连通着的同一种流体,即截面 B—B' 不是等压面。

（2）计算玻璃管内水的高度 h

由上面讨论知,$p_A = p'_A$,而 $p_A = p'_A$ 都可以用流体静力学基本方程式计算,即

$$p_A = p_a + \rho_1 g h_1 + \rho_2 g h_2$$

$$p_A{}' = p_a + \rho_2 gh$$

于是　　　　　　　　$$p_a + \rho_1 gh_1 + \rho_2 gh_2 = p_a + \rho_2 gh$$

简化上式并将已知值代入,得

$$800 \times 0.7 + 1000 \times 0.6 = 1000(h)$$

解得　　　　　　　　　　$$h = 1.16\text{m}$$

四、流体静力学基本方程式的应用

(一)压强与压强差的测量

测量压强的仪表很多,现仅介绍以流体静力学基本方程式为依据的测压仪器。这种测压仪器统称为液柱压差计,可用来测量流体的压强或压强差。

1.U 型压差计

U 型压差计结构如图 3-5 所示,内装有液体作为指示液。指示液必须与被测液体不互溶,不起化学反应,且其密度 ρ_A 大于被测流体的密度 ρ。

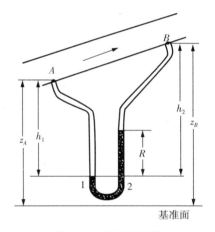

图 3-5　U 型压差计

当测量管道中 A、B 两截面处流体的压强差时,可将 U 型管压差计的两端分别与 A 及 B 两截面测压口相连。由于两截面的压强 p_1 和 p_2 不相等,所以在 U 型管的两侧便出现指示液液面的高度差 R。因 U 型管内的指示液处于静止状态,故位于同一水平面 1、2 两点压强相等,即 $p_1 = p_2$,据流体静力学基本方程可得

$$p_1 = p_A + \rho gh_1$$

$$p_2 = p_B + \rho g(h_2 - R) + \rho_A gR$$

于是　　　　　$$(p_A + \rho g z_A) - (p_B + \rho g z_B) = Rg(\rho_A - \rho)$$

或 $$E_1 - E_2 = Rg(\rho_A - \rho) \tag{3-10}$$

式(3-10)表明,当压差计两端流体相同时,U 型管压差计直接测得的读数 R 实际上并不是真正的压差,而是 1、2 两截面的虚拟压强之差 ΔE_p。

只有两测压口处于等高面上,$z_A = z_B$(即被测管道水平放置)时,U 型压差计才能直接测得两点的压差。

$$p_A - p_B = (\rho_A - \rho)gR$$

同样的压差,用 U 型压差计测量的读数 R 与密度差$(\rho_A - \rho)$有关,故应合理选择指示液的密度 ρ_A,使读数 R 在适宜的范围内。

2. 斜管压差计

当被测量的流体的压差不大时,U 型压差计的读数 R 必然很小,为了得到精确的读数,可采用如图 3-6 所示的斜管压差计。此压差计的读数 R' 与 R 的关系为

$$R' = R/\sin\alpha \tag{3-11}$$

式中 α 为倾斜角,其值越小,将 R 值放大为 R' 的倍数愈大。

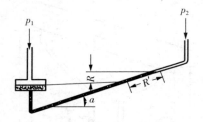

图 3-6　倾斜液柱压差计

3. 微差压差计

若所测得的压强差很小,为了把读数 R 放大,除了在选用指示液时,尽可能地使其密度 ρ_A 与被测流体 ρ 相接近外,还可采用如图 3-7 所示的微差压差计。其特点是:

(1)压差计内装有两种密度相接近且不互溶的指示液 A 和 C,而指示液 C 与被测流体 B 亦不互溶。

(2)为了读数方便,U 型管的两侧臂顶端各装有扩大室,俗称"水库"。扩大室内径与 U 型管内径之比应大于 10。这样,扩大室的截面积比 U 型管的截面积大很多,即使 U 型管内指示液 A 的液面差 R 很大,而扩大室内的指示液 C 的液面变化仍很微小,可以认为维持等高。于是压强差 $p_1 - p_2$ 便可用下式计算,即

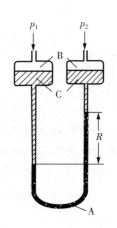

图 3-7　微差压差计

$$p_1 - p_2 = (\rho_A - \rho_C)gR \qquad\qquad (3-12)$$

注意：上式的 $(\rho_A - \rho_C)$ 是两种指示液的密度差，不是指示液与被测液体的密度差。

【例3-4】　如本题附图所示，在异径水平管段两截面（1—$1'$、2—$2'$）连一倒置 U 管压差计，压差计读数 $R = 200\mathrm{mm}$。试求两截面间的压强差。

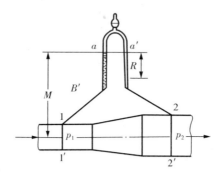

图 3-8　例 3-4 附图

解：因为倒置 U 管，所以其指示液应为水。设空气和水的密度分别为 ρ_g 与 ρ，根据流体静力学基本原理，截面 a—a' 为等压面，则

$$p_a = p_a{}'$$

又由流体静力学基本方程式可得

$$p_a = p_1 - \rho g M$$

$$p_a{}' = p_2 - \rho g(M - R) - \rho_g g R$$

联立上三式，并整理得

$$p_1 - p_2 = (\rho - \rho_g)gR$$

由于 $\rho_g \ll \rho$，上式可简化为

$$p_1 - p_2 \approx \rho g R$$

所以　　　　　　$p_1 - p_2 \approx 1000 \times 9.81 \times 0.2 = 1962(\mathrm{Pa})$

【例3-5】．如本题附图所示，蒸汽锅炉上装置一复式 U 型水银测压计，截面 2、4 间充满水。已知对某基准面而言各点的标高为

$$z_0 = 2.1\mathrm{m}, z_2 = 0.9\mathrm{m}, z_4 = 2.0\mathrm{m},$$

$$z_6 = 0.7\mathrm{m}, z_7 = 2.5\mathrm{m}。$$

试求锅炉内水面上的蒸汽压强。

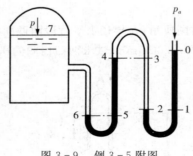

图 3-9　例 3-5 附图

解: 按静力学原理,同一种静止流体的连通器内、同一水平面上的压强相等,故有

$$p_1 = p_2, p_3 = p_4, p_5 = p_6$$

对水平面 1—2 而言,$p_2 = p_1$,即

$$p_2 = p_a + \rho_i g (z_0 - z_1)$$

对水平面 3—4 而言,

$$p_3 = p_4 = p_2 - \rho g (z_4 - z_2)$$

对水平面 5—6 有

$$p_6 = p_4 + \rho_i g (z_4 - z_5)$$

锅炉蒸汽压强　　$p = p_6 - \rho g (z_7 - z_6)$

$$p = p_a + \rho_i g (z_0 - z_1) + \rho_i g (z_4 - z_5) - \rho g (z_4 - z_2) - \rho g (z_7 - z_6)$$

则蒸汽的表压为

$$p - p_a = \rho_i g (z_0 - z_1 + z_4 - z_5) - \rho g (z_4 - z_2 + z_7 - z_6)$$
$$= 13600 \times 9.81 \times (2.1 - 0.9 + 2.0 - 0.7)$$
$$- 1000 \times 9.81 \times (2.0 - 0.9 + 2.5 - 0.7)$$
$$= 3.05 \times 10^5 (\text{Pa}) = 305 (\text{kPa})$$

(二) 液面的测量

工厂中经常需要了解容器里物料的贮存量,或要控制设备里的液面,因此要对液面进行测定。有些液位测定方法,是以静力学基本方程式为依据的。

最原始的液位计是在容器底部器壁及液面上方器壁处各开一个小孔,两孔间用短管、管件及玻璃管相连。玻璃管内液面高度即为容器内的液面高度。这种液面计结构简单,但易于破损,而且不便于远处观测。

如图 3-10 所示,是一远距离液面计装置。

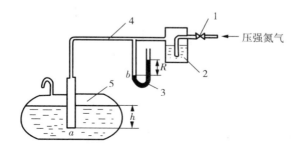

图 3-10 远距离液面计装置

1—调节阀;2—鼓泡观察器瓶;3—U 管压差计;4—通气管;5—贮罐

自管口通入压缩空气(若贮罐 5 内液体为易燃易爆液体则用压缩氮气),用调节阀 1 调流量,使其缓慢地鼓泡通过观察瓶后通入贮罐。因通气管内压缩空气流速很小,可以认为贮罐内通气管出口处 a 截面,与通气管上 U 型压差计上 b 截面的压强近似相等,即 $p_a \approx p_b$。若 p_a 与 p_b 均用表压强表示,根据流体静力学基本方程式得

$$p_a = \rho g h \ , \ p_b = \rho_A g R$$

所以,
$$h = \frac{\rho_A}{\rho} R \qquad\qquad (3-13)$$

式中:ρ_A,ρ—— 分别为 U 型压差计指示液与容器内液体的密度,kg/m^3;

R——U 型压差计指示液读数,m;

h—— 容器内液面离通气管出口的高度,m。

(三)液封高度的确定

工业生产中经常遇到设备的液封问题。设备内操作条件不同,采用液封的目的也就不同。但其液封的高度都是根据流体静力学方程确定的。

如图 3-11,为了控制乙炔发生炉内的压强不超过规定的数值,炉外装有安全液封。其作用是当炉内压力超过规定值时,气体就从液封管排出,以确保设备操作的安全。若设备要求压力不超过 p_1(表压),按静力学基本方程式,液封管插入液面下的深度 h 为

$$h = \frac{p_1}{\rho_{H_2O} g} \qquad\qquad (3-14)$$

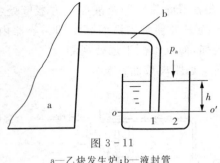

图 3-11

a—乙炔发生炉；b—液封管

真空蒸发产生的水蒸气，往往送入如图 3-12 所示的混合冷凝器中与冷水直接接触而冷凝。为了维持操作的真空度，冷凝器上方与真空泵相通，不时将器内的不凝气体（空气）抽走。同时为了防止外界空气进入，在气压管出口装有液封。若真空表读数为 p，液封高度为 h，则根据流体静力学基本方程可得

$$h = \frac{p}{\rho g} \qquad\qquad (3-15)$$

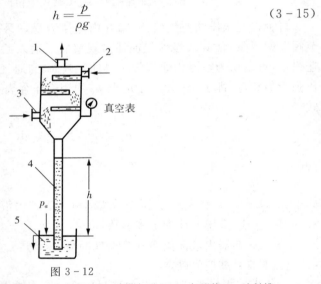

真空表

图 3-12

1—与真空泵相通的不凝性气体出口；2—冷水进口；3—水蒸气进口；4—气压管；5—液封槽

第二节   流体流动的基本方程式

流体大多是沿密闭的管道流动，液体从低位流到高位或从低压流到高压，需要输送设备对液体提供能量；从高位槽向设备输送一定量的料液时，高位槽所需的安装高度等问题，都是在流体输送过程中经常遇到的。要解决这些问题，必须找出流

体在管内的流动规律。反映流体流动规律的有连续性方程式与柏努利方程式。

一、流量与流速

（一）流量

单位时间内流过管道任一截面的流体量称为流量。若流体量用体积来计量，称为体积流量，以 V_s 表示，其单位为 m^3/s；若流体量用质量来计量，则称为质量流量，以 w_s 表示，其单位为 kg/s。

体积流量与质量流量的关系为

$$w_s = V_s \cdot \rho \tag{3-16}$$

式中：ρ—— 流体的密度，kg/m^3。

（二）流速

单位时间内流体在流动方向上所流经的距离称为流速。以 u 表示，其单位为 m/s。

实验表明，流体流经管道任一截面上各点的流速沿管径而变化，即在管截面中心处为最大，越靠近管壁流速越小，在管壁处的流速为零。流体在管截面上的速度分布规律较为复杂，在工程计算中为简便起见，流体的流速通常指整个管截面上的平均流速，其表达式为

$$u = \frac{V_s}{A} \tag{3-17}$$

式中：A—— 与流动方向相垂直的管道截面积，m^2。

流量与流速的关系为

$$w_s = V_s \rho = u A \rho \tag{3-18}$$

由于气体的体积流量随温度和压强而变化，因而气体的流速亦随之而变。因此采用质量流速就较为方便。

质量流速：单位时间内流体流过管路截面积的质量，以 G 表示，其表达式为

$$G = \frac{w_s}{A} = \frac{V_s \rho}{A} = u\rho \tag{3-19}$$

式中：G—— 质量流速，亦称质量通量，$kg/(m^2 \cdot s)$。

必须指出，任何一个平均值都不能全面代表一个物理量的分布。式(3-17)所表示的平均流速在流量方面与实际的速度分布是等效的，但在其他方面则并不等效。

一般管道的截面均为圆形，若以 d 表示管道内径，则

$$u = \frac{V_s}{\frac{\pi}{4}d^2}$$

于是 $$d = \sqrt{\frac{4V_s}{\pi u}} \tag{3-20}$$

流体输送管路的直径可根据流量及流速进行计算。流量一般由生产任务所决定,而合理的流速则应在操作费与基建费之间通过经济权衡来决定。某些流体在管路中的常用流速范围列于表 3-1 中。

表 3-1 某些流体在管路中的常用流速范围

流体的类别及状态	流速范围(m/s)	流体的类别及状态	流速范围(m/s)
自来水(3.04×10^5 Pa 左右)	$1 \sim 1.5$	过热蒸汽	$30 \sim 50$
水及低黏度液体(($1.013 \sim 10.13) \times 10^5$ Pa)	$1.5 \sim 3.0$	蛇管、螺旋管内的冷却水	> 1.0
高黏度液体	$0.5 \sim 1.0$	低压空气	$12 \sim 15$
工业供水(8.106×10^5 Pa 以下)	$1.5 \sim 3.0$	高压空气	$15 \sim 25$
工业供水(8.106×10^5 Pa 以下)	> 3.0	一般气体(常压)	$10 \sim 20$
饱和蒸汽	$20 \sim 40$	真空操作下气体	< 10

从表 3-1 可以看出,流体在管道中适宜流速的大小与流体的性质及操作条件有关。

按式(3-20)算出管径后,还需从有关手册中选用标准管径来圆整,然后按标准管径重新计算流体在管路中的实际流速。

【例3-6】 某厂要求安装一根输水量为 $30 m^3/h$ 的管路,试选择合适的管径。

解:根据式(3-20)计算管径

$$d = \sqrt{\frac{4V_s}{\pi u}}$$

式中: $$V_s = \frac{30}{3600} m^3/s$$

参考表 3-1 选取水的流速 $u = 1.8 m/s$

$$d = \sqrt{\frac{\frac{30}{3600}}{0.785 \times 1.8}} = 0.077 (m) = 77 mm$$

选用 φ89×4(外径 89mm,壁厚 4mm)的管子,其内径为

$$d=89-(4\times2)=81(mm)=0.081m$$

因此,水在输送管内的实际流速为

$$u=\frac{\frac{30}{3600}}{0.785\times(0.081)^2}=1.62(m/s)$$

二、稳定流动与不稳定流动

在流动系统中,若各截面上流体的流速、压强、密度等有关物理量仅随位置而变化,不随时间而变,这种流动称为稳定流动;若流体在各截面上的有关物理量既随位置而变,又随时间而变,则称为不稳定流动。

如图 3-13 所示,水箱 4 中不断有水从进水管 3 注入,而从排水管 5 不断排出。进水量大于排水量,多余的水由溢流管 1 溢出,使水位维持恒定。在此流动系统中任一截面上的流速及压强不随时间而变化,故属稳定流动。若将进水管阀门 2 关闭,水仍由排水管排出,则水箱水位逐渐下降,各截面上水的流速与压强也随之降低,这种流动属不稳定流动。

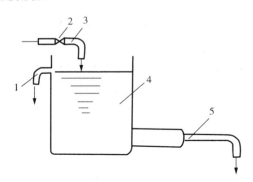

图 3-13　流动情况示意图
1—溢流管;2—阀门;3—进水管;4—水箱;5—排水管

工业生产中,流体流动大多为稳定流动,故非特别指出,一般所讨论的均为稳定流动。

三、连续性方程

设流体在图 3-14 所示的管道中作连续稳定流动,从截面 1—1 流入,从截面 2—2 流出,若在管道两截面之间流体无漏损,根据质量守恒定律,从截面 1—1 进入的流体质量流量 w_{s1} 应等于从 2—2 截面流出的流体质量流量 w_{s2},即

$$w_{s1} = w_{s2}$$

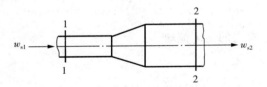

图 3 - 14   连续性方程的推导

由式(3 - 18)得

$$u_1 A_1 \rho_1 = u_2 A_2 \rho_2 \tag{3-21a}$$

此关系可推广到管道的任一截面,即

$$w_s = u_1 A_1 \rho_1 = u_2 A_2 \rho_2 = \cdots = uA\rho = 常数 \tag{3-21b}$$

上式称为连续性方程。若流体不可压缩,ρ = 常数,则上式可简化为

$$V_s = u_1 A_1 = u_2 A_2 = \cdots = uA = 常数 \tag{3-21c}$$

式(3 - 21c)说明不可压缩流体不仅流经各截面的质量流量相等,它们的体积流量也相等。

式(3 - 21a)、式(3 - 21c)都称为管内稳定流动的连续性方程。它反映了在稳定流动中,流量一定时,管路各截面上流速的变化规律。

管道截面大多为圆形,故式(3 - 21c)又可改写成

$$\frac{u_1}{u_2} = \left(\frac{d_2}{d_1}\right)^2 \tag{3-21d}$$

从式(3 - 21d)可以明确地说,管内不同截面流速之比与其相应管径的平方成反比。

【例 3 - 7】   在稳定流动系统中,水连续从粗管流入细管。粗管内径 d_1 = 10cm,细管内径 $d_2 = 5$cm,当流量为 $4 \times 10^{-3}\,\mathrm{m^3/s}$ 时,求粗管内和细管内水的流速。

解:根据式(3 - 20)

$$u_1 = \frac{V_s}{A_1} = \frac{4 \times 10^{-3}}{\frac{\pi}{4} \times (0.1)^2} = 0.51(\mathrm{m/s})$$

根据不可压缩流体的连续性方程

$$u_1 A_1 = u_2 A_2$$

由此

$$\frac{u_2}{u_1} = \left(\frac{d_1}{d_2}\right)^2 = \left(\frac{10}{5}\right)^2 = 4 \text{ 倍}$$

$$u_2 = 4u_1 = 4 \times 0.51 = 2.04 (\text{m/s})$$

四、柏努利方程

柏努利方程可通过能量衡算的方法推得。推导的过程可以取流体流动中任一微元体从牛顿第二定律出发来推导,亦可以根据流体流动系统总能量衡算来推导。本节采用后者。

(一) 流体作稳定流动时的总能量衡算

在图3-15所示的稳定流动系统中,流体从1—1截面流入,从2—2截面流出。

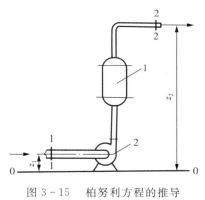

图 3 - 15　柏努利方程的推导
1—换热设备;2—输送设备

流体本身所具有的能量有以下几种形式:

1. 位能

流体因受重力作用,在不同的高度处具有不同的位能。相当于质量为 m 的流体自基准水平面升举到某高度 Z 所做的功,即

位能 $= mgZ$

位能的单位$[mgZ] = \text{kg} \cdot \dfrac{\text{m}}{\text{s}^2} \cdot \text{m} = \text{N} \cdot \text{m} = \text{J}$

位能是个相对值,随所选的基准面位置而定,在基准水平面以上为正值,以下为负值。

2. 动能

流体以一定的速度运动时,便具有一定的动能。质量为 m,流速为 u 的流体所

具有的动能为

$$动能 = \frac{1}{2}mu^2$$

$$动能的单位\left[\frac{1}{2}mu^2\right] = kg \cdot \left(\frac{m}{s}\right)^2 = N \cdot m = J$$

3. 静压能

静止流体内部任一处都有一定的静压强。流动着的流体内部任何位置也都有一定的静压强。如果在内部有液体流动的管壁上开孔,并与一根垂直的玻璃管相接,液体便会在玻璃管内上升,上升的液体高度便是运动着流体在该截面处的静压强的表现。流动流体通过某截面时,由于该处流体具有一定的压力,这就需要对流体做相应的功,以克服此压力,才能把流体推进系统里去。故要通过某截面的流体只有带着与所需功相当的能量时才能进入系统。流体所具有的这种能量称为静压能或流动功。

设质量为 m,体积为 V_1 的流体通过图 3-14 所示的 1—1 截面时,把该流体推进此截面所流过的距离为 V_1/A_1,则流体带入系统的静压能为

$$输入静压能 = p_1 A_1 \frac{V_1}{A_1} = p_1 V_1$$

$$静压能的单位[p_1 V_1] = Pa \cdot m^3 = \frac{N}{m^2} \cdot m^3 = N \cdot m = J$$

4. 内能

内能是贮存于物质内部的能量,它决定于流体的状态,因此与流体的温度有关。压力的影响一般可忽略,单位质量流体的内能以 U 表示,质量为 m 的流体所具有的内能为

内能 $= mU$

$$内能的单位[mU] = kg \cdot \frac{J}{kg} = J$$

除此之外,能量也可以通过其他途径进入流体。它们是:

(1) 热

若管路上连接有换热设备,单位质量流体通过时吸热或放热,以 Q_e 表示。质量为 m 的流体吸收或放出的热量为

热量 $= mQ_e$

$$热量的单位[mQ_e] = kg \cdot \frac{J}{kg} = J$$

（2）功

若管路上安装了泵或鼓风机等流体输送设备向流体做功，便有能量输送给流体。单位质量流体获得的能量以 W_e 表示，质量 m 的流体所接受的功为

功 $= mW_e$

功的单位 $[mW_e] = kg \cdot \dfrac{J}{kg} = J$

流体接受外功为正，向外界做功则为负。

根据能量守恒定律，连续稳定流动系统的能量衡算是以输入的总能量等于输出的总能量为依据的。流体通过截面 1—1 输入的总能量用下标 1 标明，经过截面 2—2 输出的总能量用下标 2 标明，则对图 3-12 所示流动系统的总能量衡算为

$$mU_1 + mgZ_1 + \frac{mu_1^2}{2} + p_1 V_1 + mQ_e + mW_e$$

$$= mU_2 + mgZ_2 + \frac{mu_2^2}{2} + p_2 V_2 \qquad (3-22)$$

将上式的每一项除以 m，其中 $V/m = v$（比容），则得到单位质量流体为基准的总能量衡算式

$$U_1 + gZ_1 + \frac{u_1^2}{2} + p_1 v_1 + Q_e + W_e = U_2 + gZ_2 + \frac{u_2^2}{2} + p_2 v_2 \qquad (3-23a)$$

$$\Delta U + g\Delta Z + \frac{\Delta u^2}{2} + \Delta(pv) = Q_e + W_e \qquad (3-23b)$$

式（3-22）中所包括的能量可划分为两类，一类是机械能，即位能、动能、静压能，功也可以归入此类。此类能量在流体流动过程中可以相互转变，亦可转变为热或流体的内能。另一类包括内能和热，它们在流动系统内不能直接转变为机械能。考虑流体输送所需能量及输送过程中能量的转变和消耗时，可以将热和内能撇开而只研究机械能相互转变的关系，这就是机械能衡算。

（二）流动系统的机械能衡算式与柏努利方程

设流体是不可压缩的，式（3-23）中的 $v_1 = v_2 = v = 1/\rho$；流动系统中无换热设备，式中 $Q_e = 0$；流体温度不变，则 $U_1 = U_2$。流体在流动时，为克服流动阻力而消耗一部分机械能，这部分能量转变成热，致使流体的温度略微升高，而不能直接用于流体的输送。从实用上说，这部分机械能是损失掉了，因此常称为能量损失。设单位质量流体在流动时因克服流动阻力而损失的能量为 $\sum h_f$，其单位为 J/kg。于是式（3-23）成为

$$gZ_1 + \frac{u_1^2}{2} + \frac{p_1}{\rho} + W_e = gZ_2 + \frac{u_2^2}{2} + \frac{p_2}{\rho} + \sum h_f \qquad (3-24a)$$

或

$$g\Delta Z + \Delta\frac{u^2}{2} + \frac{\Delta p}{\rho} = W_e - \sum h_f \qquad (3-24b)$$

若流体流动时不产生流动阻力,则流体的能量损失 $\sum h_f = 0$,这种流体称为理想流体。实际上这种流体并不存在。但这种设想可以使流体流动问题的处理变得简单,对于理想流体流动,又没有外功加入,即 $\sum h_f = 0$,$W_e = 0$ 时,式(3-24)可简化为

$$gZ_1 + \frac{u_1^2}{2} + \frac{p_1}{\rho} = gZ_2 + \frac{u_2^2}{2} + \frac{p_2}{\rho} \qquad (3-25)$$

式(3-25)称为柏努利方程。式(3-24a)及(3-24b)为实际流体的机械能衡算式,习惯上也称为柏努利方程。

（三）柏努利方程的物理意义

（1）式(3-25)表示理想流体在管道内作稳定流动而又没有外功加入时,在任一截面上的单位质量流体所具有的位能、动能、静压能之和为一常数,称为总机械能,以 E 表示,其单位为 J/kg。即单位质量流体在各截面上所具有的总机械能相等,但每一种形式的机械能不一定相等,这意味着各种形式的机械能可以相互转换,但其和保持不变。

（2）如果系统的流体是静止的,则 $u = 0$,没有运动,就无阻力,也无外功,即 $\sum h_f = 0$,$W_e = 0$,于是式(3-24)变为

$$gZ_1 + \frac{p_1}{\rho} = gZ_2 + \frac{p_2}{\rho}$$

上式即为流体静力学基本方程。

（3）式(3-24)中各项单位为 J/kg,表示单位质量流体所具有的能量。应注意 gZ、$\frac{u^2}{2}$、$\frac{p}{\rho}$ 与 W_e、$\sum h_f$ 的区别。前三项是指在某截面上流体本身所具有的能量,后两项是指流体在两截面之间所获得和所消耗的能量。

式中 W_e 是输送设备对单位质量流体所做的有效功,是决定流体输送设备的重要数据。单位时间输送设备所做的有效功称为有效功率,以 N_e 表示,即

$$N_e = W_e w_s \qquad (3-26)$$

式中 w_s 为流体的质量流量,所以 N_e 的单位为 J/s 或 W。

（4）对于可压缩流体的流动,若两截面间的绝对压强变化小于原来绝对压强的

$20\%\left(即\dfrac{p_1-p_2}{p_1}<20\%\right)$时,柏努利方程仍适用,计算时流体密度 ρ 应采用两截面间流体的平均密度 ρ_m。

对于非定态流动系统的任一瞬间,柏努利方程式仍成立。

（5）如果流体的衡算基准不同,式（3-24）可写成不同形式。

① 以单位重量流体为衡算基准。将式（3-24）各项除以 g,则得

$$Z_1+\frac{u_1^2}{2g}+\frac{p_1}{\rho g}+\frac{W_\mathrm{e}}{g}=Z_2+\frac{u_2^2}{2g}+\frac{p_2}{\rho g}+\frac{\sum h_\mathrm{f}}{g}$$

令

$$H_\mathrm{e}=\frac{W_\mathrm{e}}{g},H_\mathrm{f}=\frac{\sum h_\mathrm{f}}{g}$$

则

$$Z_1+\frac{u_1^2}{2g}+\frac{p_1}{\rho g}+H_\mathrm{e}=Z_2+\frac{u_2^2}{2g}+\frac{p_2}{\rho g}+H_\mathrm{f} \qquad (3-24\mathrm{c})$$

上式各项的单位为 $\dfrac{\mathrm{N\cdot m}}{\mathrm{kg}\cdot\dfrac{\mathrm{m}}{\mathrm{s}^2}}=\mathrm{N\cdot m/N}=\mathrm{m}$,表示单位重量的流体所具有的能量。常把 $Z,\dfrac{u^2}{2g},\dfrac{p}{\rho g}$ 与 H_f 分别称为位压头、动压头、静压头与压头损失,H_e 则称为输送设备对流体所提供的有效压头。

② 以单位体积流体为衡算基准。将式（3-24a）各项乘以流体密度 ρ,则

$$Z_1\rho g+\frac{u_1^2}{2}\rho+p_1+W_\mathrm{e}\rho=Z_2\rho g+\frac{u_2^2}{2}\rho+p_2+\rho\sum h_\mathrm{f} \qquad (3-24\mathrm{d})$$

上式各项的单位为 $\dfrac{\mathrm{N\cdot m}}{\mathrm{kg}}\cdot\dfrac{\mathrm{kg}}{\mathrm{m}^3}=\mathrm{N\cdot m/m^2}=\mathrm{Pa}$,表示单位体积流体所具有的能量,简化后即为压强的单位。

采用不同衡算基准的柏努利方程式（3-24c）与式（3-24d）,对后面的"流体输送设备"的计算很重要。

五、柏努利方程式的应用

柏努利方程是流体流动的基本方程,结合连续性方程,可用于计算流体流动过程中流体的流速、流量、流体输送所需功率等问题。

应用柏努利方程解题时,需要注意以下几点：

（1）作图与确定衡算范围

根据题意画出流动系统的示意图,并指明流体的流动方向。定出上、下游截

面,以明确流动系统的衡算范围。

（2）截面的选取

两截面均应与流动方向相垂直,并且在两截面间的流体必须是连续的。所求的未知量应在截面上或在两截面之间,且截面上的 Z、u、p 等有关物理量,除所需求取的未知量外,都应该是已知的或能通过其他关系计算出来。

两截面上的 u、p、Z 与两截面间的 $\sum h_f$ 都应相互对应一致。

（3）基准水平面的选取

选取基准水平面的目的是为了确定流体位能的大小,实际上在柏努利方程式中所反映的是位能差($\Delta Z = Z_2 - Z_1$)的数值。所以,基准水平面可以任意选取,但必须与地面平行。Z 值是指截面中心点与基准水平面间的垂直距离。为了计算方便,通常取基准水平面通过衡算范围的两个截面中的任一个截面。如该截面与地面平行,则基准水平与该截面重合,$Z=0$;如衡算系统为水平管道,则基准水平面通过管道的中心线,$\Delta Z = 0$。

（4）单位必须一致

在用柏努利方程式之前,应把有关物理量换算成一致的单位。两截面的压强除要求单位一致外,还要求表示方法一致。即只能同时用表压强或同时使用绝对压强,不能混合使用。

下面举例说明柏努利方程的应用。

（一）确定设备间的相对位置

【例 3-8】 将高位槽内料液向塔内加料。高位槽和塔内的压力均为大气压。要求料液在管内以 0.5m/s 的速度流动。设料液在管内压头损失为 1.2m(不包括出口压头损失)。试求高位槽的液面应该比塔入口处高出多少米。

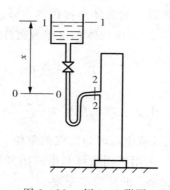

图 3-16 例 3-8 附图

解:取管出口高度的 0—0 为基准面,高位槽的液面为 1—1 截面,因要求计算高位槽的液面比塔入口处高出多少米,所以把 1—1 截面选在此就可以直接算出所求的高度 x,同时在此液面处的 u_1 及 p_1 均为已知值。2—2 截面选在管出口处。在 1—1 及 2—2 截面间列柏努利方程:

$$gZ_1 + \frac{p_1}{\rho} + \frac{u_1^2}{2} = gZ_2 + \frac{p_2}{\rho} + \frac{u_2^2}{2} + \sum h_f$$

式中 $p_1 = 0$(表压) 高位槽截面与管截面相差很大,故高位槽截面的流速与管内流速相比,其值很小,即 $u_1 \approx 0$。$Z_1 = x$,$p_2 = 0$(表压),$u_2 = 0.5\text{m/s}$,$Z_2 = 0$,$\sum h_f/g = 1.2\text{m}$。

将上述各项数值代入,则

$$9.81x = \frac{(0.5)^2}{2} + 1.2 \times 9.81$$

解得

$$x = 1.2\text{m}$$

计算结果表明,动能项数值很小,流体位能的降低主要用于克服管路阻力。

(二)确定管道中流体的流量

【例 3-9】 20℃ 的空气从直径为 80mm 的水平管流过。现于管路中接一文丘里管,如本题附图所示。文丘里管的上游接一水银 U 管压差计,在直径为 20mm 的喉颈处接一细管,其下部插入水槽中。空气流过文丘里管的能量损失可忽略不计。当 U 管压差计读数 $R = 25\text{mm}$、$h = 0.5\text{m}$ 时,试求此时空气的流量为多少。当地大气压强为 $101.33 \times 10^3\text{Pa}$。

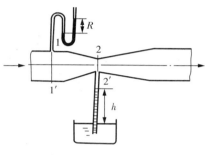

图 3-17 例 3-9 附图

解: 文丘里管上游测压口处的压强为

$$p_1 = \rho_{\text{Hg}}gR = 13600 \times 9.81 \times 0.025 = 3335(\text{Pa})(\text{表压})$$

喉颈处的压强为

$$p_2 = -\rho gh = -1000 \times 9.81 \times 0.5 = -4905(\text{Pa})(\text{表压})$$

空气流经截面 1—1′ 与 2—2′ 的压强变化为

$$\frac{p_1 - p_2}{p_1} = \frac{(101330 + 3335) - (101330 - 4905)}{101330 + 3335} = 0.079 = 7.9\% < 20\%$$

故可按不可压缩流体来处理。

两截面间的空气平均密度为

$$\rho = \rho_m = \frac{M}{22.4}\frac{T_0 p_m}{T p_0} = \frac{29}{22.4} \times \frac{273\left[101330 + \frac{1}{2}(3335 - 4905)\right]}{293 \times 101330} = 1.20(\text{kg/m}^3)$$

在截面 1—1′ 与 2—2′ 之间列柏努利方程,以管道中心线作基准水平面。两截面间无外功加入,即 $W_e = 0$;能量损失可忽略,即 $\sum h_f = 0$。据此,柏努利方程式

可写为

$$gZ_1 + \frac{u_1^2}{2} + \frac{p_1}{\rho} = gZ_2 + \frac{u_2^2}{2} + \frac{p_2}{\rho}$$

式中：
$$Z_1 = Z_2 = 0$$

所以
$$\frac{u_1^2}{2} + \frac{3335}{1.2} = \frac{u_2^2}{2} - \frac{4905}{1.2}$$

简化得
$$u_2^2 - u_1^2 = 13733 \qquad\qquad (a)$$

据连续性方程
$$u_1 A_1 = u_2 A_2$$

得
$$u_2 = u_1 \frac{A_1}{A_2} = u_1 \left(\frac{d_1}{d_2}\right)^2 = u_1 \left(\frac{0.08}{0.02}\right)^2$$

$$u_2 = 16u_1 \qquad\qquad (b)$$

把式(b)代入式(a)，即 $(16u_1)^2 - u_1^2 = 13733$

解得
$$u_1 = 7.34 \mathrm{m/s}$$

空气的流量为

$$V_h = 3600 \times \frac{\pi}{4} d_1^2 u_1 = 3600 \times \frac{\pi}{4} \times 0.08^2 \times 7.34 = 132.8 (\mathrm{m^3/h})$$

(三) 确定管路中流体的压强

【例 3-10】 水在本题附图所示的虹吸
管内作定态流动，管路直径没有变化，水流经
管路的能量损失可以忽略不计。试计算管内
截面 2—2′、3—3′、4—4′ 和 5—5′ 处的压强。
大气压强为 $1.0133 \times 10^5 \mathrm{Pa}$。图中所标注的
尺寸均以 mm 计。

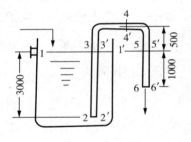

图 3-18 例 3-10 附图

解： 为计算管内各截面的压强，应首先计
算管内水的流速。先在贮槽水面 1—1′ 及管
子出口内侧截面 6—6′ 间列柏努利方程式，并以截面 6—6′ 为基准水平面。由于管
路的能量损失忽略不计，即 $\sum h_f = 0$，故柏努利方程式可写为

$$gZ_1 + \frac{u_1^2}{2} + \frac{p_1}{\rho} = gZ_2 + \frac{u_2^2}{2} + \frac{p_2}{\rho}$$

式中：$Z_1 = 1\mathrm{m}, Z_6 = 0, p_1 = 0$(表压)，$p_6 = 0$(表压)，$u_1 \approx 0$
将上列数值代入上式，并简化得

$$9.81 \times 1 = \frac{u_6^2}{2}$$

解得
$$u_6 = 4.43 \mathrm{m/s}$$

由于管路直径无变化,则管路各截面积相等。根据连续性方程式知 $V_s = Au =$ 常数,故管内各截面的流速不变,即

$$u_2 = u_3 = u_4 = u_5 = u_6 = 4.43 \mathrm{m/s}$$

则
$$\frac{u_2^2}{2} = \frac{u_3^2}{2} = \frac{u_4^2}{2} = \frac{u_5^2}{2} = \frac{u_6^2}{2} = 9.81 \mathrm{J/kg}$$

因流动系统的能量损失可忽略不计,故水可视为理想流体,则系统内各截面上流体的总机械能 E 相等,即

$$E = gZ + \frac{u^2}{2} + \frac{p}{\rho} = 常数$$

总机械能可以用系统内任何截面去计算,但根据本题条件,以贮槽水面 $1—1'$ 处的总机械能计算较为简便。现取截面 $2—2'$ 为基准水平面,则上式中 $Z = 2\mathrm{m}$,$p = 101330\mathrm{Pa}$,$u \approx 0$,所以总机械能为

$$E = 9.81 \times 3 + \frac{101330}{1000} = 130.8 \mathrm{J/kg}$$

计算各截面的压强时,亦应以截面 $2—2'$ 为基准水平面,则 $Z_2 = 0$,$Z_3 = 3\mathrm{m}$,$Z_4 = 3.5\mathrm{m}$,$Z_5 = 3\mathrm{m}$。

(1) 截面 $2—2'$ 的压强

$$p_2 = \left(E - \frac{u_2^2}{2} - gZ_2\right)\rho = (130.8 - 9.81) \times 1000 = 120990 (\mathrm{Pa})$$

(2) 截面 $3—3'$ 的压强

$$p_3 = \left(E - \frac{u_3^2}{2} - gZ_3\right)\rho = (130.8 - 9.81 - 9.81 \times 3) \times 1000 = 91560 (\mathrm{Pa})$$

(3) 截面 $4—4'$ 的压强

$$p_4 = \left(E - \frac{u_4^2}{2} - gZ_4\right)\rho = (130.8 - 9.81 - 9.81 \times 3.5) \times 1000 = 86660 (\mathrm{Pa})$$

(4) 截面 $5—5'$ 的压强

$$p_5 = \left(E - \frac{u_5^2}{2} - gZ_5\right)\rho = (130.8 - 9.81 - 9.81 \times 3) \times 1000 = 91560 (\mathrm{Pa})$$

从以上结果可以看出,压强不断变化,这是位能与静压强反复转换的结果。

(四)确定输送设备的有效功率

【例3-11】 用泵将贮槽中密度为1200kg/m³ 的溶液送到蒸发器内,贮槽内液面维持恒定,其上方压强为101.33×10³Pa,蒸发器上部的蒸发室内操作压强为26670Pa(真空度),蒸发器进料口高于贮槽内液面15m,进料量为20m³/h,溶液流经全部管路的能量损失为120J/kg。求泵的有效功率。管路直径为60mm。

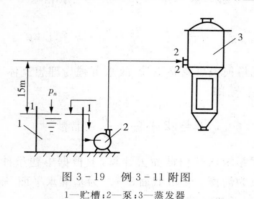

图 3-19 例 3-11 附图
1—贮槽;2—泵;3—蒸发器

解:取贮槽液面为 1—1 截面,管路出口内侧为 2—2 截面,并以 1—1 截面为基准水平面,在两截面间列柏努利方程。

$$gZ_1 + \frac{u_1^2}{2} + \frac{p_1}{\rho} + W_e = gZ_2 + \frac{u_2^2}{2} + \frac{p_2}{\rho} + \sum h_f$$

式中:$Z_1 = 0$,$Z_2 = 15\text{m}$,$p_1 = 0$(表压),$p_2 = -26670\text{Pa}$(表压),$u_1 = 0$

$$u_2 = \frac{\frac{20}{3600}}{0.785 \times (0.06)^2} = 1.97(\text{m/s})$$

$$\sum h_f = 120\text{J/kg}$$

将上述各项数值代入,则

$$W_e = 15 \times 9.81 + \frac{(1.97)^2}{2} + 120 - \frac{26670}{1200} = 246.9(\text{J/kg})$$

泵的有效功率 N_e 为

$$N_e = W_e \cdot w_s$$

式中

$$w_s = V_s \cdot \rho = \frac{20 \times 1200}{3600} = 6.67 (\mathrm{kg/s})$$

$$N_e = 246.9 \times 6.67 = 1647 (\mathrm{W}) = 1.65 \mathrm{kW}$$

实际上泵所做的功并不是全部有效的,故要考虑泵的效率 η,实际上泵所消耗的功率(称轴功率)N 为

$$N = \frac{N_e}{\eta}$$

设本题泵的效率为 0.65,则泵的轴功率为

$$N = \frac{1.65}{0.65} = 2.54 (\mathrm{kW})$$

(五)非稳定流动系统的计算

【例 3 - 12】　如图所示,敞口贮槽液面与排液管出口的垂直距离 $h_1 = 9\mathrm{m}$,贮槽内径 $D = 3\mathrm{m}$,排液管内径 $d_0 = 0.04\mathrm{m}$,液体流过系统的能量损失可按 $\sum h_f = 40u^2$ 计算,式中 u 为流体内管内的流速。试求经 4h 后,贮槽液面下降的高度。

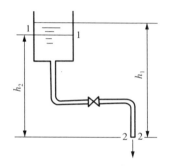

图 3 - 20　例 3 - 12 附图

解　本题属不稳定流动。经 4h 后贮槽内液面下降的高度可通过微分时间内的物料衡算和瞬间的柏努利方程求解。

在 $\mathrm{d}\theta$ 时间内对系统作物料衡算。设 F'、D' 分别为瞬时进、出料率,$\mathrm{d}A'$ 为 $\mathrm{d}\theta$ 时间内的积累量,则 $\mathrm{d}\theta$ 时间内的物料衡算为

$$F' \mathrm{d}\theta - D' \mathrm{d}\theta = \mathrm{d}A'$$

又设在 $\mathrm{d}\theta$ 时间内,槽内液面下降 $\mathrm{d}h$,液体在管内瞬间流速为 u,故

$$F' = 0 \quad D' = \frac{\pi}{4} d_0^2 u \quad \mathrm{d}A' = \frac{\pi}{4} D^2 \mathrm{d}h$$

代入上式,得

$$-\frac{\pi}{4} d_0^2 u \mathrm{d}\theta = \frac{\pi}{4} D^2 \mathrm{d}h$$

$$\mathrm{d}\theta = -\left(\frac{D}{d_0}\right)^2 \frac{\mathrm{d}h}{u} \tag{a}$$

式中瞬时液面高度 h(以排液管出口为基准)与瞬时流速 u 的关系,可由瞬时柏努利方程求得。

在瞬间液面 1—1 与管出口内侧截面 2—2 间列柏努利方程,并以 2—2 截面为

基准水平面得

$$gZ_1 + \frac{p_1}{\rho} + \frac{u_1^2}{2} = gZ_2 + \frac{p_2}{\rho} + \frac{u_2^2}{2} + \sum h_f$$

式中：$Z_1 = h, Z_2 = 0, p_1 = p_2, u_1 \approx 0, u_2 = u, \sum h_f = 40u^2$。

将上述各项数值代入，得

$$9.81h = 40.5u^2, u = 0.492\sqrt{h} \qquad\qquad (b)$$

将式（b）代入式（a），得

$$d\theta = -\left(\frac{D}{d_o}\right)^2 \frac{dh}{0.492\sqrt{h}} = -\left(\frac{3}{0.04}\right)^2 \frac{dh}{0.492\sqrt{h}} = -11433\frac{dh}{\sqrt{h}}$$

将上式积分

$$\theta_1 = 0, h_1 = 9\text{m}$$

$$\theta_2 = 4 \times 3600\text{s}, h_2 = h\text{m}$$

$$\int_{\theta_1}^{\theta_2} d\theta = -11433\int_{h_1}^{h_2} \frac{dh}{\sqrt{h}}$$

$$4 \times 3600 = -11433 \times 2\left[\sqrt{h_2} - \sqrt{h_1}\right]_{h_1=9}^{h_2=h} = -11433 \times 2(\sqrt{h} - \sqrt{9})$$

$$h = 5.62\text{m}$$

所以经 4h 后贮槽内液面下降高度为

$$9 - 5.62 = 3.38(\text{m})$$

第三节　管内流体流动现象

前节叙述了流体流动过程的连续性方程与柏努利方程。应用方程可以预测和计算有关流体流动过程运动参数的变化规律。但是没有叙述能量损失 $\sum h_f$。流体在流动过程中，部分能量消耗于克服流动阻力，而实际流体流动时的阻力以及在传热、传质过程中的阻力都与流动的内部结构密切相关。因此流动的内部结构是流体流动规律的一个重要方面。本节主要讨论流体流动阻力的产生及影响因素。

一、黏度

（一）牛顿黏性定律

流体流动时产生内摩擦力的性质，称为黏性。流体黏性越大，其流动性就越小。放完一桶甘油比放完一桶水慢得多,这是因为甘油流动时内摩擦力比水大的缘故。

设有上下两块平行放置、面积很大而相距很近的平板,两板间充满静止的液体,如图3-21所示。若将下板固定,对上板施加一恒定的外力,使上板作平行于下板的等速直线运动。此时,紧靠上层平板的液体,因附着在板面上,具有与平板相同的速度。而紧靠下层板面的液体,也因附着于

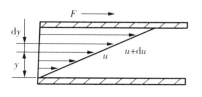

图3-21 平板间流体速度分布

下板面而静止不动。在两平板间的液体可看成为许多平行于平板的流体层,层与层之间存在着速度差,即各液体层之间存在着相对运动。速度快的液体层对其相邻的速度较慢的液体层发生了一个推动其向运动方向前进的力,而同时速度慢的液体层对速度快的液体层也作用着一个大小相等、方向相反的力,从而阻碍较快液体层向前运动。这种运动着的流体内部相邻两流体层之间的相互作用力,称为流体的内摩擦力和黏滞力。流体运动时内摩擦力的大小,体现了流体黏性的大小。

实验证明,对于一定的液体,内摩擦力 F 与两流体层的速度差 Δu 成正比,与两层之间的垂直距离 Δy 成反比,与两层间的接触面积 S 成正比,即

$$F \propto \frac{\Delta u}{\Delta y} S$$

把上式写成等式,引入比例系数 μ:$F = \mu \frac{\Delta u}{\Delta y} S$

单位面积上的内摩擦力称为剪应力,以 τ 表示;当流体在管内流动,径向速度变化不是直线关系时,则

$$\tau = \frac{F}{S} = \mu \frac{\mathrm{d}u}{\mathrm{d}y} \tag{3-27}$$

式中:$\dfrac{\mathrm{d}u}{\mathrm{d}y}$ —— 速度梯度,即在流动方向相垂直的 y 方向上流体速度的变化率;

μ —— 比例系数,称黏性系数或动力黏度,简称黏度。

此式所显示的关系,称为牛顿黏性定律。

(二)黏度

将式(3-27)改写为

$$\mu = \frac{\tau}{\dfrac{\mathrm{d}u}{\mathrm{d}y}}$$

黏度的物理意义是促使流体流动产生单位速度梯度时剪应力的大小。黏度总是与速度梯度相联系,只有在运动时才显现出来。

黏度是流体物理性质之一,其值由实验测定。液体的黏度随温度升高而减小,气体的黏度则随温度升高而增大。压力对液体黏度的影响很小,可忽略不计,气体的黏度,除非在极高或极低的压力下,可以认为与压力无关。

黏度的单位

$$[\mu] = \left[\frac{\tau}{\dfrac{du}{dy}}\right] = \frac{N/m^2}{\dfrac{m/s}{m}} = \frac{N \cdot s}{m^2} = Pa \cdot s$$

某些常用流体的黏度,可以从有关手册中查得,但查到的数据常用其他单位制表示,例如在手册中黏度单位常用 cP(厘泊)表示。1cP=0.01P(泊),P 是黏度在物理单位制中的导出单位,即

$$[\mu] = \left[\frac{\tau}{\dfrac{du}{dy}}\right] = \frac{dyn/cm^2}{\dfrac{cm/s}{cm}} = \frac{dyn \cdot s}{cm^2} = \frac{g}{cm \cdot s} = P(泊)$$

流体的黏性还可用黏度 μ 与密度 ρ 的比值来表示。这个比值称为运动黏度,以 γ 表示,即

$$\gamma = \frac{\mu}{\rho} \tag{3-28}$$

运动黏度在法定单位制中的单位为 m^2/s;在物理制中的单位为 cm^2/s,称为斯托克斯,简称为沲,以 St 表示,$1St = 100cSt$(厘沲)$= 10^{-4} m^2/s$。

在工业生产中常遇到各种流体的混合物。对混合物的黏度,如缺乏实验数据时,可参阅有关资料,选用适当的经验公式进行估算。

此外,服从牛顿黏性定律的流体,称为牛顿型流体,所有气体和大多数液体都属于这一类。不服从牛顿黏性定律的流体称为非牛顿流体,如某些高分子的溶液、胶体溶液及泥浆等,它们的流动,属于流变学范畴,这里不进行讨论。

二、流动类型与雷诺准数

(一)流动类型

为了直接观察流体流动时内部质点的运动情况及各种因素对流动状况的影响,可安排如图 3-22 所示的实验,称雷诺实验。它揭示出流动的两种截然不同的形态。在一个水箱内,水面下安装一个带喇叭形进口的玻璃管。管下游装有一个阀门,利用阀门的开度调节流量。在喇叭形进口处中心有一根针形小管,自此小管

流出一丝有色水流，其密度与水几乎相同。

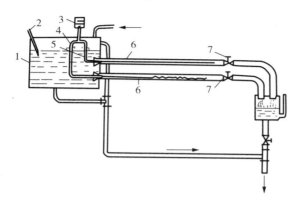

图 3-22　雷诺实验装置
1—水箱；2—温度计；3—有色液；4—阀门；5—针形小管；6—玻璃管；7—阀门

当水的流量较小时，玻璃管水流中出现一丝稳定而明显的着色直线。随着流速逐渐增加，起先着色线仍然保持平直光滑，当流量增大到某临界值时，着色线开始抖动、弯曲，继而断裂，最后完全与水流主体混在一起，无法分辨，而整个水流也就染上了颜色。

上述实验虽然非常简单，但却揭示出一个极为重要的事实，即流体流动存在着两种截然不同的流型。在前一种流型中，流体质点作直线运动，即流体分层流动，层次分明，彼此互不混杂，故才能使着色线流保持着线形。这种流型被称为层流或滞流。在后一种流型中流体在总体上沿管道向前运动，同时还在各个方向作随机的脉动，正是这种混乱运动使着色线抖动、弯曲以至断裂冲散。这种流型称为湍流或紊流。

（二）流型的判断

不同的流型对流体中的质量、热量传递将产生不同的影响。为此，工程设计上需事先判定流型。对管内流动而言，实验表明流动的几何尺寸（管径 d）、流动的平均速度 u 及流体性质（密度和黏度）对流型的转变有影响。雷诺发现，可以将这些影响因素综合成一个无因次数群 $\rho d u / \mu$ 作为流型的判据，此数群被称为雷诺数，以符号 Re 表示。

雷诺指出：

（1）当 $Re \leqslant 2000$ 时，必定出现层流，此为层流区。

（2）当 $2000 < Re < 4000$ 时，有时出现层流，有时出现湍流，依赖于环境。此为过渡区。

（3）当 $Re \geqslant 4000$ 时，一般都出现湍流，此为湍流区。

当 $Re \leqslant 2000$ 时，任何扰动只能暂时地使之偏离层流，一旦扰动消失，层流状态必将恢复,因此 $Re \leqslant 2000$ 时,层流是稳定的(注意这里的稳定与本章第二节所指稳定流动的区别)。

当 Re 数超过 2000 时,层流不再是稳定的,但是否出现湍流,决定于外界的扰动。如果扰动很小,不足以使流型转变,则层流仍然能够存在。

$Re \geqslant 4000$ 时,则微小的扰动就可以触发流型的转变,因而一般情况下总出现湍流。

根据 Re 的数值将流动划为三个区:层流区、过渡区及湍流区,但只有两种流型。过渡区不是一种过渡的流型,它只表示在此区内可能出现层流也可能出现湍流,需视外界扰动而定。

三、层流与湍流

层流与湍流的区分不仅在于 Re 值不同,更重要的是它们的本质区别,即:

(一)流体内部质点的运动方式

流体在管内作层流流动时,其质点沿管轴作有规则的平行运动,各点互不碰撞,互不混合。

流体在管内作湍流流动时,流体质点在沿管轴流动的同时还作着随机的脉动,空间任一点的速度(包括方向及大小)都随时间变化。如果测定管内某一点流速在 x 方向随时间的变化,可得如图 3 - 23 所示的波形。此波形表明在时间间隔 T 内,该点的瞬时流速 u_x 总在平均值 $\overline{u_x}$ 上下变动。平均值 $\overline{u_x}$ 是指在时间间隔 T 内流体质点经过点 i 的瞬时速度的平均值,称为时均速度,

即
$$\overline{u_x} = \frac{1}{T} \int_0^T u_x \, \mathrm{d}t \tag{3-29}$$

在稳定流动系统中,这一时均速度不随时间而改变。由图 3 - 23 可知,实际的湍流流动是在一个时均流动上叠加一个随机的脉动量。

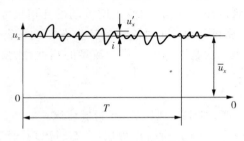

图 3 - 23　速度脉动曲线

湍流的基本特征是出现了速度的脉动。层流时,流体只有轴向速度而无径向速度;然而在湍流时出现了径向的脉动速度,虽然其时间平均值为零,但加速了径

向的动量、热量和质量的传递。

(二)流体在圆管内的速度分布

无论是层流还是湍流,在管道任意截面上,流体质点的速度沿管径而变,管壁处速度为零,离开管壁后速度渐增,到管中心处速度最大,速度在管截面上的分布规律因流型而异。

理论分析和实验都已证明,层流时的速度沿管径按抛物线规律分布,如图 3-24(a)所示,截面上各点速度的平均值 u 等于管中心处最大速度 u_{max} 的 0.5 倍。

湍流时的速度分布目前还不能完全利用理论推导求得。经实验方法得出湍流时圆管内速度分布曲线如图 3-24(b)所示。此时速度分布曲线不再是严格的抛物线,曲线顶部区域比较平均,Re 数值愈大,曲线顶部的区域就愈广阔平坦,但靠管壁处的速度骤然下降,曲线较陡。u 与 u_{max} 的比值随 Re 数而变化,如图 3-25 所示。图中 Re 与 Re_{max} 分别以平均速度 u 及管中心处最大速度 u_{max} 计算。

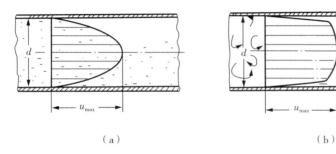

（a）　　　　　　　　　　　　　　　　（b）

图 3-24　圆管内速度分布

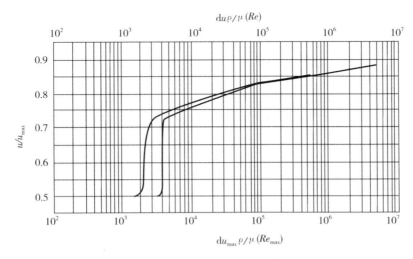

图 3-25　u/u_{max} 与 Re、Re_{max} 的关系

即使湍流时,管壁处的流体速度也等于零,而靠近管壁的流体仍作层流流动,这一流体薄层称层流底层,管内流速愈大,层流底层就愈薄,流体黏度愈大,层流底层就愈厚。

湍流主体与层流底层之间存在着过渡层。

上述速度分布曲线,仅在管内流动达到平稳时才成立。在管入口处外来影响还未消失,以及管路拐弯、分支处和阀门附近流动受到干扰,这些局部地方的速度分布就不符合上述规律。

(三)流体在直管内的流动阻力

流体在直管内流动时,流型不同,流动阻力所遵循的规律也不相同。层流时,流动阻力是内摩擦力引起的。对牛顿型流体,内摩擦力大小服从牛顿黏性定律。湍流时,流动阻力除了内摩擦力外,还由于流体质点的脉动产生了附加的阻力。因此总的摩擦应力不再服从牛顿黏性定律,如仍希望用牛顿黏性定律的形式来表示,则应写成:

$$\tau = (\mu + \mu_e) \frac{\mathrm{d}u}{\mathrm{d}y} \qquad (3-30)$$

式中的 μ_e 称涡流黏度,其单位与黏度 μ 的单位一致。涡流黏度不是流体的物理性质,而是与流体流动状况有关的系数。

四、边界层的概念

(一)边界层

当一个流速均匀的流体与一固体界面接触时,由于壁面的阻滞,与壁面直接接触的流体其速度立即降为零。由于流体的黏性作用,近壁面的流体将相继受阻而降速,随着流体沿壁面向前流动,流速受影响的区域逐渐扩大。通常定义流速降至未受边壁影响流速的 99% 以内的区域为边界区。简言之,边界层是边界影响所及的区域。

流体沿平壁流动时的边界层示于图 3-26。在边界层内存在着速度梯度,因而必须考虑黏度的影响。而在边界层外,速度梯度小到可以忽略,则无需考虑黏度的影响。这样,我们在研究实际流体沿着固体界面流动的问题时,只要集中于边界层内的流动即可。

边界层按其中的流型仍有层流边界层与湍流边界层之分。如图 3-26 所示,在壁面的前一段,边界层内的流型为层流,称为层流边界层。离平壁前缘若干距离后,边界层内的流型转为湍流,称为湍流边界层,其厚度较快地扩展。即使在湍流边界层内,近壁处仍有一薄层,其流型仍为层流,即前所述的层流底层。边界层内流型的变化与 Re 有关,此时 Re 定义为

$$Re = \frac{\rho u_0 x}{\mu} \qquad (3-31)$$

式中：x—— 离平壁前缘的距离。

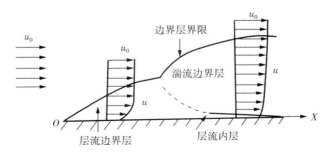

图 3 - 26　平壁上的边界层

　　对于管流来说，只在进口附近一段距离内（入口段）有边界层内外之分。经此段距离后，边界层扩大到管中心，如图 3-27 所示。在汇合处，若边界层内流动是层流，则以后的管流为层流，若在汇合点之前边界层流动已发展成湍流，则以后的管流为湍流。在入口段 L_0 内，速度分布沿管长不断变化，至汇合点处速度分布才发展为管流的速度分布。入口段中因未形成确定的速度分布，若进行传热、传质时，其规律与一般管流有所不同。

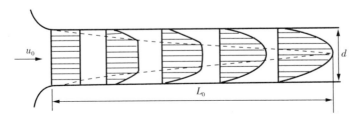

图 3 - 27　圆管入口段中边界层的发展

　　边界层的划分对许多工程问题有重要的意义。虽然对管流来说，整个截面都属边界层，没有划分边界层的必要，但是当流体在大空间中对某个物体作绕流时，边界层的划分就显示出它的重要性。

　　（二）边界层的分离现象

　　如果在流速均匀的流体中放置的不是平板，而是其他具有大曲率的物体，如球体或圆柱体，则边界层的情况有显著的不同。作为一个典型的实例，考察流体对一圆柱体的绕流，如图 3-28 所示。

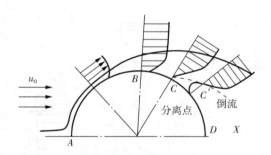

图 3-28　流体对圆柱体的绕流

当均速流体绕过圆柱体时,首先在前缘 A 点形成驻点,该处压强最大。当流体自驻点向两侧流去时,由于圆柱面的阻滞作用,便形成了边界层。液体自点 A 流至点 B,即流经圆柱前半部分时,流道逐渐缩小,在流动方向上的压强梯度为负(或称顺压强梯度),边界层中流体处于加速减压状态,边界层的发展与平板无本质区别。但流过 B 点以后,由于流通逐渐扩大,边界层内流体便处在减速加压之下。此时,剪应力消耗动能和逆压强梯度的阻碍双重作用下,壁面附近的流体速度将迅速下降,最终在 C 点处流速降为零。离壁稍远的流体质点因具有较大的速度和动能,故可流过较长的途径至 C′ 点处速度才降为零。若将流体中速度为零的各点连成一线,如图中 C—C′ 所示,该线与边界层上缘之间的区域即成为脱离了物体的边界层。这一现象称为边界层的分离或脱体。

在 C—C′ 线以下,流体在逆压强梯度推动下倒流。在柱体的后部产生大量旋涡(亦称尾流),造成机械能耗损,表现为流体的阻力损失增大。由上述可知:

(1)流道扩大时必造成逆压强梯度;

(2)逆压强梯度易造成边界层的分离;

(3)边界层分离造成大量旋涡,大大增加机械能消耗。

第四节　　流体流动的阻力损失

管路系统主要由直管和管件组成。管件包括弯头、三通、短管、阀门等。无论直管和管件都对流动有一定的阻力,消耗一定的机械能。直管造成的机械能损失称为直管阻力损失(或称沿程阻力损失),是由于流体内摩擦而产生的。管件造成的机械能损失称为局部阻力损失,主要是流体流经管件、阀门及管截面的突然扩大或缩小等局部地方所引起的。在运用柏努利方程时,应先分别计算直管阻力和局部阻力损失的数值,然后进行加和。

一、层流对直管阻力损失计算

流体在均匀直管中作稳定流动时,由柏努利方程可知,流体的能量损失为

$$h_f = (gZ_1 - gZ_2) + \frac{p_1 - p_2}{\rho} + \left(\frac{u_1^2 - u_2^2}{2}\right)$$

对于均匀直管 $u_1 = u_2$,水平管路 $Z_1 = Z_2$,故只要测出两截面上的静压能,就可以知道两截面间的能量损失。

$$h_f = \frac{p_1 - p_2}{\rho} \qquad (3-32)$$

层流时的能量损失可从理论推导得出。

设流体在半径为 R 的水平直管内流动,于管轴心处取一半径为 r,长度为 l 的流体柱进行分析。如图 3-29 所示,作用于流体柱两端面的压强分别为 p_1 和 p_2,则作用于流体柱上的推动力为 $(p_1 - p_2)\pi r^2$。

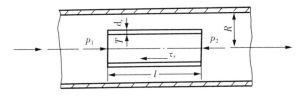

图 3-29 层流能量损失推导

设距管中心 r 处的流速为 u_r,两相邻流体层产生的剪应力为 τ_r。层流时服从牛顿黏性定律,即

$$\tau_r = -\mu \frac{\mathrm{d}u_r}{\mathrm{d}r}$$

流体作稳定流动时,推动力和阻力大小相等,方向相反,故

$$(p_1 - p_2)\pi r^2 = -2\pi r l \mu \frac{\mathrm{d}u_r}{\mathrm{d}r}$$

将上式积分,边界条件为

当 $r = 0$ 时,$u_r = u_{max}$

当 $r = R$ 时,$u_r = 0$

$$\int_0^R \Delta p \cdot r \mathrm{d}r = \int_{u_{max}}^0 -2l\mu \mathrm{d}u_r$$

$$\Delta p \cdot \frac{R^2}{2} = 2\mu l u_{max}$$

式中 u_{max} 为管中心处最大流速,层流时,管内平均流速为最大流速的一半。

因 $$R = \frac{1}{2}d$$

整理上式,得

$$\Delta p = \frac{32\mu l u}{d^2} \qquad (3-33)$$

式(3-33)称为哈根-泊谡叶公式。

将式(3-33)代入式(3-32),则能量损失为

$$h_f = \frac{\Delta p}{\rho} = \frac{32\mu l u}{\rho d^2} \qquad (3-34)$$

将上式改写为直管能量损失计算的一般方程式:

$$h_f = \left[\frac{64}{\dfrac{du\rho}{\mu}}\right] \left(\frac{l}{d}\right)\left(\frac{u^2}{2}\right)$$

令

$$\lambda = \frac{64}{Re} \qquad (3-35)$$

则

$$h_f = \lambda \frac{l}{d} \frac{u^2}{2} \qquad (3-36)$$

式(3-36)称为直管阻力损失的计算通式,称为范宁(Fanning)公式,对于层流和湍流均适用。其中 λ 称为摩擦系数,层流时 $\lambda = \frac{64}{Re}$。

二、湍流时直管阻力损失计算

层流时阻力损失的计算式是由理论推导得到的。湍流时由于情况复杂得多,未能得出摩擦系数 λ 的理论计算式,但可以通过实验研究,获得经验计算式。这种实验研究方法是工业中常用的方法。

（一）管壁粗糙度对 λ 的影响

管壁粗糙面凸出部分的平均高度，称绝对粗糙度，以 ε 表示。绝对粗糙度与管内径 d 之比值 ε/d 称相对粗糙度。表 3-2 列出某些工业管道的绝对粗糙度。

表 3-2　某些工业管的绝对粗糙度

	管道类别	绝对粗糙度 ε（mm）
金属管	无缝黄铜管、铜管及铝管	$0.01 \sim 0.05$
	新的无缝钢管或镀锌铁管	$0.1 \sim 0.2$
	新的铸铁管	0.3
	只有轻度腐蚀的无缝钢管	$0.2 \sim 0.3$
	只有显著腐蚀的无缝钢管	0.5 以上
	旧的铸铁管	0.85 以上
非金属管	干净玻璃管	$0.0015 \sim 0.01$
	橡皮软管	$0.01 \sim 0.03$
	木管道	$0.25 \sim 1.25$
	陶土排水管	$0.45 \sim 6.0$
	很好整平的水泥管	0.33
	石棉水泥管	$0.03 \sim 0.8$

层流时，流体层平行于管道轴线，流速较慢，对管壁凸出部分没有什么碰撞作用，所以粗糙度对 λ 值无影响，如图 3-30(a) 所示。

湍流时，若层流底层的厚度大于壁面的绝对粗糙度，则管壁粗糙度对 λ 值的影响与层流相近。随着 Re 值增加，层流底层的厚度变薄，当管壁凸出处部分地暴露在层流底层之外的湍流区域时，如图 3-30(b) 所示，流动的流体冲击凸起处时，引起旋涡，使能量损失增大。Re 数一定时，管壁粗糙度越大，能量损失也越大。

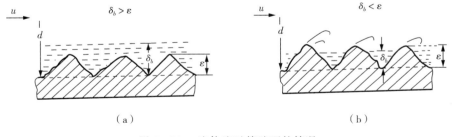

图 3-30　流体流过管壁面的情况

（二）实验研究方法

实验研究的基本步骤如下：

（1）析因实验 —— 寻找影响过程的主要因素

对所研究的过程做初步的实验和经验的归纳，尽可能地列出影响过程的主要因素。

对于湍流时直管阻力损失 h_f，经分析和初步实验获知诸影响因素为

流体性质：密度 ρ、黏度 μ；

流动的几何尺寸：管径 d、管长 l、管壁粗糙度 ε（管内壁表面高低不平）；

流动条件：流速 u。

于是待求的关系式应为

$$h_f = f(d, l, \mu, \rho, u, \varepsilon) \qquad (3-37)$$

（2）规划实验 —— 减少实验工作量

依靠实验方法求取上述关系式需要多次改变一个自变量的数值测取 h_f 的值，而其他自变量保持不变。这样，自变量个数越多，所需的实验次数急剧增加。为减少实验工作量，需要在实验前进行规划，包括应用正交设计法、因次分析法等，以尽可能减少实验次数。

因次分析法是通过将变量组合成无因次数群，从而减少实验自变量的个数，大幅度地减少实验次数，因此在工业上广为应用。

因次分析法的基础是：任何物理方程的等式两边或方程中的每一项均具有相同的因次，此称为因次和谐或因次的一致性。从这一基本点出发，任何物理方程都可以转化成无因次形式。

以层流时的阻力损失计算式为例，不难看出，式（3-34）可以写成如下形式

$$\left(\frac{h_f}{u^2}\right) = 32\left(\frac{l}{d}\right)\left(\frac{\mu}{du\rho}\right) \qquad (3-38)$$

式中每一项都为无因次项，称为无因次数群。

换言之，未作无因次处理前，层流时阻力的函数形式为

$$h_f = f(d, l, \mu, \rho, u) \qquad (3-39)$$

作无因次处理后，可写成

$$\left(\frac{h_f}{u^2}\right) = \varphi\left(\frac{du\rho}{\mu}, \frac{l}{d}\right) \qquad (3-40)$$

对照式（3-37）与式（3-38），不难推测，湍流时的式（3-37）也可写成如下的无因次形式

$$\left(\frac{h_\mathrm{f}}{u^2}\right) = \varphi\left(\frac{du\rho}{\mu}, \frac{l}{d}, \frac{\varepsilon}{d}\right) \tag{3-41}$$

式中 $\frac{du\rho}{\mu}$ 即为雷诺数 (Re)，$\frac{\varepsilon}{d}$ 称为相对粗糙度。将式(3-37)与式(3-41)作比较可以看出，经变量组合和无因次化后，自变量数目由原来的 6 个减少到 3 个。这样进行实验时无需一个个地改变原式中的 6 个自变量，而只要逐个地改变 Re、l/d 和 ε/d 即可。显然，所需实验次数将大大减少，避免了大量的实验工作量。

尤其重要的是，若按式(3-37)进行实验时，为改变 ρ 和 μ，实验中必须换多种液体；为改变 d，必须改变实验装置。而应用因次分析所得的式(3-41)指导实验时，要改变 $du\rho/\mu$ 只需改变流速；要改变 (l/d)，只需改变测量段的距离，即两侧压点的距离。这是一个极为重要的特性，从而可以将水、空气等的实验结果推广应用于其他流体，将小尺寸模型的实验结果应用于大型装置。

（3）数据处理

工程中通常以幂函数逼近待求函数，如式(3-41)可写成如下形式：

$$\left(\frac{h_\mathrm{f}}{u^2}\right) = K\left(\frac{du\rho}{\mu}\right)^{n_1}\left(\frac{\varepsilon}{d}\right)^{n_2}\left(\frac{l}{d}\right)^{n_3} \tag{3-42}$$

写成上式后，实验的任务就简化为确定参数 K、n_1、n_2 和 n_3。

（4）采用线性方法确定参数

幂函数很容易转化成线性。将上式两端取对数，得

$$\log\left(\frac{h_\mathrm{f}}{u^2}\right) = \log K + n_1\log\left(\frac{du\rho}{\mu}\right) + n_2\log\left(\frac{\varepsilon}{d}\right) + n_3\log\left(\frac{l}{d}\right) \tag{3-43}$$

在 ε/d 和 l/d 固定的条件下，将 h_f/u^2 和 $du\rho/\mu$ 的实验值在双对数坐标纸上标绘，若所得为一直线，则证明待求函数可以用幂函数逼近，该直线的斜率即为 n_1。同样，可以确定 n_2 和 n_3 的数值。常数 K 可由直线的截距求出。

如果所标绘的不是一条直线，表明在实验的范围内幂函数不适用。但是仍然可以分段近似地取为直线，即以一条折线近似地代替曲线。对于每一个折线段，幂函数仍可适用。

因此，对于无法用理论解析方法解决的问题，可以通过上述四个步骤利用实验予以解决。

（三）因次分析法

因次分析法的基础是因次一致性，即任何物理方程的等式两边不仅数值相等，因次也必须相等。

因次分析法的基本定理是 π 定理：设影响该现象的物理量数为 n 个，这些物理量的基本因次数为 m 个，则该物理现象可用 $N = n - m$ 个独立的无因次数群关系式

表示,这类无因次数群称为准数。

由式(3-37)已知湍流时摩擦阻力的关系式为

$$\Delta p = f(d,l,u,\rho,\mu,\varepsilon)$$

这 7 个物理量的因次分别为

$$[p] = M\theta^{-2}L^{-1} \qquad\qquad [\varepsilon] = L$$

$$[d] = L \qquad\qquad [\rho] = ML^{-3}$$

$$[l] = L \qquad\qquad [\mu] = M\theta^{-1}L^{-1}$$

$$[u] = L\theta^{-1}$$

其中共有 M、θ、L 3 个基本因次。根据 π 定理,无因次数群 $N = 7 - 3 = 4$。

将式(3-37)写成幂函数形成

$$\Delta p = Kd^a l^b u^c \rho^d \mu^e \varepsilon^f \qquad\qquad (3-44)$$

式中系数 K 及各指数 $a,b,\cdots$ 都待决定。

将各物理量的因次代入式(3-44),得

$$ML^{-1}\theta^{-2} = L^a L^b (L\theta^{-1})^c (ML^{-3})^d (ML^{-1}\theta^{-1})^e L^f$$

即

$$ML^{-1}\theta^{-2} = M^{d+e}L^{a+b+c-3d-e+f}\theta^{-c-e}$$

根据因次一致性原则,得

对于 M $\qquad\qquad\qquad d+e=1$

对于 L $\qquad\qquad a+b+c-3d-e+f=-1$

对于 θ $\qquad\qquad\qquad -c-e=-2$

上面 3 个方程,却有 6 个未知数,自然不可能解出各未知数。为此,只能把其中三个表示为另三个的函数,将 b、e、f 表示为 a、c、d 的函数,则联立解得

$$a = -b-e-f$$

$$c = 2-e$$

$$d = 1-e$$

将 a、c、d 值代入式(3-44),得

$$\Delta p = Kd^{-b-e-f} l^b u^{2-e} \rho^{1-e} \mu^e \varepsilon^f$$

将指数相同的物理量合并,即得

$$\frac{\Delta P}{\rho u^2} = K \left(\frac{l}{d}\right)^b \left(\frac{du\rho}{\mu}\right)^{-e} \left(\frac{\varepsilon}{d}\right)^f \tag{3-45}$$

此即式(3-41)。

通过因次分析法,由函数式(3-37)变成无因次数群式(3-45)时,变量数减少了三个,从而可简化实验。$\Delta p/\rho u^2$ 称为欧拉数 Eu,它是机械能损失和动能之比。

(四)湍流直管阻力损失的经验式

对均匀直管,从实验得知 Δp 与 l 成正比,故式(3-45)可写成如下形式:

$$\frac{\Delta p}{\rho} = 2K\varphi\left(Re, \frac{\varepsilon}{d}\right)\left(\frac{l}{d}\right)\left(\frac{u^2}{2}\right) \tag{3-46}$$

或

$$h_f = \frac{\Delta p}{\rho} = \varphi\left(Re, \frac{\varepsilon}{d}\right)\left(\frac{l}{d}\right)\frac{u^2}{2}$$

$$= \lambda \frac{l}{d} \frac{u^2}{2} \tag{3-47}$$

上式即式(3-36),对于湍流

$$\lambda = \varphi\left(Re, \frac{\varepsilon}{d}\right) \tag{3-48}$$

实验结果可表示成 λ 与 Re 和 ε/d 的关系如图3-23所示。对光滑管及无严重腐蚀的工业管道,该图误差范围约在 $\pm 10\%$。

摩擦系数 λ 与 Re 的关系,由图3-23可以看出有四个不同的区域:

(1)层流区　$Re \leqslant 2000$,λ 与管壁粗糙度无关,和 Re 准数呈直线下降关系。其表达式为 $\lambda = 64/Re$。

(2)过渡区　$2000 < Re < 4000$。在此区域内层流和湍流的 $\lambda \sim Re$ 曲线都可应用,但为安全计,一般将湍流时的曲线延伸来查取 λ。

(3)湍流区　$Re \geqslant 4000$ 及虚线以下的区域。这个区的特点是 λ 与 Re 及 ε/d 都有关。当 ε/d 一定时,λ 随 Re 增大而减小,Re 增至某一数值后 λ 值下降缓慢,当 Re 一定时,λ 随 ε/d 增大而增大。

(4)完全湍流区　图中虚线以上的区域。此区内各 $\lambda \sim Re$ 曲线趋于水平,即 λ 只与 ε/d 有关,而与 Re 无关。在一定的管路中,由于 λ、ε/d 均为常数,当 l/d 一定时,由式(3-47)可知 h_f 与 u^2 成正比,所以此区又称阻力平方区。相对粗糙度 ε/d 愈大的管道,达到阻力平方区的 Re 值愈低。

(五)流体在非圆形直管内的流动阻力

前面讨论的都是圆管内的阻力损失,实验证明,对于非圆形管(如方形管、套管环隙等)内的湍流流动,如采用下面定义的当量直径 d_e 来代替圆管直径,其阻力损失仍可按(3-47)式和图3-31进行计算。

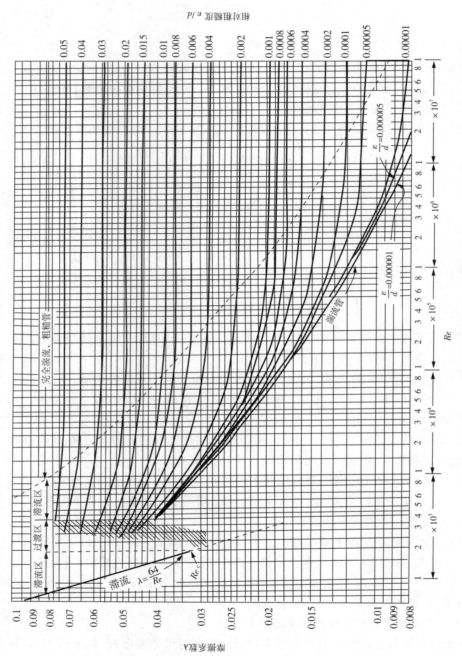

图3-31 摩擦系数与雷诺准诺数及相对粗糙度的关系

当量直径是流体流经管路截面积 A 的 4 倍除以湿润周边长度(管壁与流体接触的周边长度)Π,即

$$d_e = \frac{4A}{\Pi} \qquad (3-49)$$

在层流情况下,采用当量直径计算阻力时,应将 $\lambda = 64/Re$ 的关系加以修正为

$$\lambda = \frac{C}{Re} \qquad (3-50)$$

式中:C—— 无因次常数,一些非圆形管的常数 C 值见表 3-3。

应予指出,不能用当量直径来计算流体通过的截面积、流速和流量。

表 3-3　某些非圆形管的常数 C 值

非圆形管的截面形状	正方形	等边三角形	环　形	长方形 长:宽 = 2:1	长方形 长:宽 = 4:1
常数 C	57	53	96	62	73

【例 3-13】　试推导下面两种形状截面的当量直径的计算式。

(1)管道截面为长方形,长和宽分别为 a、b;

(2)套管换热器的环形截面,外管内径为 d_1,内管外径为 d_2。

解:(1)长方形截面的当量直径

$$d_e = \frac{4A}{\Pi}$$

式中:$A = ab \quad \Pi = 2(a+b)$

故

$$d_e = \frac{4ab}{2(a+b)} = \frac{2ab}{(a+b)}$$

(2)套管换热器的环隙形截面的当量直径

$$A = \frac{\pi}{4}d_1^2 - \frac{\pi}{4}d_2^2 = \frac{\pi}{4}(d_1^2 - d_2^2)$$

$$\Pi = \pi d_1 + \pi d_2 = \pi(d_1 + d_2)$$

故

$$d_e = \frac{4 \times \frac{\pi}{4}(d_1^2 - d_2^2)}{\pi(d_1 + d_2)} = d_1 - d_2$$

三、局部阻力损失

管路中使用的管件种类繁多,常见的管件见表 3-4 所列。

表 3-4　管件和阀件的局部阻力系数 ζ 值

管件和阀件名称	ζ 值							
标准弯头	45°, ζ=0.35				90°, ζ=0.75			
90°方形弯头	1.3							
180°回弯头	1.5							
活管接	0.4							

	R/d	φ	30°	45°	60°	75°	90°	105°	120°
弯管	1.5		0.08	0.11	0.14	0.16	0.175	0.19	0.20
	2.0		0.07	0.10	0.12	0.14	0.15	0.16	0.17

突然扩大 A_1u_1 A_2u_2　$\zeta=(1-A_2/A_1)_2$　$h_f=\zeta \cdot u_1^2/2$

A_1/A_2	0	0.1	0.2	0.3	0.4	0.5	0.6	0.7	0.8	0.9	1.0
ζ	1	0.81	0.64	0.49	0.36	0.25	0.16	0.09	0.04	0.01	0

突然缩小 u_1A_1 u_2A_2　$\zeta=0.5(1-A_2/A_1)$　$h_f=\zeta \cdot u_2^2/2$

A_2/A_1	0	0.1	0.2	0.3	0.4	0.5	0.6	0.7	0.8	0.9	1.0
ζ	0.5	0.45	0.40	0.35	0.30	0.25	0.20	0.15	0.10	0.05	0

流入大容器的出口

$\zeta=1$（用管中流速）

入管口（容器 → 管）

$\zeta=0.5$

水泵进口

	没有底阀	2~3						
	有底阀	d/mm	40	50	75	100	150	200	250	300
		ζ	12	10	8.5	7.0	6.0	5.2	4.4	3.7

闸阀	全开	3/4开	1/2开	1/4开
	0.17	0.9	4.5	24

标准截止阀（球心阀）	全开 ζ=6.4	1/2开 ζ=9.5

（续表）

管件和阀件名称	ζ 值									
蝶阀	α	5°	10°	20°	30°	40°	45°	50°	60°	70°
	ζ	0.24	0.52	1.54	3.91	10.8	18.7	30.6	118	751
旋塞	θ		5°	10°	20°		40°		60°	
	ζ		0.05	0.29	1.56		17.3		206	
角阀（90°）	5									
单向阀	摇板式 $\zeta=2$					球形单向阀 $\zeta=70$				
水表（盘形）	7									

　　各种管件都会产生阻力损失。和直管阻力的沿程均匀分布不同,这种阻力损失集中在管件所在处,因而称为局部阻力损失。

　　局部阻力损失是由于流道的急剧变化使流体边界层分离,所产生的大量旋涡消耗了机械能。

　　管路由于直径改变而突然扩大或缩小。突然扩大时产生阻力损失的原因在于边界层脱体。流道突然扩大,下游压强上升,流体在逆压强梯度下流动,极易发生边界层分离而产生旋涡,如图3-32(a)。流道突然缩小时,见图3-32(b),流体在顺压强梯度下流动,不致发生边界层脱体现象。因此,在收缩部分不发生明显的阻力损失。但流体有惯性,流道将继续收缩至 A—A 面,然后流道重又扩大。这时,流体转而在逆压强梯度下流动,也就产生边界层分离和旋涡。可见,突然缩小时造成的阻力主要还在于突然扩大。

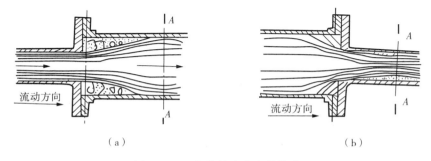

（a）　　　　　　　　　　　　　　　　　（b）

图3-32　突然扩大和突然缩小

（a）突然扩大;（b）突然缩小

其他管件,如各种阀门都会由于流道的急剧改变因而发生类似现象,造成局部阻力损失。

局部阻力损失的计算有两种近似的方法:阻力系数法及当量长度法。

1. 阻力系数法

近似认为局部阻力损失服从平方定律,即

$$h_f = \zeta \frac{u^2}{2} \tag{3-51}$$

式中常用管件的 ζ 值可在表 3-4 中查得。

2. 当量长度法

近似认为局部阻力损失可以相当于某个长度的直管的损失,即

$$h_f = \lambda \frac{l_e}{d} \frac{u^2}{2} \tag{3-52}$$

式中 l_e 为管件及阀件的当量长度,由实验测得。常用管件及阀件的 l_e 值可在图 3-34 中查得。

必须注意,对于扩大和缩小,式(3-51)、(3-52)中的 u 是用小管截面的平均速度。

显然,式(3-51)与(3-52)两种计算方法所得结果不会一致,它们都是近似的估算值。

实际应用时,长距离输送以直管阻力损失为主,车间管路则往往以局部阻力为主。

【例 3-14】 料液自高位槽流入精馏塔,如附图所示。塔内压强为 $1.96 \times 10^4 \mathrm{Pa}$(表压),输送管道为 $\phi 36 \times 2\mathrm{mm}$ 无缝钢管,管长 8m。管路中装有 $90°$ 标准弯头两个,$180°$ 回弯头一个,球心阀(全开)一个。为使料液以 $3\mathrm{m}^3/\mathrm{h}$ 的流量流入塔中,问高位槽应安置多高?(即位差 Z 应为多少米)。料液在操作温度下的物性:密度 $\rho = 861\mathrm{kg/m}^3$;黏度 $\mu = 0.643 \times 10^{-3}\mathrm{Pa \cdot s}$。

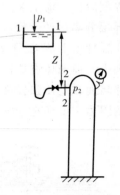

图 3-33 例 3-14 附图

解:取管出口处的水平面作为基准面。在高位槽液面 1—1 与管出口内侧截面 2—2 间列柏努利方程

$$gZ_1 + \frac{p_1}{\rho} + \frac{u_1^2}{2} = gZ_2 + \frac{p_2}{\rho} + \frac{u_2^2}{2} + \sum h_f$$

式中:$Z_1 = Z, Z_2 = 0, p_1 = 0$(表压)

$$u_1 \approx 0, p_2 = 1.96 \times 10^4 \mathrm{Pa}$$

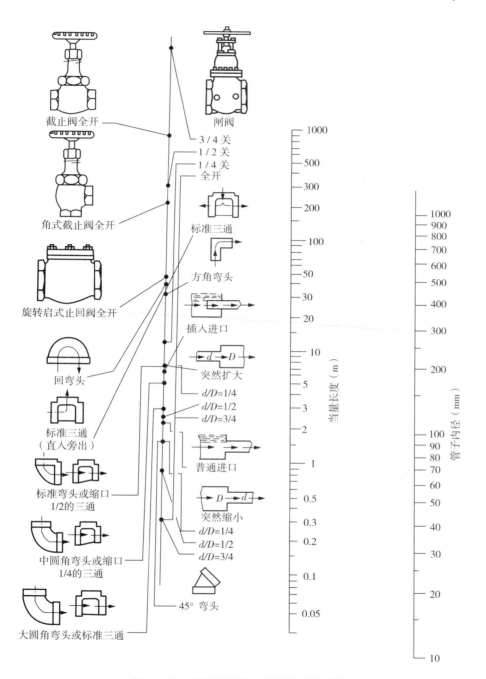

图 3 - 34　管件和阀件的当量长度共线图

$$u_2 = \frac{V_s}{\frac{\pi}{4}d^2} = \frac{\frac{3}{3600}}{0.785 \times (0.032)^2} = 1.04\,\text{m/s}$$

阻力损失

$$\sum h_f = \left(\lambda \frac{l}{d} + \zeta\right)\frac{u^2}{2}$$

取管壁绝对粗糙度 $\varepsilon = 0.3\text{mm}$，则

$$\frac{\varepsilon}{d} = \frac{0.3}{32} = 0.00938$$

$$Re = \frac{d u \rho}{\mu} = \frac{0.032 \times 1.04 \times 861}{0.643 \times 10^{-3}} = 4.46 \times 10^4 \,(\text{湍流})$$

由图 3-23 查得 $\lambda = 0.039$。

局部阻力系数由表 3-4 查得为

进口突然缩小（入管口） $\zeta = 0.5$

90° 标准弯头 $\zeta = 0.75$

180° 回弯头 $\zeta = 1.5$

球心阀（全开） $\zeta = 6.4$

故

$$\sum h_f = \left(0.039 \times \frac{8}{0.032} + 0.5 + 2 \times 0.75 + 1.5 + 6.4\right) \times \frac{(1.04)^2}{2}$$

$$= 10.6\,(\text{J/kg})$$

所求位差

$$Z = \frac{p_2 - p_1}{\rho g} + \frac{u_2^2}{2g} + \frac{\sum h_f}{g} = \frac{1.96 \times 10^4}{861 \times 9.81} + \frac{(1.04)^2}{2 \times 9.81} + \frac{10.6}{9.81} = 3.46\,(\text{m})$$

截面 2—2 也可取在管出口外端，此时料液流入塔内，速度 u_2 为零。但局部阻力应计入突然扩大（流入大容器的出口）损失 $\zeta = 1$，故两种计算方法结果相同。

四、管路阻力对管内流动的影响

1. 简单管路

对只有单一管线的简单管路，如图 3-35 所示，设各管段的管径相同，高位槽内液面维持恒定，液体作稳定流动。

此管路的阻力损失由三部分组成：h_{f1-A}、h_{fA-B}、h_{fB-2}，其中 h_{fA-B} 是阀门的局部

阻力。设初始阀门全开,各点的压强分别为 p_1、p_A、p_B 及 p_2,A、B2 各点位高相等,即 $Z_A = Z_B = Z_2$,又因管径相同,各管段内的流速 u 也相等。

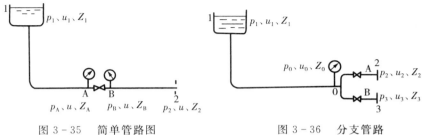

图 3-35　简单管路图　　　　　　图 3-36　分支管路

现将阀门由全开转为半开,上述各处的流动参数发生如下变化:

(1) 阀门关小,阀门的阻力系数 ζ 增大,$h_{fA—B}$ 增大,管内各处的流速 u 随之减小。

(2) 观察管段 1—A 之间,流速 u 降低,使直管阻力 $h_{f1—A}$ 变小,因 A 点高度未变,从柏努利方程可知压强 p_A 会升高。

(3) 考察管段 B—2 之间,流速降低使 $h_{fB—2}$ 变小,同理,p_B 会降低。

由此可引出如下结论:

(1) 任何局部阻力系数的增加将使管内各处的流速下降;

(2) 下游阻力增大将使上游压强上升;

(3) 上游阻力增大将使下游压强下降。

2. 分支管路

考察流体由一条总管分流至两支管的分支管路的情况,在阀门全开时各处的流动参数如图 3-36。

现将某一支管的阀门(例如阀 A)关小,ζ_A 增大,则

(1) 在截面 0—0 与 2—2 之间,$h_{f0—2}$ 增大,u_2 下降,Z_0 不变,而 p_0 上升;

(2) 在截面 0—0 与 3—3 之间,p_0 的上升使 u_3 增加;

(3) 在截面 1—1 与 0—0 之间,由于 p_0 的上升使 u_0 下降。

由此可知,关小某支管阀门,使该支管流量下降,与之平行的其他支管内流量则上升,但总的流量还是减少了。

上述为一般情况,但须注意下列两种极端情况:

(1) 总管阻力可以忽略,以支管阻力为主

此时 u_0 很小,故 $h_{f1—0} \approx 0$,$(p_1 + \rho g Z_1) \approx (p_0 + \rho g Z_0)$,即 p_0 接近于一常数,关小阀 A 仅使该支管的流量发生变化,而对支管 B 的流量几乎没有影响,即任一支管情况的改变不致影响其他支管的流量。显然,城市供水、煤气管线的铺设应尽可能属于这种情况。

（2）总管阻力为主，支管阻力可以忽略

此时 p_0 与 p_2、p_3 相近，总管中的总流量将不因支管情况而变。阀 A 的启闭不影响总流量，仅改变了各支管间的流量分配。显然这是城市供水管路不希望出现的情况。

3. 汇合管路

现观察汇合管路，设下游阀门全开时，两高位槽中的流体流至 0 点汇合，如图 3-37 所示。关小阀门，u_3 下降，0 点的压强 p_0 升高，虚拟压强 E_{p0} 升高，因为 1、2 截面的虚拟压强一定，这样 u_1 与 u_2 同时下降。又因 $E_{p1} > E_{p2}$，故 u_2 下降得更快。当阀门继续关小至一定程度，p_0 升高至 $p_0 + \rho g Z_0 (E_{p0})$ 等于 $p_2 + \rho g Z_2 (E_{p2})$，使 u_2 降至零，继续关小阀门则 $E_{p0} > E_{p2}$，u_2 将作反向流动。

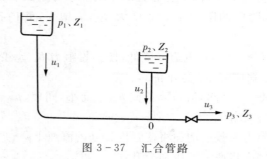

图 3-37   汇合管路

综上所述，管路应视作一个整体。流体在沿程各处的压强或势能有着确定的分布，即在管路中存在着能量的平衡。任一管段或局部条件的变化都会使整个管路原有的能量平衡遭到破坏，须根据新的条件建立新的能量平衡关系。管路中流速及压强的变化正是这种能量平衡关系发生变化的反映。

第五节   流体输送管路的计算

管路计算是连续性方程、柏努利方程及阻力损失计算式的具体应用。管路按其配置情况不同，可分为简单管路和复杂管路。下面分别进行介绍。

一、简单管路

简单管路通常是指直径相同的管路或不同直径组成的串联管路。由于已知量与未知量情况不同，计算方法亦随之改变。常遇到的管路计算问题归纳起来有以下三种情况：

（1）已知管径、管长、管件和阀门的设置及流体的输送量，求流体通过管路系统的能量损失,以便进一步确定输送设备所加入的外功、设备内的压强或设备间的相对位置等。这一类计算比较容易。例 3－14 属此种情况。

（2）设计型计算,即管路尚未存在时给定输送任务并给定管长、管件和阀门的当量长度及允许的阻力损失,要求设计经济上合理的管路。

（3）操作型计算,即管路已定,管径、管长、管件和阀门的设置及允许的能量损失都已定,要求核算在某给定条件下的输送能力或某项技术指标。

对于设计型问题存在着选择和优化的问题,最经济合理的管径或流速的选择应使每年的操作费与按使用年限计的设备折旧费之和为最小。

对于操作型计算存在一个困难,即因流速未知,不能计算 Re 值,无法判断流体的流型,也就不能确定摩擦系数 λ。在这种情况下,工程计算中常采用试差法和其他方法来求解。

【例 3－15】　用试差法进行流量计算。

将水从水塔引至车间,管路为 $\phi114\times4\mathrm{mm}$ 的钢管,长 150m（包括管件及阀门的当量长度,但不包括进、出口损失）。水塔内水面维持恒定,高于排水口 12m,水温为 12℃ 时,求管路的输水量为多少。

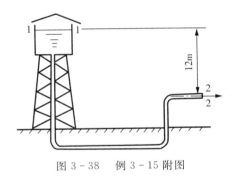

图 3－38　例 3－15 附图

解:以水塔水面1—1及排水管出口内侧2—2截面列柏努利方程。排水管出口中心作基准水平面

$$gZ_1 + \frac{p_1}{\rho} + \frac{u_1^2}{2} = gZ_2 + \frac{p_2}{\rho} + \frac{u_2^2}{2} + \sum h_\mathrm{f}$$

式中:$Z_1 = 12\mathrm{m}$,$Z_2 = 0$,$p_1 = p_2$,$u_1 \approx 0$,$u_2 = u$

$$\sum h_\mathrm{f} = \left(\lambda\frac{l+l_\mathrm{e}}{d} + \zeta_\mathrm{c}\right)\frac{u^2}{2} = \left(\lambda\frac{150}{0.106} + 0.5\right)\frac{u^2}{2}$$

将以上各值代入柏努利方程,整理得

$$u = \sqrt{\frac{2\times9.81\times12}{\lambda\dfrac{150}{0.106}+1.5}} = \sqrt{\frac{235.4}{1415\lambda+1.5}} \tag{a}$$

其中

$$\lambda = f\left(Re, \frac{\varepsilon}{d}\right) = \varphi(u) \tag{b}$$

由于 u 未知,故不能计算 Re 值,也就不能求出 λ 值,从式(a)求不出 u,故可采用试差法求 u。

由于 λ 的变化范围不大,试差计算时,可将摩擦系数 λ 作试差变量。通常可取流动已进入阻力平方区的 λ 作为计算初值。先假设一个 λ 值代入(a)式算出 u 值。利用 u 值计算 Re 值。根据算出的 Re 值与 ε/d 值从图3-23查出 λ 值。若查得的 λ 值与假设值相符或接近,则假设值可接受。否则需另设一 λ 值,重复上面计算,直至所设 λ 值与查出 λ 值相符或接近为止。

设 $\lambda = 0.02$,代入式(a)得

$$u = \sqrt{\frac{235.4}{1415 \times 0.02 + 1.5}} = 2.81(\text{m/s})$$

从本附录查得12℃时水的黏度为1.236mPa·s

$$Re = \frac{du\rho}{\mu} = \frac{0.106 \times 2.81 \times 1000}{1.236 \times 10^{-3}} = 2.4 \times 10^5$$

取 $\varepsilon = 0.2\text{mm}$

$$\varepsilon/d = 0.2/106 = 0.00189$$

根据 Re 及 ε/d 从图3-23查得 $\lambda = 0.024$。查出的 λ 值与假设的 λ 值不相符,故应进行第二次试算。重设 $\lambda = 0.024$,代入式(a),解得 $u = 2.58\text{m/s}$。由此 u 值计算 $Re = 2.2 \times 10^5$,在图3-23中查得 $\lambda = 0.0241$,查出的 λ 值与假设的 λ 值基本相符,故 $u = 2.58\text{m/s}$。

管路的输水量为

$$V_h = 3600 \times \frac{\pi}{4} d^2 u = 3600 \times \frac{\pi}{4}(0.106)^2 \times 2.58 = 81.92(\text{m}^3/\text{h})$$

上面用试差法求流速时,也可先假设 u 值而由式(a)算出 λ 值。再以所设的 u 算出 Re 值,并根据 Re 及 ε/d 从图3-23查出 λ 值。此值与由式(a)解出的 λ 值相比较,从而判断所设的 u 值是否合适。

【例3-16】 通过一个不包含 u 的数群来解决管路操作型的计算问题。

已知输出管径为 $\phi 89 \times 3.5\text{mm}$,管长为138m,管子相对粗糙度 $\varepsilon/d = 0.0001$,管路总阻力损失为50J/kg,求水的流量为多少。水的密度为 1000kg/m^3,黏度为 $1 \times 10^{-3}\text{Pa}\cdot\text{s}$。

解:由式(3-47)可得

$$\lambda = \frac{2\mathrm{d}h_f}{lu^2}$$

又

$$Re^2 = \left(\frac{\mathrm{d}u\rho}{\mu}\right)^2$$

将上两式相乘得到与 u 无关的无因次数群

$$\lambda Re^2 = \frac{2d^3\rho^2 h_f}{l\mu^2} \tag{3-53}$$

因 λ 是 Re 及 ε/d 的函数,故 λRe^2 也是 ε/d 及 Re 的函数。图 3-39 上的曲线即为不同相对粗糙度下 Re 与 λRe^2 的关系曲线。计算 u 时,可先将已知数据代入式(3-53),算出 λRe^2,再根据 λRe^2、ε/d 从图 3-29 中确定相应的 Re,再反算出 u 及 V_s。

将题中数据代入式(3-53),得

$$\lambda Re^2 = \frac{2d^3\rho^2 h_f}{l\mu^2} = \frac{2 \times (0.082)^3 \times (1000)^2 \times 50}{138 \times (1 \times 10^{-3})^2} = 4 \times 10^8$$

根据 λRe^2 及 ε/d 值,由图 3-29(a)查得 $Re = 1.5 \times 10^5$

$$u = \frac{Re\mu}{\mathrm{d}\rho} = \frac{1.5 \times 10^5 \times 10^{-3}}{0.082 \times 1000} = 1.83(\mathrm{m/s})$$

水的流量为

$$V_s = \frac{\pi}{4}d^2 u = 0.785 \times (0.082)^2 \times 1.83 = 9.66 \times 10^{-3}(\mathrm{m^3/s}) = 34.8\mathrm{m^3/h}$$

二、复杂管路

(一) 并联管路

并联管路如图 3-40 所示,总管在 A 点分成几根分支管路流动,然后又在 B 点汇合成一根总管路。此类管路的特点是:

(1)总管中的流量等于并联各支管流量之和,对不可压缩流体,则

$$V_s = V_{s1} + V_{s2} + V_{s3} \tag{3-54}$$

(2)图中 A—A 与 B—B 截面间的压强降系由流体在各个分支管路中克服流动阻力而造成的。因此,在并联管路中,单位质量流体无论通过哪根支管,阻力损失都应该相等,即

$$h_{f1} = h_{f2} = h_{f3} = h_{fAB} \tag{3-55}$$

因而在计算并联管路的能量损失时,只需计算一根支管的能量损失,绝不能将并联的各管段的阻力全部加在一起作为并联管路的阻力。

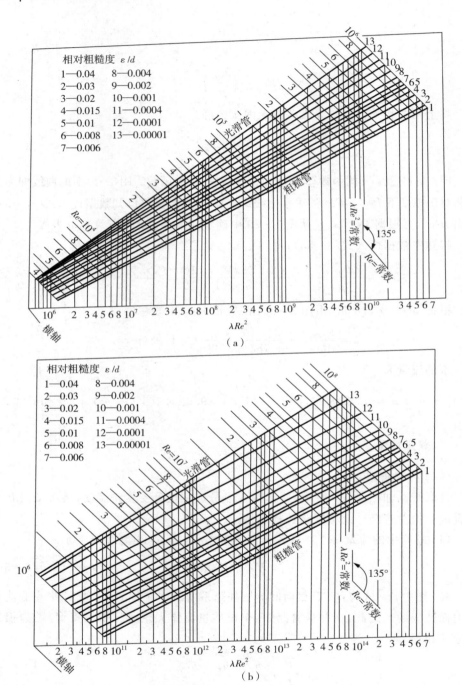

图 3-39　不同相对粗糙度下 Re 与 λRe^2 的曲线

(a)$Re = 4 \times 10^3 \sim 1 \times 10^6$;(b)$Re = 1 \times 10^6 \sim 1 \times 10^8$

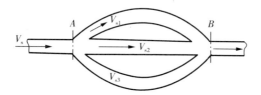

图 3-40　并联管路

若忽略 A、B 两处的局部阻力损失,各管的阻力损失可按下式计算:

$$h_{fi} = \lambda_i \frac{l_i}{d_i} \frac{u_i^2}{2} \tag{3-56}$$

式中:l_i—— 支管总长,包括各局部阻力的当量长度,m。

在一般情况下,各支管的长度、直径、粗糙度均不相同,但各支管的流动推动力是相同的,故各支管的流速也不同。将 $u_i = 4V_{si}/\pi d_i^2$ 代入式(3-56),整理后得

$$V_{si} = \frac{\pi \sqrt{2}}{4} \sqrt{\frac{d_i^5 h_{fi}}{\lambda_i l_i}} \tag{3-57}$$

由此式可求出各支管的流量分配。如只有三根支管,则

$$V_{s1} : V_{s2} : V_{s3} = \sqrt{\frac{d_1^5}{\lambda_1 l_1}} : \sqrt{\frac{d_2^5}{\lambda_2 l_2}} : \sqrt{\frac{d_3^5}{\lambda_3 l_3}} \tag{3-58}$$

如总流量 V_s、各支管的 l_i、d_i、λ_i 均已知,由式(3-58)和式(3-54)可联立求解得到 V_{s1}、V_{s2}、V_{s3} 三个未知数,任选一支管用式(3-56)算出 h_{fi},即 AB 两点间的阻力损失 h_{fAB}。

【例 3-17】 计算并联管路的流量。

在图 3-40 所示的输水管路中,已知水的总流量为 $3m^3/s$,水温为 $20℃$,各支管总长度分别为 $l_1 = 1200m$,$l_2 = 1500m$,$l_3 = 800m$;管径 $d_1 = 600mm$,$d_2 = 500mm$,$d_3 = 800mm$。求 AB 间的阻力损失及各管的流量。已知输水管为铸铁管,$\varepsilon = 0.3mm$。

解:各支管的流量可由式(3-58)和式(3-54)联立求解得出。但因 λ_1、λ_2、λ_3 均未知,须用试差法求解。

设各支管的流动皆进入阻力平方区,由

$$\frac{\varepsilon_1}{d_1} = \frac{0.3}{600} = 0.0005$$

$$\frac{\varepsilon_2}{d_2} = \frac{0.3}{500} = 0.0006$$

$$\frac{\varepsilon_3}{d_3} = \frac{0.3}{800} = 0.000375$$

从图 3-23 分别查得摩擦系数为

$$\lambda_1 = 0.017, \lambda_2 = 0.0177, \lambda_3 = 0.0156$$

由式(3-58)

$$V_{s1} : V_{s2} : V_{s3} = \sqrt{\frac{(0.6)^5}{0.017 \times 1200}} : \sqrt{\frac{(0.5)^5}{0.0177 \times 1500}} : \sqrt{\frac{(0.8)^5}{0.0156 \times 800}}$$

$$= 0.0617 : 0.0343 : 0.162$$

又

$$V_{s1} + V_{s2} + V_{s3} = 3(\mathrm{m^3/s})$$

故

$$V_{s1} = \frac{0.0617 \times 3}{(0.0617 + 0.0343 + 0.162)} = 0.72(\mathrm{m^3/s})$$

$$V_{s2} = \frac{0.0343 \times 3}{(0.0617 + 0.0343 + 0.162)} = 0.40(\mathrm{m^3/s})$$

$$V_{s3} = \frac{0.162 \times 3}{(0.0617 + 0.0343 + 0.162)} = 1.88(\mathrm{m^3/s})$$

校核 λ 值：

$$Re = \frac{du\rho}{\mu} = \frac{d\rho}{\mu} \cdot \frac{V_s}{\frac{\pi}{4}d^2} = \frac{4\rho V_s}{\pi \mu d}$$

已知 $\qquad \mu = 1 \times 10^{-3}\mathrm{Pa \cdot s} \qquad \rho = 1000\mathrm{kg/m^3}$

$$Re = \frac{4 \times 1000 \times V_s}{\pi \times 10^{-3}d} = 1.27 \times 10^5 \frac{V_s}{d}$$

故

$$Re_1 = 1.27 \times 10^6 \times \frac{0.72}{0.6} = 1.52 \times 10^6$$

$$Re_2 = 1.27 \times 10^6 \times \frac{0.4}{0.5} = 1.02 \times 10^6$$

$$Re_3 = 1.27 \times 10^6 \times \frac{1.88}{0.8} = 2.98 \times 10^6$$

由 Re_1、Re_2、Re_3 从图 3-30 可以看出,各支管进入或十分接近阻力平方区,故假设成立,以上计算正确。

A、B 间的阻力损失 h_f 可由式(3-56)求出

$$h_f = \frac{8\lambda_1 l_1 V_{s1}^2}{\pi^2 d_1^5} = \frac{8 \times 0.017 \times 1200 \times (0.72)^2}{\pi^2 (0.6)^5} = 110 (\text{J/kg})$$

(二)分支管路

工业管路常设有分支管路,以便流体可从一根总管分送到几处。在此情况下各支管内的流量彼此影响,相互制约。分支管路内的流动规律主要有两条:

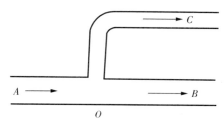

图 3-41 分支管路

(1)总管流量等于各支管流量之和,即

$$V_{sA} = V_{sB} + V_{sC} \tag{3-59}$$

(2)尽管各分支管路的长度、直径不同,但分支处(图 3-31 中 O 点)的总压头为一固定值,不论流体流向哪一支管,每千克流体所具有的总机械能必相等,即

$$gZ_B + \frac{p_B}{\rho} + \frac{u_B^2}{2} + h_{fOB} = gZ_C + \frac{p_C}{\rho} + \frac{u_C^2}{2} + h_{fOC} \tag{3-60}$$

【例 3-18】 用泵输送密度为 710kg/m³ 的油品,如附图所示,从贮槽经泵出口后分为两路:一路送到 A 塔顶部,最大流量为 10800kg/h,塔内表压强为 98.07 × 10^4 Pa。另一路送到 B 塔中部,最大流量为 6400kg/h,塔内表压强为 118 × 10^4 Pa。贮槽 C 内液面维持恒定,液面上方的表压强为 49 × 10^3 Pa。

现已估算出当管路上的阀门全开,且流量达到规定的最大值时油品流经各段管路的阻力损失是:由截面 1—1 至 2—2 为 201J/kg;由截面 2—2 至 3—3 为 60J/kg;由截面 2—2 至 4—4 为 50J/kg。油品在管内流动时的动能很小,可以忽略。各截面离地面的垂直距离见本题附图。

已知泵的效率为 60%,求此情况下泵的轴功率。

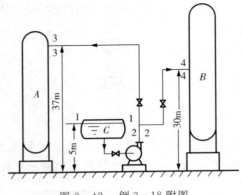

图 3-42　例 3-18 附图

解：在 1—1 与 2—2 截面间列柏努利方程，以地面为基准水平面。

$$gZ_1 + \frac{p_1}{\rho} + \frac{u_1^2}{2} + W_e = gZ_2 + \frac{p_2}{\rho} + \frac{u_2^2}{2} + \sum h_{fl-2}$$

式中：$Z_1 = 5\mathrm{m}$，$p_1 = 49 \times 10^3 \mathrm{Pa}$，$u_1 \approx 0$

Z_2、p_2、u_2 均未知，$\sum h_{fl-2} = 20\mathrm{J/kg}$

设 E 为任一截面上三项机械能之和，则截面 2—2 上的 $E_2 = gZ_2 + p_2/\rho + u_2^2/2$，代入柏努利方程得

$$W_e = E_2 + 20 - 5 \times 9.81 - \frac{49 \times 10^3}{710} = E_2 - 98.06 \tag{a}$$

由上式可知，需找出分支 2—2 处的 E_2，才能求出 W_e。根据分支管路的流动规律 E_2 可由 E_3 或 E_4 算出。但每千克油品从截面 2—2 到截面 3—3 与自截面 2—2 到截面 4—4 所需的能量不一定相等。为了保证同时完成两支管的输送任务，泵所提供的能量应同时满足两支管所需的能量。因此，应分别计算出两支管所需能量，选取能量要求较大的支管来决定 E_2 的值。

仍以地面为基准水平面，各截面的压强均以表压计，且忽略动能，列截面 2—2 与 3—3 的柏努利方程，求 E_2。

$$E_2 = gZ_3 + \frac{p_3}{\rho} + h_{f2-3} = 37 \times 9.81 + \frac{98.07 \times 10^4}{710} + 60 = 1804(\mathrm{J/kg})$$

列截面 2—2 与 4—4 之间的柏努利方程求 E_2：

$$E_2 = gZ_4 + \frac{p_4}{\rho} + h_{f2-4} = 30 \times 9.81 + \frac{118 \times 10^4}{710} + 50 = 2006(\mathrm{J/kg})$$

比较结果,当 $E_2=2006\text{J/kg}$ 时才能保证输送任务。将 E_2 值代入式(a),得

$$W_e=2006-98.06=1908(\text{J/kg})$$

通过泵的质量流量为

$$w_s=\frac{10800+6400}{3600}=4.78(\text{kg/s})$$

泵的有效功率为

$$N_e=W_e w_s=1908\times4.78=9120W=9.12(\text{kW})$$

泵的轴功率为

$$N=\frac{N_e}{\eta}=\frac{9.12}{0.6}=15.2(\text{kW})$$

最后须指出,由于泵的轴功率是按所需能量较大的支管来计算的,当油品从截面2—2到4—4的流量正好达到6400kg/h的要求时,油品从截面2—2到3—3的流量在管路阀全开时便大于10800kg/h。所以操作时要把泵到3—3截面的支管的调节阀关小到某一程度,以提高这一支管的能量损失,使流量降到所要求的数值。

第六节 流速和流量的测量

流体的流速和流量是工业生产操作中经常要测量的重要参数。测量的装置种类很多,本节仅介绍以流体运动规律为基础的测量装置。

一、测速管

测速管又名皮托管,其结构如图 3-43 所示。皮托管由两根同心圆管组成,内管前端敞开,管口截面(A 点截面)垂直于流动方向并正对流体流动方向。外管前端封闭,但管侧壁在距前端一定距离处四周开有一些小孔,流体在小孔旁流过(B)。内、外管的另一端分别与 U 型压差计的接口相连,并引至被测管路的管外。

皮托管 A 点应为驻点,驻点 A 的势能与 B 点势能差等于流体的动能,即

$$\frac{p_A}{\rho}+gZ_A-\frac{p_B}{\rho}-gZ_B=\frac{u^2}{2}$$

由于 Z_A 几乎等于 Z_B,则

$$u=\sqrt{2(p_A-p_B)/\rho} \tag{3-61}$$

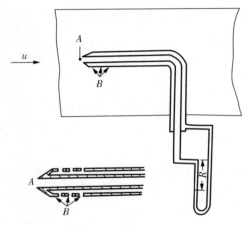

图 3 - 43　测速管

用 U 型压差计指示液液面差 R 表示,则式(3-61)可写为

$$u = \sqrt{2R(\rho' - \rho)g/\rho} \qquad (3-62)$$

式中:u——管路截面某点轴向速度,简称点速度,m/s;

ρ',ρ——分别为指示液与流体的密度,kg/m³;

R——U 型压差计指示液液面差,m;

g——重力加速度,m/s²。

显然,由皮托管测得的是点速度。因此用皮托管可以测定截面的速度分布。管内流体流量则可根据截面速度分布用积分法求得。对于圆管,速度分布规律已知,因此,可测量管中心的最大流速 u_{max},然后根据平均流速与最大流速的关系($u/u_{max} \sim Re_{max}$,参见图 3-25),求出截面的平均流速,进而求出流量。

为保证皮托管测量的精确性,安装时要注意:

(1)要求测量点前、后段有一约等于管路直径 50 倍长度的直管距离,最少也应在 8 ~ 12 倍;

(2)必须保证管口截面(图 3-43 中 A 处)严格垂直于流动方向;

(3)皮托管直径应小于管径的 1/50,最少也应小于 1/15。

皮托管的优点是阻力小,适用于测量大直径气体管路内的流速,缺点是不能直接测出平均速度,且 U 型压差计压差读数较小。

二、孔板流量计

(一) 孔板流量计的结构和测量原理

在管路里垂直插入一片中央开有圆孔的板,圆孔中心位于管路中心线上,如图

3-44所示,即构成孔板流量计。板上圆孔经精致加工,其侧边与管轴呈45°角,称锐孔,板称为孔板。

　　由图3-44可见,流体流到锐孔时,流动截面收缩,流过孔口后,由于惯性作用,流动截面还继续收缩一定距离后才逐渐扩大到整个管截面。流动截面最小处(图中2—2截面)称为缩脉。流体在缩脉处的流速最大,即动能最大,而相应的静压能就最低。因此,当流体以一定流量流过小孔时,就产生一定的压强差,流量愈大,所产生的压强差也就愈大。所以可利用压强差的方法来度量流体的流量。

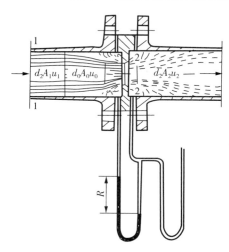

图3-44　孔板流量计

　　设不可压缩流体在水平管内流动,取孔板上游流动截面尚未收缩处为截面1—1,下游取缩脉处为截面2—2。在截面1—1与2—2间暂时不计阻力损失,列柏努利方程:

$$\frac{p_1}{\rho} + gZ_1 + \frac{u_1^2}{2} = \frac{p_2}{\rho} + gZ_2 + \frac{u_2^2}{2}$$

因水平管 $Z_1 = Z_2$,则整理得

$$\sqrt{u_2^2 - u_1^2} = \sqrt{\frac{2(p_1 - p_2)}{\rho}} \tag{3-63}$$

　　由于缩脉的面积无法测得,工程上以孔口(截面0—0)流速 u_0 代替 u_2,同时,实际流体流过孔口有阻力损失;而且,测得的压强差又不恰好等于 $p_1 - p_2$。由于上述原因,引入一校正系数 C,于是式(3-63)改写为

$$\sqrt{u_0^2 - u_1^2} = C\sqrt{\frac{2(p_1 - p_2)}{\rho}} \tag{3-64}$$

以 A_1、A_0 分别代表管路与锐孔的截面积,根据连续性方程,对不可压缩流体有

$$u_1 A_1 = u_0 A_0$$

则

$$u_1^2 = u_0^2 \left(\frac{A_0}{A_1}\right)^2$$

设 $\frac{A_0}{A_1} = m$,上式改写为

$$u_1^2 = u_0^2 m^2 \tag{3-65}$$

将式(3-65)代入式(3-64),并整理得

$$u_0 = \frac{C}{\sqrt{1-m^2}} \sqrt{\frac{2(p_1 - p_2)}{\rho}}$$

再设 $C/\sqrt{1-m^2} = C_0$,称为孔流系数,则

$$u_0 = C_0 \sqrt{\frac{2(p_1 - p_2)}{\rho}} \tag{3-66}$$

于是,孔板的流量计算式为

$$V_s = C_0 A_0 \sqrt{\frac{2(p_1 - p_2)}{\rho}} \tag{3-67}$$

式中 $p_1 - p_2$ 用 U 型压差计公式代入,则

$$V_s = C_0 A_0 \sqrt{\frac{2Rg(\rho' - \rho)}{\rho}} \tag{3-68}$$

式中:ρ',ρ —— 分别为指示液与管路流体密度,kg/m^3;

  R —— U 型压差计液面差,m;

  A_0 —— 孔板小孔截面积,m^2;

  C_0 —— 孔流系数,又称流量系数。

  流量系数 C_0 的引入在形式上简化了流量计的计算公式,但实际上并未改变问题的复杂性。只有在 C_0 确定的情况下,孔板流量计才能用来进行流量测定。

  流量系数 C_0 与面积比 m、收缩阻力等因素有关,所以只能通过实验求取。C_0 除与 Re、m 有关外,还与测定压强所取的点、孔口形状、加工粗糙度、孔板厚度、管壁粗糙度等有关。这样影响因素太多,C_0 较难确定,工程上对于测压方式、结构尺寸、加工状况均作规定,规定的标准孔板的流量系数 C_0 就可以表示为

$$C_0 = f(Re, m) \tag{3-69}$$

实验所得 C_0 示于图 3-45。

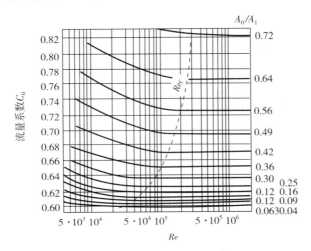

图 3-45 孔板流量计 C_0 与 Re、$\dfrac{A_0}{A_1}$ 的关系

由图 3-45 可见,当 Re 数增大到一定值后,C_0 不再随 Re 数而变,而是仅由 $\dfrac{A_0}{A_1}=m$ 决定的常数。孔板流量计应尽量设计在 $C_0 =$ 常数的范围内。

从孔板流量计的测量原理可知,孔板流量计只能用于测定流量,不能测定速度分布。

(二)孔板流量计的安装与阻力损失

1. 孔板流量计的安装

在安装位置的上、下游都要有一段内径不变的直管。通常要求上游直管长度为管径的 50 倍,下游直管长度为管径的 10 倍。若 $\dfrac{A_0}{A_1}$ 较小时,则这段长度可缩短至 5 倍。

2. 孔板流量计的阻力损失

孔板流量计的阻力损失 h_f,可用阻力公式写为

$$h_f = \zeta \cdot \frac{u_0^2}{2} = \zeta C_0^2 \frac{Rg(\rho' - \rho)}{\rho} \qquad (3-70)$$

式中:ζ —— 局部阻力系数,一般在 0.8 左右。

式(3-70)表明阻力损失正比于压差计读数 R。缩口愈小,孔口流速 u_0 愈大,R 愈大,阻力损失也愈大。

(三)孔板流量计的测量范围

由式(3-68)可知,当孔流系数 C_0 为常数时,

$$V_s \propto \sqrt{R}$$

上式表明,孔板流量计的 U 型压差计液面差 R 和 V 平方成正比。因此,流量的少量变化将导致 R 较大的变化。

U 型压差计液面差 R 愈小,由于视差常使相对误差增大,因此在允许误差下,R 有一最小值 R_{min}。同样,由于 U 型压差计的长度限制,也有一个最大值 R_{max}。于是,流量的可测范围为:

$$\frac{V_{s\,max}}{V_{s\,min}} = \sqrt{\frac{R_{max}}{R_{min}}} \qquad (3-71)$$

即可测流量的最大值与最小值之比,与 R_{max}、R_{min} 有关,也就是与 U 型压差计的长度有关。

孔板流量计是一种简便且易于制造的装置,在工业上广泛使用,其系列规格可查阅有关手册。其主要缺点是流体经过孔板的阻力损失较大,且孔口边缘容易磨损和磨蚀,因此对孔板流量计需定期进行校正。

三、文丘里流量计

为了减少流体流经上述孔板的阻力损失,可以用一段渐缩管、一段渐扩管来代替孔板,这样构成的流量计称为文丘里流量计,如图 3-46。

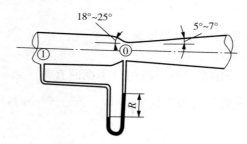

图 3-46 文丘里流量计

文丘里流量计的收缩管一般制成收缩角为 $15° \sim 25°$;扩大管的扩大角为 $5° \sim 7°$。其流量仍可用式(3-68)计算,只是用 C_V 代替 C_0。文丘里流量计的流量系数 C_V 一般取 $0.98 \sim 0.99$,阻力损失为

$$h_f = 0.1u_0^2 \qquad (3-72)$$

式中:u_0 —— 文丘里流量计最小截面(称喉孔)处的流速,m/s。

文丘里流量计的主要优点是能耗少,大多用于低压气体的输送。

【例 3-19】 用 $\phi 159 \times 4.5$mm 的钢管输送 $20℃$ 的水,已知流量范围为 $50\sim$

$200\mathrm{m}^3/\mathrm{h}$。采用水银压差计,并假定读数误差为 $1\mathrm{mm}$。试设计一孔板流量计,要求在最低流量时,由读数造成的误差不大于 5% 且阻力损失应尽可能少。

解:已知 $d_1 = 0.15\mathrm{m}, \mu = 0.001\mathrm{Pa\cdot s}, \rho = 1000\mathrm{kg/m^3}, \rho' = 13600\mathrm{kg/m^3}$

$$V_{s\max} = \frac{200}{3600} = 0.056(\mathrm{m^3/s})$$

$$V_{s\min} = \frac{50}{3600} = 0.014(\mathrm{m^3/s})$$

$$Re_{\min} = \frac{V_{s\min}}{\frac{\pi}{4}d^2} \times \frac{\rho d}{\mu} = \frac{4 \times 1000 \times 0.014}{3.14 \times 0.15 \times 0.001} = 1.19 \times 10^5$$

选 $m = 0.3$,由图 $3-34$ 查得

$$C_0 = 0.632$$

根据 $\dfrac{A_0}{A_1} = m$,得

$$d_0 = \sqrt{m}\, d_1 = \sqrt{0.3} \times 0.15 = 0.082(\mathrm{m})$$

$$A_0 = \frac{\pi}{4}d_0^2 = 0.785 \times 0.082^2 = 0.00528(\mathrm{m^2})$$

由式($3-68$)可求得最大流量的 $R_{\max}$:

$$R_{\max} = \frac{V_{s\max}^2}{C_0^2 A_0^2 2g\left(\dfrac{\rho'-\rho}{\rho}\right)} = \frac{0.056^2}{(0.632)^2 (0.00528)^2 19.62 \times 12.6} = 1.14(\mathrm{m})$$

由 $R_{\max}$ 可知,U 型压差计需要很高,很不方便,必须重选 m。

从图 $3-33$ 查得在 $Re_{\min} = 1.19 \times 10^5$ 条件下,C_0 为常数的最大 m 值为 0.5。故取 $m = 0.5$ 进行检验,步骤同上。

$$m = 0.5, Re_{\min} = 1.19 \times 10^5 \text{ 时}, C_0 = 0.695$$

$$d_0 = \sqrt{0.5} \times 0.15 = 0.106(\mathrm{m})$$

$$A_0 = 0.785 \times (0.106)^2 = 0.00883(\mathrm{m^2})$$

$$R_{\max} = \frac{0.056^2}{0.695^2 \times 0.00882^2 \times 19.62 \times 12.6} = 0.34(\mathrm{m})$$

$$R_{\min} = \frac{0.014^2}{0.695^2 \times 0.00882^2 \times 19.62 \times 12.6} = 0.021(\mathrm{m})$$

可见取 $m = 0.5$ 的孔板,在 $V_{s\max}$ 时,压差计读数比较合适,而在 $V_{s\min}$ 时,压差计

读数又能满足题中所给误差不大于 5% 的要求，所以孔板的圆孔直径为 0.106m。

四、转子流量计

(一) 转子流量计的结构和测量原理

转子流量计的构造如图 3-47 所示，在一根截面积自下而上逐渐扩大的垂直锥形玻璃管内，装有一个能够旋转自如的由金属或其他材质制成的转子(或称浮子)。被测流体从玻璃管底部进入，从顶部流出。

当流体自下而上流过垂直的锥形管时，转子受到两个力的作用：一是垂直向上的推动力，它等于流体流经转子与锥管间的形环截面所产生的压力差；另一是垂直向下的净重力，它等于转子所受的重力减去流体对转子的浮力。当流量加大使压力差大于转子的净重力时，转子就上升；当流量减小使压力差小于转子的净重力时，转子就下沉；当压力差与转子的净重力相等时，转子处于平衡状态，即停留在一定位置上。在玻璃管外表面上刻有读数，根据转子的停留位置，即可读出被测流体的流量。

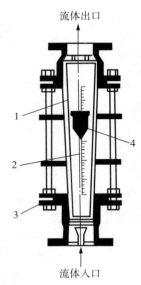

图 3-47　转子流量计
1—锥形玻璃管；2—刻度；
3—突缘填函盖板；4—转子

设 V_f 为转子的体积，m^3；A_f 为转子最大部分截面积，m^2；ρ_f、ρ 分别为转子材质与被测流体密度，kg/m^3。流体流经环形截面所产生的压强差(转子下方 1 与上方 2 之差)为 $p_1 - p_2$，当转子处于平衡状态时，即

$$(p_1 - p_2)A_f = V_f \rho_f g - V_f \rho g$$

于是

$$p_1 - p_2 = \frac{V_f g (\rho_f - \rho)}{A_f} \tag{3-73}$$

若 V_f、A_f、ρ_f、ρ 均为定值，$p_1 - p_2$ 对固定的转子流量计测定某流体时应恒定，而与流量无关。

当转子停留在某固定位置时，转子与玻璃管之间的环形面积就是某一固定值。此时流体流经该环形截面的流量和压强差的关系与孔板流量计的相类似，因此可将式(3-73)代入式(3-67)(符号稍做修正)得

$$V_s = C_R A_R \sqrt{\frac{2g V_f (\rho_f - \rho)}{A_f \rho}} \tag{3-74}$$

式中：C_R——转子流量计的流量系数，由实验测定或从有关仪表手册中查得；

$\quad A_R$——转子与玻璃管的环形截面积，m^2；

$\quad V_s$——流过转子流量计的体积流量，m^3/s。

由式（3-74）可知，流量系数 C_R 为常数时，流量与 A_R 成正比。由于玻璃管是一倒锥形，所以环形面积 A_R 的大小与转子所在位置有关，因而可用转子所处位置的高低来反映流量的大小。

（二）转子流量计的刻度换算和测量范围

通常转子流量计出厂前，均用 20℃ 的水或 20℃、1.013×10^5 Pa 的空气进行标定，直接将流量值刻于玻璃管上。当被测流体与上述条件不符时，应作刻度换算。在同一刻度下，假定 C_R 不变，并忽略黏度变化的影响，则被测流体与标定流体的流量关系为

$$\frac{V_{s2}}{V_{s1}} = \sqrt{\frac{\rho_1(\rho_f - \rho)}{\rho_2(\rho_f - \rho_1)}} \qquad (3-75a)$$

式中下标 1 表示出厂标定时所用流体，下标 2 表示实际工作流体。对于气体，因转子材质的密度 ρ_f 比任何气体的密度要大得多，式（3-75）可简化为

$$\frac{V_{s2}}{V_{s1}} = \sqrt{\frac{\rho_1}{\rho_2}} \qquad (3-75b)$$

必须注意：上述换算公式是假定 C_R 不变的情况下推出的，当使用条件与标定条件相差较大时，则需重新实际标定刻度与流量的关系曲线。

由式（3-74）可知，通常 V_f、ρ_f、A_f、ρ 与 C_R 为定值，则 V_s 正比于 A_R。转子流量计的最大可测流量与最小可测流量之比为

$$\frac{V_{smax}}{V_{smin}} = \frac{A_{Rmax}}{A_{Rmin}} \qquad (3-76)$$

在实际使用时如流量计不符合具体测量范围的要求，可以更换或车削转子。对同一玻璃管，转子截面积 A_f 小，环隙面积 A_R 则大，最大可测流量大而比值 V_{smax}/V_{smin} 较小，反之则相反。但 A_f 不能过大，否则流体中杂质易于将转子卡住。

转子流量计的优点：能量损失小，读数方便，测量范围宽，能用于腐蚀性流体；缺点：玻璃管易于破损，安装时必须保持垂直并需安装支路以便于检修。

思考题与习题

3-1　燃烧重油所得的燃烧气，经分析测知其中含 8.5%CO_2，7.5%O_2，76%N_2，

8%H₂O(体积 %)。试求温度为 500℃、压强为 101.33×10³Pa 时,该混合气体的密度。

3-2 在大气压为 101.33×10³Pa 的地区,某真空蒸馏塔塔顶真空表读数为 9.84×10⁴Pa。若在大气压为 8.73×10⁴Pa 的地区使塔内绝对压强维持相同的数值,则真空表读数应为多少?

3-3 敞口容器底部有一层深 0.52m 的水,其上部为深 3.46m 的油。求器底的压强,以 Pa 表示。此压强是绝对压强还是表压强?水的密度为 1000kg/m³,油的密度为 916kg/m³。

3-4 为测量腐蚀性液体贮槽内的存液量,采用图 3-7 所示的装置。控制调节阀使压缩空气缓慢地鼓泡,通过观察瓶进入贮槽。今测得 U 型压差计读数 R=130mmHg,通气管距贮槽底部 h=20cm,贮槽直径为 2m,液体密度为 980kg/m³。试求贮槽内液体的储存量为多少吨。

3-5 一敞口贮槽内盛 20℃的苯,苯的密度为 880kg/m³。液面距槽底 9m,槽底侧面有一直径为 500mm 的入孔,其中心距槽底 600mm,入孔覆以孔盖,试求:

(1)入孔盖共受多少液柱静止力?以 N 表示;

(2)槽底面所受的压强是多少?

3-6 为了放大所测气体压差的读数,采用如图所示的斜管式压差计,一臂垂直,一臂与水平呈 20°角。若 U 形管内装密度为 804kg/m³ 的 95%乙醇溶液,求读数 R 为 29mm 时的压强差。

3-7 用双液体 U 型压差计测定两点间空气的压差,测得 R=320mm。由于两侧的小室不够大,致使小室内两液面产生 4mm 的位差。试求实际的压差为多少。若计算时忽略两小室内的液面的位差,会产生多少的误差?两液体密度值见图。

3-8 为了排除煤气管中的少量积水,用如图所示的水封设备,水由煤气管路上的垂直支管排出,已知煤气压强为 1×10⁵Pa(绝对压强)。水封管插入液面下的深度 h 应为多少?当地大气压强 p_a=9.8×10⁴Pa,水的密度 ρ=1000kg/m³。

3-9 如图示某精馏塔的回流装置中,由塔顶蒸出的蒸汽经冷凝器冷凝,部分冷凝液将流回塔内。已知冷凝器内压强 p_1=1.04×10⁵Pa(绝压),塔顶蒸汽压强 p_2=1.08×10⁵Pa(绝压),为使冷凝器中液体能顺利地流回塔内,问冷凝器液面至少要比回流液入塔处高出多少?冷凝液密度为 810kg/m³。

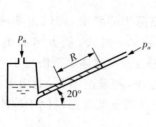

习题 6 附图

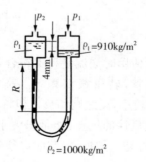

习题 7 附图

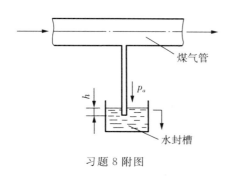

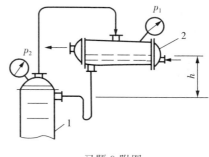

习题 8 附图

习题 9 附图

1—精馏塔；2—冷凝器

3-10 为测量气罐中的压强 p_B，采用如图所示的双液杯式微差压计。两杯中放有密度为 ρ_1 的液体，U 形管下部指示液密度为 ρ_2。管与杯的直径之比为 d/D。试证：

$$p_B = p_a - hg(\rho_2 - \rho_1) - hg\rho_1 \frac{d^2}{D^2}$$

3-11 列管换热器的管束由 121 根 $\phi25 \times 2.5$mm 的钢管组成，空气以 9m/s 的速度在列管内流动。空气在管内的平均温度为 50℃，压强为 196×10^3 Pa（表压），当地大气压为 98.7×10^3 Pa。试求：

(1)空气的质量流量；

(2)操作条件下空气的体积流量；

(3)将(2)的计算结果换算为标准状态下空气的体积流量。

注：$\phi25 \times 2.5$mm 钢管外径为 25mm，壁厚为 2.5mm，内径为 20mm。

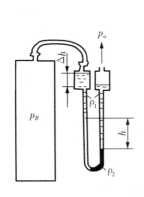

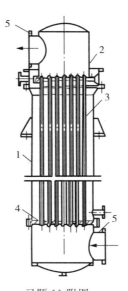

习题 10 附图

习题 11 附图

1—壳体；2—顶盖；3—管束；4—花板；5—空气进出口

3-12 高位槽内的水面高于地面 8m,水从 $\phi108\times4$mm 的管路中流出,管路出口高于地面 2m。在本题中,水流经系统的能量损失可按 $h_f=6.5u^2$ 计算,其中 u 为水在管内的流速,试计算:

(1)$A-A$ 截面处水的流速;

(2)出口水的流量,以 m^3/h 计。

3-13 在图示装置中,水管直径为 $\phi57\times3.5$mm。当阀门全闭时,压力表读数为 3.04×10^4Pa。当阀门开启后,压力表读数降至 2.03×10^4Pa,设总压头损失为 0.5m。求水的流量。水密度 $\rho=1000$kg/m^3。

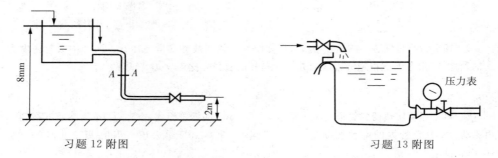

习题 12 附图　　　　　　　　习题 13 附图

3-14 某鼓风机吸入管直径为 200mm,在喇叭形进口处测得 U 型压差计读数 $R=25$mm,指示液为水。若不计阻力损失,空气的密度为 1.2kg/m^3。试求管路内空气的流量。

3-15 用离心泵把 20℃的水从贮槽送至水洗塔顶部,槽内水位维持恒定。各部分相对位置如图所示。管路的直径均为 $\phi76\times2.5$mm,在操作条件下,泵入口处真空表读数为 24.66×10^3Pa,水流经吸入管与排出管(不包括喷头)的阻力损失可分别按 $h_{f1}=2u^2$ 与 $h_{f2}=10u^2$ 计算。式中 u 为吸入管或排出管的流速。排出管与喷头连接处的压强为 98.07×10^3Pa(表压)。试求泵的有效功率。

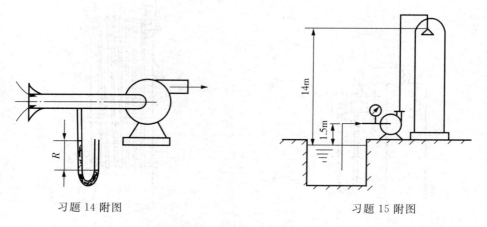

习题 14 附图　　　　　　　　习题 15 附图

3-16 图示为 30℃的水由高位槽流经直径不等的两段管路。上部细管直径为 20mm,下部粗管直径为 36mm。不计所有阻力损失,管路中何处压强最低?该处的水是否会发生汽化现象？

3-17 图示一冷冻盐水的循环系统。盐水的循环量为 $45m^3/h$，管径相同。流体流经管路的压头损失自 A 至 B 的一段为 $9m$，自 B 至 A 的一段为 $12m$。盐水的密度为 $1100kg/m^3$，试求：

(1)泵的功率，设其效率为 0.65；

(2)若 A 的压力表读数为 $14.7 \times 10^4 Pa$，则 B 处的压力表读数应为多少？

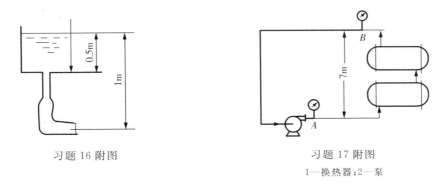

习题 16 附图

习题 17 附图

1—换热器；2—泵

3-18 在水平管路中，水的流量为 2.5L/s，已知管内径 $d_1 = 5cm$，$d_2 = 2.5cm$ 及 $h_1 = 1m$，若忽略能量损失，问连接于该管收缩面上的水管，可将水自容器内吸上高度 h_2 为多少？水密度 $\rho = 1000kg/m^3$。

3-19 密度 $850kg/m^3$ 的料液从高位槽送入塔中，如图所示。高位槽液面维持恒定。塔内表压为 $9.807 \times 10^3 Pa$，进料量为 $5m^3/h$。进料管为 $\phi 38 \times 2.5mm$ 的钢管，管内流动的阻力损失为 30J/kg。问高位槽内液面应比塔的进料口高出多少。

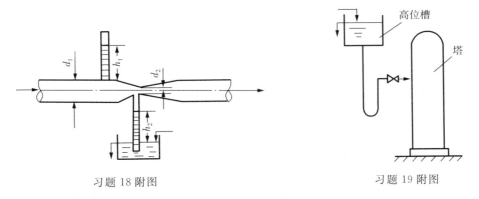

习题 18 附图

习题 19 附图

3-20 有一输水系统如图所示。输水管径为 $\phi 57 \times 3.5mm$。已知管内的阻力损失按 $h_f = 45 \times u^2/2$ 计算，式中 u 为管内流速。求水的流量为多少。欲使水量增加 20%，应将水槽的水面升高多少？

3-21 水以 $3.77 \times 10^{-3} m^3/s$ 的流量流经一扩大管段。细管直径 $d = 40mm$，粗管直径 $D = 80mm$，倒 U 型压差计中水位差 $R = 170mm$。求水流经该扩大管段的阻力损失 h_f，以 m_{H_2O} 表示。

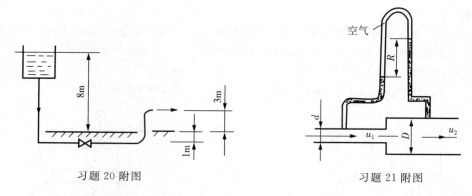

习题 20 附图　　　　　　　　　　　习题 21 附图

3-22　贮槽内径 D 为 2m，槽底与内径 d_0 为 32mm 的钢管相连，如图所示。槽内无液体补充，液面高度 $h_1=2$m。管内的流动阻力损失按 $h_f=20u^2$ 计算，式中 u 为管内液体流速。试求当槽内液面下降 1m 所需的时间。

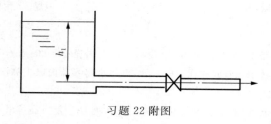

习题 22 附图

3-23　90℃的水流入内径为 20mm 的管内，欲使流动呈层流状态，水的流速不可超过哪一数值？若管内流动的是 90℃的空气，则这一数值又为多少？

3-24　由实验得知，单个球形颗粒在流体中的沉降速度 u_t 与以下诸量有关：

颗粒直径 d；流体密度 ρ 与黏度 μ；颗粒与流体的密度差 $\rho_a-\rho$；重力加速度 g。试通过因次分析方法导出颗粒沉降速度的无因次函数式。

3-25　用 $\phi168\times9$mm 的钢管输送原油，管线总长 100km，油量为 60000kg/h，油管最大抗压能力为 1.57×10^7Pa。已知 50℃时油的密度为 890kg/m³，油的黏度为 0.181Pa·s。假定输油管水平放置，其局部阻力忽略不计，试问为完成上述输送任务，中途需几个加压站？

所谓油管最大抗压能力系指管内输送的流体压强不能大于此值，否则管子损坏。

3-26　每小时将 2×10^4kg 的溶液用泵从反应器输送到高位槽（见图）。反应器液面上方保持 26.7×10^3Pa 的真空度，高位槽液面上方为大气压。管路为 $\phi76\times4$mm 钢管，总长 50m，管线上有两个全开的闸阀，一个孔板流量计（ζ=4）、五个标准弯头。反应器内液面与管出口的距离为 15m。若泵的效率为 0.7，求泵的轴功率。溶液 $\rho=1073$kg/m³，$\mu=6.3\times10^{-4}$Pa·s，$\varepsilon=0.3$mm。

3-27　用压缩空气将密闭容器（酸蛋）中的硫酸压送到敞口高位槽。输送流量为 0.1m³/min，输送管路为 $\phi38\times3$mm 无缝钢管。酸蛋中的液面离压出管口的位差为 10m，在压送过程中设位差不变。管路总长 20m，设有一个闸阀（全开），8 个标准 90°弯头。求压缩空气所需的压强为多少（表压）。硫酸 ρ 为 1830kg/m³，μ 为 0.012Pa·s，钢管的 ε 为 0.3mm。

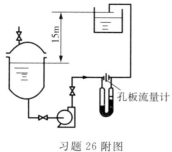

孔板流量计

习题 26 附图

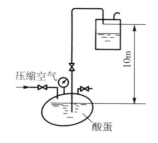

压缩空气

酸蛋

习题 27 附图

3-28 黏度为 0.03Pa·s、密度为 900kg/m³ 的液体自容器 A 流过内径 40mm 的管路进入容器 B。两容器均为敞口,液面视作不变。管路中有一阀门,阀前管长 50m,阀后管长 20m(均包括局部阻力的当量长度)。当阀全关时,阀前、后的压力表读数分别为 8.82×10^4 Pa 和 4.41×10^4 Pa。现将阀门打开至 1/4 开度,阀门阻力的当量长度为 30m。试求:

(1)管路的流量;

(2)阀前、阀后压力表的读数有何变化?

3-29 如图所示,某输油管路未装流量计,但在 A、B 两点的压力表读数分别为 $p_A = 1.47 \times 10^6$ Pa,$p_B = 1.43 \times 10^6$ Pa。试估计管路中油的流量。已知管路尺寸为 $\phi89 \times 4$mm 的无缝钢管。A、B 两点间的长度为 40m,有 6 个 90°弯头,油的密度为 820kg/m³,黏度为 0.121Pa·s。

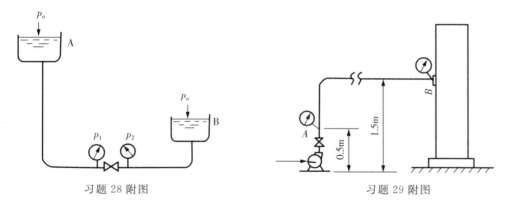

习题 28 附图

习题 29 附图

3-30 欲将 5000kg/h 的煤气输送 100km,管内径为 300mm,管路末端压强为 14.7×10^4 Pa(绝压),试求管路起点需要多大的压强?设整个管路中煤气的温度为 20℃,λ 为 0.016,标准状态下煤气的密度为 0.85kg/m³。

3-31 一酸贮槽通过管路向其下方的反应器送酸,槽内液面在管出口以上 2.5m。管路由 $\phi38 \times 2.5$mm 无缝钢管组成,全长(包括管件的当量长度)为 25m。由于使用已久,粗糙度应取为 0.15mm。贮槽及反应器均为大气压。求每分钟可送酸多少立方米。酸的密度 $\rho = 1650$kg/m³,黏度 $\mu = 0.012$Pa·s。(提示:用试差法时可先设 $\lambda = 0.04$)。

3-32 水位恒定的高位槽从 C、D 两支管同时放水。AB 段管长 6m,内径 41mm。BC 段长 15m,内径 25mm。BD 长 24m,内径 25mm。上述管长均包括阀门及其他局部阻力的当量长度。

但不包括出口动能项,分支点 B 的能量损失可忽略。试求:

(1)D、C 两支管的流量及水槽的总排水量。

(2)当 D 阀关闭,求水槽由 C 支管流出的水量。设全部管部的摩擦系数 λ 均可取 0.03,且不变化,出口损失应另行考虑。

3-33 用内径为 300mm 的钢管输送 20℃的水,为了测量管内水的流量,采用了如图所示的安排。在 2m 长的一段主管路上并联了一根直径为 $\phi60\times3.5mm$ 的支管,其总长与所有局部阻力的当量长度之和为 10m。支管上装有转子流量计,由流量计上的读数知支管内水的流量为 2.72m³/h。试求水在主管路中的流量及总流量。设主管路的摩擦系数 λ 为 0.018,支管路的摩擦系数 λ 为 0.03。

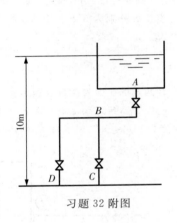

习题 32 附图

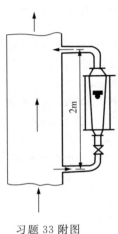

习题 33 附图

第四章 质量传递

在一个体系中,若存在两种或两种以上的组分,并且这些组分的浓度在该体系中是逐点变化的,则必发生减少浓度不均匀性的过程,各组分将由浓度大的地方向浓度小的地方迁移,即质量传递现象,简称为传质。质量传递的推动力为体系中存在浓度差。

质量传递的基本方式可分为分子传质(又称分子扩散)和对流传质两种。分子传质类似于导热现象,从本质上讲它们都是依靠分子的随机运动而引起的转移行为,不同的是前者为质量转移,后者为能量转移。在运动流体与固体壁面之间,或两种不相互溶的流体之间发生的质量传递称为对流传质。对流传质类似于对流换热,其传质问题的求解也涉及流体流动形态以及速度分布等因素。

在很多领域中质量传递都是很重要的过程,如化工、动力、空间技术等,许多化工单元操作如蒸馏、吸收、萃取、干燥、加湿和离子交换等无不涉及质量传递,蒸汽动力装置中的冷却塔,低温和制冷技术中的许多换热器也都有质量传递现象的发生。在环境工程中,经常利用传质过程去除水、气体和固体中的污染物,如常见的吸收、吸附、萃取、膜分离过程。此外,在化学反应和生物反应中,也常伴随着传质过程。例如,在好氧生物膜系统中,曝气过程包括氧气在空气和水之间的传质,在生物氧化过程中包括氧气、营养物及反应产物在生物膜内的传递。传质过程不仅影响反应的进行,有时甚至成为反应速率的控制因素,例如酸碱中和反应的速率往往受到物质传递速度的影响。可见,环境工程中污染控制技术多以质量传递为基础,了解传质过程具有十分重要的意义。

引起质量传递的推动力主要是浓度差,当然还有温度梯度、压力梯度以及电场或磁场的场强梯度,等等。由温度梯度引起的质量传递称为热扩散,由压力梯度引起的质量传递称为压力扩散,由电场或磁场的场强梯度引起的质量传递称为强制扩散。一般情况下,后几种扩散效应都较小,可以忽略,只有在温度梯度或压力梯度很大以及有电场或磁场存在时,才会产生明显的影响。本章仅讨论由浓度差引起的传质过程的基本规律。

第一节　质量传递中基本概念

一、浓度

在多组分混合物中,组分的浓度可以用多种形式来表示。通常采用单位体积所含某组分的数量来表示该组分的浓度,例如,组分的浓度可以表示为质量浓度 ρ_A, ρ_B,…(kg/m³)或(物质的量)浓度 c_A, c_B,…(kmol/m³)等。组分 A 质量浓度的定义是单位体积混合物中组分 A 的质量;而组分 A(物质的量)浓度的定义为单位体积混合物中组分 A 的摩尔数。

为了简便起见,下面以两组分混合物为例加以说明。

(一)质量浓度

对于由 A、B 两组分组成的混合物,其总质量浓度和各物质的分质量浓度分别为:

混合物质量浓度 ρ:单位体积所含混合物的质量,单位为 kg/m³;

组分 A 质量浓度 ρ_A:单位体积混合物中组分 A 的质量,单位为 kg/m³;

组分 B 质量浓度 ρ_B:单位体积混合物中组分 B 的质量,单位为 kg/m³。

总质量浓度与分质量浓度的关系为

$$\rho = \rho_A + \rho_B \tag{4-1}$$

另外,各组分的浓度还常采用质量分数来表示,它代表各组分质量在混合物质量中的相对值。质量分数的表示式为: $w_A = \dfrac{\rho_A}{\rho}$, $w_B = \dfrac{\rho_B}{\rho}$,

显然,质量分数满足如下的关系:

$$w_A + w_B = 1 \tag{4-2}$$

(二)(物质的量)浓度

对于由 A,B 两组分组成的混合物,其总(物质的量)浓度和各物质的分(物质的量)浓度分别为

混合物(物质的量)浓度 c:单位体积所含混合物的物质的量,单位为 kmol/m³;

组分 A(物质的量)浓度 c_A:单位体积混合物中所含组分 A 的物质的量,单位为 kmol/m³;

组分 B(物质的量)浓度 c_B:单位体积混合物中所含组分 B 的物质的量,单位为

$kmol/m^3$；

总（物质的量）浓度与分（物质的量）浓度的关系为

$$c = c_A + c_B \qquad (4-3)$$

各组分的浓度同样也常采用摩尔分数来表示，它代表各组分物质的量在混合物物质的量的相对值。固体、液体的摩尔分数可表示为

$$x_A = \frac{c_A}{c} , x_B = \frac{c_B}{c}$$

而气体则表示为

$$y_A = \frac{c_A}{c} = \frac{p_A}{p} , y_B = \frac{p_B}{p}$$

对于理想气体，还常用分压来表示

$$c_A = \frac{n_A}{V} = \frac{p_A}{RT} , c = \frac{p}{RT}$$

摩尔分数满足如下的关系：

$$x_A + x_B = 1$$
$$y_A + y_B = 1 \qquad (4-4)$$

由质量浓度和（物质的量）浓度的定义，我们可以得到它们之间的关系满足：

$$\rho_A = c_A M_A , \rho = cM$$

其中：M_A——A 组分的相对分子质量；

M——混合物的相对分子质量。

质量分数和摩尔分数的关系为

$$w_A = \frac{x_A M_A}{x_A M_A + x_B M_B}$$
$$\frac{dw_A}{dx_A} = \frac{M_A M_B}{(x_A M_A + x_B M_B)^2} \qquad (4-5)$$

二、速度

因为流体运动的速度与所选的参考基准有关，所以所谓流体的运动速度就是相对于所选参考基准的速度。

（一）以静止坐标为参考基准

在双组分混合物流体中，组分 A 和 B 相对于静止坐标系的速度分别以 u_A 和

u_B表示。当$u_A \neq u_B$时，混合物的平均速度可以有不同的定义。例如，若组分 A 和 B 的质量浓度分别为ρ_A和ρ_B，则混合物流体的质量平均速度u定义为

$$u = \frac{1}{\rho}(\rho_A u_A + \rho_B u_B) \tag{4-6}$$

类似地，若组分 A 和 B 的(物质的量)浓度分别为c_A和c_B，则混合物流体的质量平均速度u_n定义为

$$u_n = \frac{1}{c}(c_A u_A + c_B u_B) \tag{4-7}$$

对于均质流体，$u = u_n$；对于非均质流体，$u \neq u_n$。

(二)以质量平均速度 u 为参考基准

以质量平均速度为参考基准时，所能观察到的是诸组分的相对速度，混合物总体、A 组分和 B 组分相对于质量平均速度的扩散速度分别为$u - u = 0$，$u_A - u$ 和 $u_B - u$。

(三)以摩尔平均速度 u_n 为参考基准

若以摩尔平均速度为参考基准，所能观察到的同样是诸组分的相对速度，混合物总体、A 组分和 B 组分相对于摩尔平均速度的扩散速度分别为$u_n - u_n = 0$，$u_A - u_n$ 和 $u_B - u_n$。

第二节　质量传递的基本原理

一、质量传递、热量传递与动量传递

质量传递过程与动量传递、热量传递过程比较有相似之处，但比后二者复杂。例如与传热过程比较，主要差别为：①平衡差别。传热过程的推动力为两物体(或流体)的温度差，平衡时两物体的温度相等；传质过程的推动力为两相的浓度差，平衡时两相的浓度不相等。②推动力差别。传热推动力为温度差，单位为℃，推动力的数值和单位单一；而传质过程推动力浓度有多种表示方法(例如，可用气相分压、摩尔浓度、摩尔分数等表示)，不同的表示方法推动力的数值和单位均不相同。

用于描述分子运动引起的这三种传递过程的现象定律不同，分别为：①动量传递——牛顿黏性定律；②热量传递——傅立叶定律；③质量传递——费克定律。

二、传质机理

传质的机理包括两种：分子扩散和涡流扩散，分子扩散是在静止的或层流流动

的流体中,靠分子运动来进行传质的方式,而涡流扩散是指在湍流流动中,靠流体质点间的脉动来进行传质的方式。

例如,空气中气味的传播,食盐在静止的水中的溶解,等等。这些都是属于由分子的微观运动引起的物质扩散,是分子扩散,一般速度很慢,对于气体约为 $10 cm/min$,对于液体约为 $0.05 cm/min$,固体中仅为 $10^{-5} cm/min$。

分子扩散是在一相内部因浓度梯度的存在,由于分子的无规则的随机热运动而产生的物质传质现象。尽管分子运动向各方向是无规则的,但是在浓度高处的分子向浓度低方向扩散表现为数量大、效率高;反之,浓度低处的分子向浓度高方向扩散的数量少、频率低。两处比较,则浓度高处向浓度低处扩散的量大,从而表现出沿浓度降低方向上质量的传递。

由于分子扩散速率很慢,工程上为了加速传质,通常使流体介质处于运动状态。当流体处于湍流状态时,湍流流体中出现质点脉动和大量旋涡,造成组分扩散,称为涡流扩散。虽然在湍流流动中分子扩散与涡流扩散同时发挥作用,但宏观流体微团的传递规模和速率远远大于单个分子,因此涡流扩散占主要地位,即物质在湍流流体中的传递主要是依靠流体微团的不规则运动。例如,大气湍流中污染物的扩散方式,研究结果表明,涡流扩散系数远大于分子扩散系数,并随湍动程度的增加而增大。

三、分子扩散与费克定律

(一)费克定律

费克定律适用于描述由于分子传质所引起的传质通量,但一般在进行分子传质的同时,各组分的分子微团常处于运动状态,故存在组分的运动速度。为了更全面地描述分子扩散,必须考虑各组分之间的相对运动速度以及该情况下的扩散通量等问题。

当恒定温度,压力、总浓度一定均相混合物内部,分子扩散的通量可由 Fick 定律描述。如图 $4-1$,$c_{A2} > c_{A1}$ 对于 A、B 混合物中两组分的稳态扩散通量可以表示为

$$N_{Az} = -D_{AB}\frac{dc_A}{dz} \qquad (4-8)$$

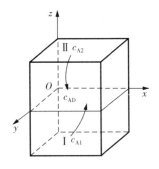

图 4-1 分子扩散示意图

式中:N_{Az}——单位时间在 z 方向上经单位面积扩
 散的组分 A 的量,即扩散通量,也
 称为扩散速率,$kmol/(m^2 \cdot s)$
 c_A——组分 A 的物质的量浓度,$kmol/m^3$;

D_{AB}——组分 A 在组分 B 中进行扩散的分子扩散系数，m^2/s；

$\dfrac{dc_A}{dz}$——组分 A 在 z 方向上的浓度梯度，$kmol/(m^3 \cdot m)$。

式(4-8)称为费克定律，表明扩散通量与浓度梯度成正比，式中负号表示分子扩散方向是沿其浓度降低方向进行。该式是以物质的量浓度表示的费克定律。

设混合物的物质的量浓度为 $c(kmol/m^3)$，组分 A 的摩尔分数为 x_A。当 c 为常数时，由于 $c_A = cx_A$，则式(4-8)可写为

$$N_{Az} = -cD_{AB}\frac{dx_A}{dz} \qquad (4-9)$$

对于液体混合物，常用质量分数表示浓度，于是费克定律又可写为

$$N_{Az} = -\rho D_{AB}\frac{dw_A}{dz} \qquad (4-10)$$

式中：ρ——混合物的密度，kg/m^3；

w_A——组分 A 的质量分数；

N_{Az}——组分 A 的扩散通量，$kg/(m^2 \cdot s)$。

混合物的密度为常数时，由于 $\rho_A = \rho w_A$，则上式可写为

$$N_{Az} = -D_{AB}\frac{d\rho_A}{dz} \qquad (4-11)$$

式中：ρ_A——组分 A 的质量浓度，kg/m^3；

$\dfrac{d\rho_A}{dz}$——组分 A 在 z 方向上的质量浓度梯度，$kg/(m^3 \cdot m)$。

因此，费克定律表达的物理意义为：由浓度梯度引起的组分 A 在 z 方向上的质量通量 = 一(分子扩散系数)×(z 方向上组分 A 的质量浓度梯度)。

(二)分子扩散系数

分子扩散系数是指沿扩散方向，在单位时间每单位浓度下降的条件下，垂直通过单位面积所扩散某物质的质量或摩尔数，表征物质的分子扩散能力，扩散系数大，则表示分子扩散快。

分子扩散系数是很重要的物理常数，其数值受体系温度、压力和混合物浓度等因素的影响。扩散系数的影响因素包括：①物质种类。扩散分子或扩散原子的直径越小，溶质和溶剂的结合力越小，扩散系数越大。②结构状态。特别是溶剂的结构状态。溶剂分子间的结合力越弱，扩散分子或扩散原子越容易通过，因此气体扩散系数($5 \times 10^{-6} \sim 10^{-5} m^2/s$)>液体扩散系数($10^{-10} \sim 10^{-9} m^2/s$)>固体扩散系数($10^{-14} \sim 10^{-10} m^2/s$)。③温度。扩散是分子热运动的结果，温度越高，分子运动动能越大，扩散系数越大。④压力和浓度。气体的扩散系数和压力关系密切，液体的

扩散系数和浓度关系密切。液体和固体的结构状态相近,因此液体和固体的扩散系数有过渡。气体和液体的结构状态和分子作用力均有突变,因此气体和液体的扩散系数有突变。物质种类对固体扩散系数的影响最大,因此固体的扩散系数差异也最大。聚合物和玻璃中的扩散系数介于固体和液体之间,并且随溶质浓度变化。

1. 气体分子扩散系数

气体的扩散系数主要和气体的性质、系统的温度、压力有关。双组分气体混合物的组分扩散系数在低压下和浓度无关。一般情况下,两个不同温度、压力(低于25atm)下的气体扩散系数具有以下关系

$$D_{AB,2} = D_{AB,1} \left(\frac{p_1}{p_2} \right) \left(\frac{T_2}{T_1} \right)^n \qquad (4-12)$$

式中:$D_{AB,1}$——物质在压力为 p_1、温度为 T_1 时的扩散系数,m^2/s;

$D_{AB,2}$——物质在压力为 p_2、温度为 T_2 时的扩散系数,m^2/s;

n——温度指数,一般情况下 $n=1.5\sim2$。

2. 液体中的分子扩散系数

液体中溶质的扩散系数不仅和物质的种类、温度有关,而且和溶质浓度有关。液体密度大,分子间作用力强,因此气体的扩散系数是液体扩散系数的 10^5 倍。另一方面,组分在液体中的摩尔浓度比气体大,因此组分在气体中的扩散速率约为液体中的 100 倍。稀溶液的扩散系数可以认为和溶质浓度无关。有些分子以分子形式在液体中扩散;电解质分子在溶液中会发生电离,以离子形式进行扩散。因此,电解质和非电解质需要用不同的关系式表示扩散系数。

液体扩散系数的典型计算公式如下:

(1)斯托克斯(Stokes)-爱因斯坦(Einstein)公式——理论公式

$$D_{AB} = \frac{kT}{6\pi\mu_B r_A} pm \qquad (4-13)$$

式中:k——玻耳兹曼常数,$1.3806 \times 10^{-13} J/K$;

μ_B——溶剂 B 的动力黏度,$Pa \cdot s$;

r_A——溶质 A 的半径,m。

该式适用于稀溶液中球形分子的扩散过程。

(2)威尔克(Wilke)-张(Chang)公式——半经验公式

$$D_{AB} = 7.4 \times 10^{-12} (\varphi_B M_B)^{1/2} \frac{T}{\mu_B V_A^{0.6}} \qquad (4-14)$$

式中:V_A——溶质 A 在正常沸点时的分子体积,$m^3/(kg \cdot kmol)$;

φ_B———溶剂的缔合因子,对于水其推荐值为 2.6,甲醇为 1.9,乙醇为 1.5,苯、醚、庚烷等非缔合溶剂为 1.0;

μ_B———溶剂 B 的动力黏度,Pa·s。

上式适用于非电解质稀溶液、溶质为较小分子。根据上式,溶质 A 在溶剂 B 中的扩散系数 D_{AB} 和溶质 B 在溶质 A 中的扩散系数 D_{BA} 不相等,这一点和气体扩散系数的特性明显不同。

对于非水合的大分子溶质,当 $M_A > 1000$ 或 $V_A > 500 m^3/(kg·kmol)$ 时,可采用下式计算液体扩散系数

$$D_{AB} = 9.96 \times 10^{-12} \frac{T}{\mu_A V_A^{1/3}}$$

3. 固体中的分子扩散系数

若固体内部存在某一组分的浓度梯度,也会发生扩散。例如,氢气透过橡皮的扩散,锌与铜形成固体溶液时在铜中的扩散,以及粮食内水分的扩散等。物质在固体中的扩散系数随物质的浓度而异,且在不同方向上其数值可能有所不同,目前还不能进行计算。各种物质在固体中的扩散系数差别可以很大,如氢在 25℃时在硫化橡胶中为 $0.85 \times 10^{-9} m^2/s$,氦在 20℃时在铁中为 $2.6 \times 10^{-13} m^2/s$。

扩散系数一般由实验确定。当没有实验数据时,可用以上公式估算质量扩散系数。对气体、液体和固体在固体中的扩散,其机理很复杂,尚无普适理论。

四、涡流扩散

对于涡流质量传递,可以定义涡流质量扩散系数 ε_D,单位为 m^2/s,并认为在一维稳态情况下,涡流扩散引起的组分 A 的质量扩散通量 N_A 与组分 A 的平均浓度梯度成正比,即

$$N_{A\varepsilon} = -\varepsilon_D \frac{d\bar{\rho}_A}{dz} \tag{4-15}$$

涡流扩散系数表示涡流扩散能力的大小,ε_D 值越大,表明流体质点在其浓度梯度方向上的脉动越剧烈,传质速率越高。

涡流扩散系数不是物理常数,它取决于流体流动的特性,受湍动程度和扩散部位等复杂因素的影响。目前对于涡流扩散规律研究得还很不够,涡流扩散系数的数值还难以求得,因此常将分子扩散和涡流扩散两种传质作用结合在一起考虑。

工程中大部分流体流动为湍流状态,同时存在分子扩散和涡流扩散,因此组分 A 总的质量扩散通量 N_{At} 为

$$N_{At} = -(D_{AB} + \varepsilon_D) \frac{d\bar{\rho}_A}{dz} = -D_{ABeff} \frac{d\bar{\rho}_A}{dz} \tag{4-16}$$

式中：D_{ABeff}——组分 A 在双组分混合物中的有效质量扩散系数。

在充分发展的湍流中，涡流扩散系数往往比分子扩散系数大得多，因而有 $D_{ABeff} \approx \varepsilon_D$。

第三节　质量传递的基本方式

质量传递的基本方式为分子传质（扩散）与对流传质，在本质上都是依靠分子的随机运动而引起的转移运动。本节中讨论的分子传质和对流传质仅指一维稳态介质中的分子传质，并简单介绍其机理，在第八章中将详细介绍。

一、分子传质

分子传质又称为分子扩散，简称为扩散，它是由分子的无规则热运动而形成的物质传递现象。在绝对零度以上，所有物质的分子均处于分子热运动中，分子的不规则运动导致分子在各方向的交换概率基本相同。如果系统中某一组分的浓度均匀，当一定数目的分子向某方向运动时，相同数目的分子沿相反方向运动，总质量传输量为零。当系统中某一组分存在浓度差时，高浓度区域的分子向低浓度区域运动的数目多于反方向运动的分子数，总质量传输量不为零，即发生分子传质。

分子传质的机理就是上节描述的费克定律，而如上所述分子传质现象和导热现象都是物质内部微观粒子运动产生的传输现象，但是分子传质和导热既有相似又有明显区别。导热可以在固体或者静止的流体中进行，导热过程中在热流方向上没有介质质点的宏观运动；分子传质必然引起各组分自身的对流，因此在分子传质过程中往往伴随着混合物的整体流动（例如，A-B二元气体混合物中 A 组分可以溶解于液体 C 中，B 组分不能在液体 C 中溶解。当混合气体和液体 C 接触时，组分 A 通过气-液界面进入液相，界面处 A 组分的浓度和分压降低，B 组分的浓度升高，A 组分从混合气体内部向界面扩散，B 组分从界面向混合气体内部扩散，导致界面处总压力降低，形成混合气体从内部向界面的整体流动。此时，扩散组分的总通量由两部分组成，即流动所造成的对流通量和叠加于流动之上的由浓度梯度引起的分子扩散通量）。

二、对流传质

1. 对流传质的类型

（1）按流体发生的原因分：对流传质可分为强制对流传质和自然对流传质两类。强制对流传质又分为层流传质和湍流传质两种情况（工业中多采用强制湍流传质)。

(2)按流体的作用方式分:作用于固体壁面,即流体与固体壁面间的传质;一种流体作用于另一种流体,两流体通过相界面进行传质,即相际间的传质。

2. 对流传质机理

所谓对流传质的机理是指在传质过程中,流体以哪种方式进行传质,工程中以湍流传质最为常见,下面以流体强制湍流流过固体壁面时的传质过程为例,探讨对流传质的机理,对于有固定相界面的相际间的传质,其传质机理与之相似。

以流体强制湍流流过固体壁面时的传递过程为例:

如图所示,流体以湍流流过可溶性固体壁面,流体与壁面之间进行对流传质。在与壁面垂直的方向上,分为层流内层、缓冲层和湍流主体三部分,各部分的传质机理差别很大。在层流内层中,流体沿着壁面平行流动,在与流向相垂直的方向上,只有分子的无规则热运动,

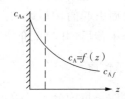

图 4-2 流体与壁面之间的对流传质

故壁面与流体之间的质量传递是以分子扩散形式进行的。在缓冲层中,流体既有沿壁面方向的层流流动,又有一些旋涡运动,故该层内的质量传递既有分子扩散也有涡流扩散,二者的作用同样重要,必须同时考虑它们的影响。在湍流主体中,发生强烈的旋涡运动,在此层中,虽然分子扩散与涡流扩散同时存在,但涡流扩散远远大于分子扩散,故分子扩散的影响可忽略不计。

由此可知,当湍流流体与固体壁面进行传质时,在各层内的传质机理是不同的。在层流内层,由于仅依靠分子扩散进行传质,故其中的浓度梯度很大,浓度分布曲线很陡,为一直线,此时可用费克第一定律进行求解,求解较为方便;在湍流中心,由于旋涡进行强烈的混合,其中浓度梯度必然很小,浓度分布曲线较为平坦;而在缓冲层内,既有分子传质,又有涡流传质,其浓度梯度介于层流内层与湍流中心之间,浓度分布曲线也介于二者之间。

3. 对流传质速率

在对流传质过程中,当流动处于湍流状态时,物质的传递包括了分子扩散和涡流扩散。前已叙及,涡流扩散系数难以测定和计算。为了确定对流传质的传质速率,通常将对流传递过程进行简化处理,即将过渡区内的涡流扩散折合为通过某一定厚度的层流膜层的分子扩散。如图 4-3 所示流体主体中组分 A 的平均浓度为 $c_{A,0}$,将层流底层内的浓度梯度线段延长,并与湍流核心区的浓度梯度线相交于 G 点,G 点与界面的垂直距离 l_G 称为有效膜层,也称为虚拟膜层。这样,就可以认为由流体主体到界面的扩散相当于通过厚度为 l_G 的有效膜层的分子扩散,整个有效

膜层的传质推动力为 $(c_{A,i}-c_{A,0})$，即把全部传质阻力看成集中在有效膜层 l_G 内，于是就可以用分子扩散速率方程描述对流扩散。写出由界面至流体主体的对流传质速率关系式，即

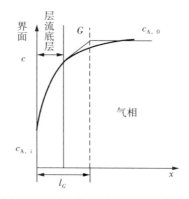

图 4-3　对流传质过程的虚拟膜模型

$$N_A = k_c(c_{A,i} - c_{A,0}) \quad (4-17)$$

式中：N_A——组分 A 的对流传质速率，$kmol/(m^2 \cdot s)$；

$c_{A,0}$——流体主体中的组分 A 的浓度，$kmol/m^3$；

$c_{A,i}$——界面上的组分 A 的浓度，$kmol/m^3$；

k_c——对流传质系数，下标 c 表示组分浓度以物质的量浓度表示，m/s。

该公式既适用于流体的层流运动，也适用于流体湍流运动的情况。当采用其他单位表示浓度时，可以得到相应的多种形式的对流传质速率方程和对流传质系数。对于气体与界面的传质，组分浓度常用分压表示，则对流传质速率方程可写为

$$N_A = k_G(p_{A,i} - p_{A,0}) \quad (4-18)$$

对于液体与界面的传质，则可写为

$$N_A = k_L(c_{A,i} - c_{A,0}) \quad (4-19)$$

式中：$p_{A,i}$，$p_{A,0}$，c_A——分别在界面上和气相主体中组分 A 的分压，Pa；

k_G——气相传质分系数，$kmol/(m^2 \cdot s \cdot Pa)$；

k_L——液相传质分系数，m/s。

第四节　环境工程中的传质过程

在环境工程中常见的传质过程有吸收和解吸、吸附和脱附、萃取、膜分离与离子交换。

一、吸收与解吸（汽提）

吸收是指根据气体混合物中各组分在同一溶剂中的溶解度不同，使气体与溶剂充分接触，其中易溶的组分溶于溶剂进入液相，而与非溶解的气体组分分离。吸

收是分离气体混合物的重要方法之一,在废气治理中有广泛的应用。如废气中含有氨,通过与水接触,可使氨溶于水中,从而与废气分离;又如锅炉尾气中含有 SO_2,采用石灰/石灰石洗涤,使 SO_2 溶于水,并与洗涤液中的 $CaCO_3$ 和 CaO 反应,转化为 $CaSO_3 \cdot 2H_2O$,可使烟气得到净化,这是目前应用最为广泛的烟气脱硫技术。

化学工程中将被吸收的气体组分从吸收剂中脱出的过程称为解吸。在环境工程中,解吸过程常用于从水中去除挥发性的污染物,当利用空气作为解吸剂时,称为吹脱;利用蒸汽作为解吸剂时,称为汽提。如某一受石油烃污染的地下水,污染物中挥发性组分占 45% 左右,可以采用水中通入空气的方法,使挥发性有机物进入气相,从而与水分离。

二、萃取

液液萃取是分离均相液体混合物的一种单元操作,又称溶剂萃取,或溶剂抽提,简称萃取或抽提。萃取是利用液体混合物中各组分在所选定的溶剂中溶解度的差异来使其分离。通常,将所选用的溶剂称为萃取剂(或溶剂)。所处理的液体混合物称为原料液,其中较易溶于萃取剂中的组分称为溶质,以 A 表示;较难溶的组分称为原溶剂(或稀释剂),以 B 表示。环境工程中,萃取剂应满足以下要求:一是对原料液(废水或废液)中各组分具有不同的溶解能力,且对待处理组分有良好的选择性;二是萃取剂不能与原料液(废水或废液)完全互溶,而只能是部分互溶。也就是说,萃取剂对待处理组分 A 有较大的溶解度,而对原溶剂 B 则应不互溶或只是部分互溶。

如果萃取过程中,萃取剂与溶质不发生化学反应而仅为物理传质过程,称为物理萃取;若萃取剂与溶质发生化学反应,则称为化学萃取。

萃取一般由 3 个基本过程组成:①混合:使原料液与萃取剂充分混合,以促进溶质 A 由原料液向萃取剂中转移;②分层:萃取完成后,进行沉降,使萃取相和萃余相分层,实现两者分离;③脱溶剂:回收萃取相和萃余相中的萃取剂,使其循环使用,同时得到产品 A。

在环境工程中,当萃取剂在废水(或废液)中的溶解度很小,且易于降解时,从经济性考虑,可不回收萃余相(去除污染物后的废水或废液)中的萃取剂,而是采用其他更为经济的方法(如生物法)处理。

三、吸附与脱附

气体或液体分子有在固体表面聚集的趋势,并在通常情况下形成单分子层,有时形成多分子层。这种现象称为吸附。

吸附操作就是利用某些多孔性固体材料具有将流体混合物系中的某个或某些组分选择性地聚集在其表面的能力,而使混合物系中的某个或某些组分从中分离出来的过程。该方法常用于气体和液体中污染物的去除,例如,在水的深度处理中,常用活性炭吸附水中含有的微量有机污染物。

当物系温度升高、压力降低或流体中吸附质浓度(或分压)低于吸附平衡浓度(或分压)时,被吸附组分将从吸附剂固体表面逸出。此现象称为脱附(或吸附剂再生)。

脱附是吸附的逆过程。环境工程中利用这种现象,在处理废水或废气时,当吸附剂将待处理的污染物(吸附质)吸附后,再改变操作条件(增加温度或降低压力等),使污染物脱附并加以回收或另行处理。与此同时,吸附剂得以再生而得以回用。

四、离子交换

离子交换是利用离子交换剂功能基团所带的可交换离子与接触交换剂的溶液中相同电性的离子进行交换反应,以达到离子的置换、分离、去除和浓缩等目的。常用于制取软化水、纯水,以及从水中去除某种指定物质,如去除电镀废水中的重金属等。

所谓离子交换剂,系指可用作离子交换的固体材料。一般由骨架和交换基团(官能团)两部分组成。骨架是具有三维空间的网状结构,其间分布许多空隙(网眼);官能团是可电离出供交换用的离子。因其与骨架上的离子基团的电荷相反,故又称为反离子。根据骨架组成,离子交换剂又可分为:①无机离子交换剂,其特点是机械强度较小、交换容量较低、稳定性较差,一般只在某些特殊场合(如处理放射性废水等)使用;②有机离子交换剂,其特点是交换容量较大、稳定性较好、机械强度较高,在环境工程得以广泛使用。有机离子交换剂按使用要求,可制成粒状、膜状和纤维状。粒状有机离子交换剂通常称为离子交换树脂。离子交换树脂具有不溶性、选择性、溶胀性、稳定性、交换容量、酸碱度等性质。失去交换能力的离子交换剂,可通过再生后再继续重复使用。

离子交换属固液相间进行的非均相反应。交换过程通常分以下5步完成:

(1)溶液中被交换离子从溶液主体向交换剂界面扩散,此过程称为膜扩散过程;

(2)被交换离子自交换剂界面进入交换剂内,并扩散至交换基团,此过程称为粒扩散过程;

(3)被交换离子与交换剂上的可交换离子间进行离子交换反应,此过程称为交换反应过程;

（4）交换下来的可交换离子从交换剂内扩散到交换剂界面,此过程也称为粒扩散过程;

（5）可交换离子由交换剂颗粒表面扩散到溶液主体,此过程也称为膜扩散过程。

可见在离子交换过程中,存在两个主要的传质阻力:一是离子交换剂附近边界层中产生的外部传质阻力;二是在交换剂内部产生的扩散传质阻力。离子交换传质的控制步骤则需要根据具体情况进行分析。

五、膜分离

膜是一种具有选择渗透性的分离均相和非均相流体混合物的介质。其分类状况参见图 4 - 4。

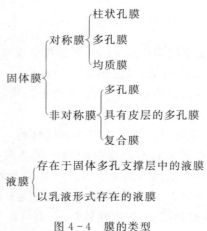

图 4 - 4 膜的类型

膜分离是借助于膜,在各种推动力作用下,利用流体中各组分对膜的渗透速率的差异而实现组分分离的过程。

不同的膜分离过程所用的膜具有不同的结构、材质和选择特性。所以,其分离体系和使用范围也有所不同。下表中列出了环境工程中常用的膜分离过程。

表 4 - 1 常用膜分离过程特性

序号	膜过程	推动力	传递机理	透过组分	截留组分	膜类型
1	微滤 (MF)	压力差 <100kPa	颗粒大小 和形状	溶液、微粒 (0.02~10μm)	悬浮物、粒径较大的微粒	多孔膜

（续表）

序号	膜过程	推动力	传递机理	透过组分	截留组分	膜类型
2	超滤 （UF）	压力差 （100～1000）kPa	分子特性、大小和形状	溶剂、少量小分子溶质	大分子溶质	非对称性膜
3	反渗透 （RO）	压力差 （1000～10000）kPa	溶剂的扩散传递	溶剂、中性小分子	悬浮物、大分子、离子	非对称性膜或复合膜
4	电渗析 （ED）	电位差	电解质离子的选择传递	电解质离子	非电解质大分子物质	离子交换膜
5	气体分离 （GP）	分压差 （1000～10000）kPa	气体和蒸气的扩散渗透	易渗透气体或蒸气	难渗透气体或蒸气	均匀膜、复合膜、非对称性膜
6	渗透气化 （PV）	分压差	利用物性差异进行选择传递	易溶解或易挥发组分	难溶解或难挥发组分	均匀膜、复合膜、非对称性膜
7	液膜分离 （LM）	化学反应和扩散传递推动力	促进传递和溶解扩散传递	电解质离子（杂质）	溶剂、非电解质离子	液膜

思考题与习题

4-1　在一细管中,底部水在恒定温度 298K 下向干空气蒸发。干空气压力为 0.1×10^6 Pa、温度亦为 298K。水蒸气在管内的扩散距离（由液面到管顶部）$L = 20$ cm。在 0.1×10^6 Pa、298K 的温度时,水蒸气在空气中的扩散系数为 $D_{AB} = 2.50 \times 10^{-5}$ m^2/s。试求稳态扩散时水蒸气的传质通量、传质分系数及浓度分布。

4-2　在总压为 2.026×10^5 Pa、温度为 298K 的条件下,组分 A 和 B 进行等分子反向扩散。当组分 A 在两端点处的分压分别为 $p_{A,1} = 0.4 \times 10^5$ Pa 和 $p_{A,2} = 0.1 \times 10^5$ Pa 时,由实验测得 $k_G^0 = 1.26 \times 10^{-8}$ kmol/(m^2·s·Pa)。试估算在同样的条件下,组分 A 通过停滞组分 B 的传质系数 k_G 以及传质通量 N_A。

4-3　浅盘中装有清水,其深度为 5mm,水的分子依靠分子扩散方式逐渐蒸发到大气中,试求盘中水完全蒸干所需要的时间。假设扩散时水的分子通过一层厚 4mm、温度为 30℃ 的静止空气层,空气层以外的空气中水蒸气的分压为零。分子扩散系数 $D_{AB}=0.11\mathrm{m^2/h}$,水温可视为与空气相同。当地大气压力为 $1.01\times10^5\mathrm{Pa}$。

4-4 内径为 30mm 的量筒中装有水,水温为 298K,周围空气温度为 30℃,压力为 $1.01\times10^5\mathrm{Pa}$,空气中水蒸气含量很低,可忽略不计。量筒中水面到上沿的距离为 10mm,假设在此空间中空气静止,在量筒口上空气流动,可以把蒸发出的水蒸气很快带走。试问经过 2d 后,量筒中的水面降低多少。查表得 298K 时水在空气中的分子扩散系数为 $0.26\times10^{-4}\mathrm{m^2/s}$。

4-5 一填料塔在大气压和 295K 下,用清水吸收氨-空气混合物中的氨。传质阻力可以认为集中在 1mm 厚的静止气膜中。在塔内某一点上,氨的分压为 $6.6\times10^3\mathrm{N/m^2}$。水面上氨的平衡分压可以忽略不计。已知氨在空气中的扩散系数为 $0.236\times10^{-4}\mathrm{m^2/s}$。试求该点上氨的传质速率。

第五章 沉 降

第一节 沉降分离的基本概念

一、沉降分离的原理和类型

沉降分离主要用于颗粒从流体中的分离。其基本原理是将含颗粒的水或气体置于某种力场(重力场、离心力场、电场或惯性场)中,使颗粒物与连续相的流体之间发生相对运动,沉降到器壁、器底或其他沉积表面,从而实现颗粒物与流体的分离。沉降分离广泛应用在水或废水中去除各种颗粒物和废气中粉尘、液珠的去除。沉降分离包括重力沉降、离心沉降、电沉降、惯性沉降和扩散沉降。重力沉降和离心沉降是利用待分离的颗粒与流体之间存在的密度差,在重力或离心力的作用下使颗粒与流体之间发生相对运动;电沉降是将颗粒置于电场中使之带电,并在电场力的作用下使带电颗粒在流体中产生相对运动。惯性沉降是指颗粒物与流体一起运动时,由于在流体中存在某种障碍物的作用,流体产生绕流,而颗粒物由于惯性偏离流体;扩散沉降是利用微小粒子布朗运动过程中碰撞在某种障碍物上,从而与流体分离。各种类型的沉降分离过程和作用力见表 5-1 所列。

表 5-1 沉降过程类型与作用力

沉降过程	作用力	特征
重力沉降	重力	沉降速度小,适用于较大颗粒的分离
离心沉降	离心力	适用于不同大小颗粒的分离
电沉降	电场力	适用于带电微细颗粒($<0.1\mu m$)的分离
惯性沉降	惯性力	适用于 $10\sim20\mu m$ 以上粉尘的分离
扩散沉降	热运动	适用于微细粒子($<0.01\mu m$)的分离

二、流体阻力与阻力系数

颗粒在各种作用力的作用下与流体产生运动,必然产生流体阻力,是沉降过程中基本的作用力之一。

(一)单颗粒的几何特性参数

单颗粒的几何特性参数主要包括大小、形状和表面积(或比表面积)。以形状规则的球形颗粒为例,一般可用颗粒直径 d_p、体积 V_p 和表面积 A 表示,三者之间存在以下关系:

$$V_p = \frac{\pi}{6} d_p^3 \qquad (5-1)$$

$$A = \pi d_p^2 \qquad (5-2)$$

颗粒的比表面积 a 是单位体积颗粒所具有的表面积,对于球形颗粒,可以用下式计算:

$$a = \frac{A}{V_p} = \frac{6}{d_p} \qquad (5-3)$$

对形状不规则的颗粒通常采用以下几何特性进行表征:

1. 颗粒的当量直径

不规则形状颗粒的尺寸可以用与它的某种几何量相等的球形颗粒的直径表示,该颗粒称为当量球形颗粒,其直径为颗粒当量直径。

(1)投影径

有四种表示方法:①面积等分径,指将颗粒的投影面积二等分的直线长度;②定向径,指颗粒投影面上面平行切线之间的距离,此径可取任意方向,通常取与底边平行的线;③长径,不考虑方向的最长径;④短径,不考虑方向的最短径。

(2)几何当量径

取与颗粒某一几何量(面积、体积等)相等时的球形颗粒的直径,有四种表示方法。

等体积当量直径:体积等于不规则形状颗粒体积的当量球形颗粒的直径,表示为

$$d_{eV} = \sqrt[3]{\frac{6V_p}{\pi}} \qquad (5-4)$$

等表面积径:表面积等于不规则形状颗粒表面积的球形颗粒的直径,表示为

$$d_{eS} = \sqrt{\frac{A}{\pi}} \qquad (5-5)$$

等比表面积径:比表面积等于不规则形状颗粒比表面积的球形颗粒的直径,表示为

$$d_{ea} = \frac{6}{a} \qquad (5-6)$$

等投影面积径:投影面积等于不规则形状颗粒投影面积的球形颗粒的直径,表示为

$$d_{eA} = \sqrt{\frac{4A_p}{\pi}} \qquad (5-7)$$

(3)物理当量径

自由沉降径 d_f:特定气体中,在重力作用下,密度相同的颗粒因自由沉降所达到的末速度与球形颗粒所达到的末速度相同时球形颗粒的直径。

空气动力径 d_s:在静止的空气中颗粒的沉降速度与密度为 $1g/cm^3$ 的圆球的沉降速度相同时的圆球直径。

斯托克斯径 d_{st}:在层流区(对颗粒的雷诺数 $Re<2.0$)的空气动力径,即

$$d_{st} = \sqrt{\frac{18\mu u_1}{(\rho_p - \rho)g}} \qquad (5-8)$$

式中:u_1——颗粒在流体中的终端沉降速度,m/s;

μ——流体黏度,Pa·s;

ρ_p——颗粒密度,kg/m^3;

ρ——流体密度,kg/m^3;

g——重力加速度,m/s^2。

分割粒径(半分离粒径)d_{50}:指除尘器能捕集该粒子群一半的直径,即分级效率为50%的颗粒的直径,这代表了除尘器性能很有代表性的粒径。

流体阻力的方向与颗粒物在流体中运动方向相反,其大小与流体和颗粒物之间的相对运动速度、流体密度、黏度及颗粒的大小、形状有关,对形状简单的球形颗粒物,在颗粒物与流体之间的相对运动速度很低时,得出流体阻力理论计算关系式:

$$F_D = C_D A_p \frac{\rho u^2}{2} \qquad (5-9)$$

式中:C_D——由实验确定的阻力系数,无量纲;

A_p——沉降颗粒在垂直于运动方向水平面的投影面积,对于球形颗粒,$A_p = \frac{\pi}{4} d_p^2$,$m^2$;

u——颗粒与流体之间的相对运动速度,m/s;

ρ——流体的密度,kg/m^3;

d_p——颗粒的定性尺寸,对于球形颗粒,d_p 为其直径,m。

(4)平均粒径

对于一个由大小和形状不相同的粒子组成的实际粒子群,与一个由均一的球形粒子组成的假想粒子群相比,如果两者的粒径全长相同,则称此球形粒子的直径为实际粒子群的平均粒径,表示为

$$\bar{d}_1 = \frac{\sum (n_i d_i)}{\sum n_i} = \frac{n_1 d_1 + n_2 d_2 + n_3 d_3 + \cdots + n_i d_i}{\sum n_i} \tag{5-10}$$

2. 颗粒的形状系数

通常情况下,颗粒的形状可用球形的这个形状系数来进行表示,定义如下:

$$\varphi = \left(\frac{d_{eV}}{d_{eS}}\right)^2 = \frac{\text{与非球形颗粒体积相同的球形颗粒表面积}}{\text{非球形颗粒表面积}} \leqslant 1 \tag{5-11}$$

在体积相同的各种形状的颗粒中,球形颗粒的表面积最小,对于球形颗粒,$\varphi=1$;对于非球形颗粒,$\varphi<1$;对于正方体,$\varphi=0.805$;对于直径与高相等的圆柱,$\varphi=0.874$;对于大多数粉碎得到的颗粒,$\varphi=0.6-0.7$。

等体积径、等表面积径、等比表面积径存在以下关系:

$$d_{eS} = \frac{d_{eV}}{\sqrt{\varphi}}, \quad d_{ea} = \varphi d_{eV} \tag{5-12}$$

3. 不规则形状的颗粒表征

形状不规则用颗粒当量径和颗粒形状系数来表示。即

$$V_p = \frac{\pi}{6} d_{eV}^3, A = \frac{\pi d_{eV}^2}{\varphi}, a = \frac{6}{\varphi d_{eV}} \tag{5-13}$$

(二)流体阻力

当某一颗粒在不可压缩的连续流体中稳定运行时,颗粒会受到来自流体的阻力,包括形状阻力和摩擦阻力。形状阻力是由于颗粒具有一定形状在流体中运动必须排开其他周围的流体,导致其前面的压力大于后面的压力形成的。同时颗粒与周围流体产生摩擦,从而产生摩擦阻力。

(三)阻力系数

阻力系数 C_D 是颗粒的雷诺数(Re_p)和颗粒形状的函数

$$C_D = f(Re_p), Re_p = \frac{u d_p \rho}{\mu} \tag{5-14}$$

式中:μ——流体的黏度,Pa·s。

1. 球形颗粒

根据实验,阻力系数与雷诺数之间的关系如图 5-1 所示。

(1)层流区:当 $Re_p \leqslant 2$,颗粒运动处于层流状态,阻力系数与雷诺数之间的关系为

$$C_D = \frac{24}{Re_p} \tag{5-15}$$

对于球形颗粒,将式(5-14)、(5-15)代入式(5-9)得出

$$F_D = 3\pi u d_p \mu \tag{5-16}$$

式(5-15)即为著名的斯托克斯阻力定律,通常把 $Re_p \leqslant 2$ 的区域称为斯托克斯区域。由于层流区的 Re_p 是人为界定的,故可能存在不同数值。

(2)过渡区:当 $2 < Re_p < 10^3$ 时,颗粒运动处于紊流过渡区,C_D 与 Re_p 之间呈现曲线关系。

$$C_D = \frac{18.5}{Re_p^{0.6}} \tag{5-17}$$

当 Re_p 增大至超过层流区后,在颗粒半球线的稍前处就会发生边界层的分离,如图 5-1(a)所示,致使颗粒的后部产生漩涡,造成较大的摩擦损失。

(3)紊流区:当 $10^3 < Re_p < 2 \times 10^5$ 时,颗粒运动处于紊流状态,C_D 几乎不随 Re_p 而变化,可近似表示为

$$C_D \approx 0.44 \tag{5-18}$$

(4)紊流边界层区:随着 Re_p 的增大($Re_p > 2 \times 10^5$ 时),颗粒边界层内的流动由层流转变为紊流,边界层的速度增大,使边界层的分离点向颗粒半球线的后侧移动,如图 5-1(b)所示,此时,颗粒后部的漩涡区缩小,阻力系数从 0.44 降为 0.1,并几乎保持不变。

$$C_D = 0.1 \tag{5-19}$$

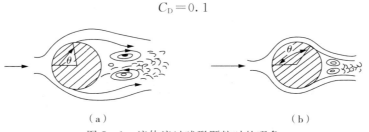

图 5-1 流体流过球形颗粒时的现象

(a)边界层内为层流;(b)边界层内为湍流

2. 其他形状的规则颗粒

当颗粒为其他形状的规则时,流体阻力和流体与颗粒的相对方位有关。当流体沿径向流过圆柱时,其流动情况与流过球形颗粒的情况类似,因此流体阻力 C_D

与颗粒的 Re_p 的关系曲线也与球形颗粒类似,如图 5-2 所示。流体沿圆片轴向绕流时,情况就不同了,此时一旦出现边界层分离现象,则边界层内流转变为紊流,分离点也不再移动,圆片后部漩涡区不缩小,因此在 $Re_p > 2000$ 后,C_D 基本保持不变。

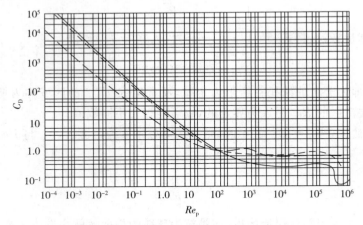

图 5-2 阻力系数与颗粒雷诺数之间的关系
(——球粒;- -圆片;— —圆柱)

3. 形状不规则的颗粒

当颗粒形状不规则时,流体流过该颗粒时的阻力系数与颗粒的 Re_p 的关系曲线因颗粒形状而异。不规则的阻力系数与颗粒雷诺数之间的关系曲线如图 5-3 所示。当 Re_p 相等时,颗粒球形度愈小,阻力系数愈大,颗粒所受的流体阻力也就愈大。

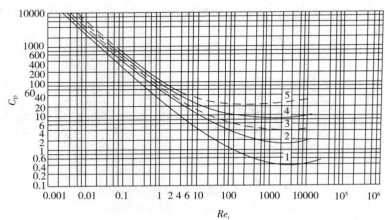

图 5-3 不规则颗粒的阻力系数与颗粒雷诺数之间的关系
图中曲线:1—$\phi_S = 1$;2—$\phi_S = 0.806$;3—$\phi_S = 0.6$;4—$\phi_S = 0.220$;5—$\phi_S = 0.125$。

第二节　重力沉降

重力沉降是利用流体中待分离颗粒与流体之间的密度差,受重力作用而将颗粒物从流体中分离的方法。这种沉降是最简单的沉降分离方法,用于废水中颗粒的分离,废水处理中利用这一原理的构筑物包括沉砂池、沉淀池。重力沉降用于去除废气中的粉粒,气体净化中有重力沉降室。

一、重力场中颗粒的沉降过程

以球形颗粒为例,考察处于重力场流体中的颗粒沉降过程。如图 5 - 4 所示,假设把一个粒径为 d_p、密度为 ρ_p、质量为 m 的球形颗粒置于静止的流体介质中,颗粒将受到重力 F_g 和流体浮力 F_b 的作用,已知:

$$F_g = \frac{\pi}{6} d_p^3 \rho_p g \qquad (5-20)$$

$$F_b = \frac{\pi}{6} d_p^3 \rho g \qquad (5-21)$$

如果颗粒的密度 ρ_p 大于流体密度 ρ,则颗粒将受到一个向下的作用力,颗粒将产生向下运动的加速度 du/dt 则:

$$F_g - F_b = m du/dt \qquad (5-22)$$

在该加速度作用下,颗粒与流体之间没有相对运动,在运动过程中受到流体阻力 F_D 的作用,颗粒受到的静作用力为

$$F = F_g - F_b - F_D \qquad (5-23)$$

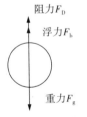

图 5 - 4　重力沉降颗粒受力情况

颗粒在流体开始沉降的瞬间,由于没有相对运动,沉降速度 $\mu = 0$,流体阻力 $F_D = 0$,此时颗粒的加速度最大,随着颗粒沉降的开始,颗粒与流体之间流体阻力增大,向下的静作用力减小,加速度减小,沉降速度变为减加速运动,当重力、浮力和流体阻力三者达到平衡,颗粒沉降到达等速运动的速度称为终端速度或沉降速度 μ_t。

当静作用力为零,即 $F_g - F_b - F_D = 0$

$$\frac{\pi}{6} d_p^3 \rho_p g - \frac{\pi}{6} d_p^3 \rho g - C_D \frac{\pi}{4} d_p^2 \left(\frac{\rho u_t^2}{2} \right) = 0$$

整理得到：
$$u_t = \sqrt{\frac{4(\rho_p - \rho)d_p g}{3\rho C_D}}$$
(5-24)

式中：u_t——颗粒终端沉降速度，m/s；

d_p——颗粒直径，m；

ρ_p——颗粒密度，kg/m^3；

ρ——流体密度，kg/m^3；

g——重力加速度，m/s^2；

C_D——阻力系数，为雷诺数的函数。

由于阻力系数与颗粒雷诺数之间在不同区域，计算方式也不同。

层流区，$Re_p \leqslant 2$，则

$$u_t = \frac{1}{18}\frac{\rho_p - \rho}{\mu}g d_p^2$$
(5-25)

——斯托克斯公式

过渡区，$2 < Re_p < 10^3$，则

$$u_t = 0.27\sqrt{\frac{(\rho_p - \rho)g d_p Re_p^{0.6}}{\rho}}$$
(5-26)

——艾仑公式

紊流区，$10^3 < Re_p < 2 \times 10^5$，则

$$u_t = 1.74\sqrt{\frac{(\rho_p - \rho)g d_p}{\rho}}$$
(5-27)

——牛顿公式

由上式可知，颗粒在流体中的沉降速度与很多因素有关，对于一定流体，颗粒沉降速度与颗粒粒径有关，因此可以通过颗粒粒径来计算沉降速度。

二、沉降速度的计算

1. 试差法

由于流体阻力系数与颗粒的雷诺数有关，因此需要首先判断颗粒沉降属于哪个区域，但有时难以判断属于哪个区域，因此通常采用试差法，即先假设沉降属于某个区域，再按与该区域相适应的沉降速度计算式进行沉降速度计算，再计算出Re_p，验证Re_p是否在所属的假设区域。如果假设正确，计算的沉降速度为正确的结果，否则重新假设和试算，直到根据求得的u_t计算所得的Re_p值恰好与所用公式

的 Re_p 符合为止。

2. 摩擦数群法

由于 C_D 与 Re_p 的关系曲线中,两坐标都含有未知数 u_t,通过转换使得两坐标之一变成不包含 u_t 的已知数群,并得以求解,由式(5-24)解得与沉降速度 u_t 相对应的阻力系数:

$$C_D = \frac{4d_p(\rho_p-\rho)g}{3\rho u_t^2}$$

将 C_D 与 Re_p^2 相乘,即可以消去 u_t,得

$$C_D Re_p^2 = \frac{4d_p^3\rho(\rho_p-\rho)g}{3u_t^3} \tag{5-28}$$

式中:$C_D Re_p^2$——不包含沉降速度的摩擦数群,无量纲。

$C_D Re_p^2$ 与 Re_p 的关系曲线如图5-2所示,若颗粒直径和其他参数已知,按式(5-28)计算摩擦数群,再根据 $C_D Re_p^2$-Re_p 曲线查出相应的 Re_p 值,根据 Re_p 的定义反算出 u_t,即

$$u_t = \frac{Re_p\mu}{d_p\rho}$$

若需要计算一定流体介质中具有一定沉降速度的某种颗粒的直径,用类似的方法将 C_D 与 Re_p^{-1} 相乘,得:

$$C_D Re_p^{-1} = \frac{4\mu(\rho_p-\rho)g}{3\rho^2 u_t^3} \tag{5-29}$$

式中:$C_D Re_p^{-1}$——不包含颗粒直径的摩擦数群,无量纲。

根据 C_D 与 Re_p 的关系曲线转换成 $C_D Re_p^{-1}$ 与 Re_p 的关系曲线,根据沉降速度图计算颗粒直径。

3. 无量纲判据 K

无量纲判据 K 用于判别沉降属于什么区域,由于层流区上限是 $Re_p=2$,根据式(5-25),得出:

$$Re_p = \frac{d_p\rho u_t}{\mu} = \frac{d_p\rho d_p^2 g(\rho_p-\rho)}{\mu \cdot 18\mu}$$

$$= \frac{1}{18}\frac{d_p^3 g\rho(\rho_p-\rho)}{\mu^2} \leqslant 2$$

令

$$\frac{d_p^3 g\rho(\rho_p-\rho)}{\mu^2} = K$$

作为无量纲判据,则 $Re_p = \dfrac{K}{18} \leqslant 2$ 则 $K \leqslant 36$ (5−30)

则当 $K \leqslant 36$,沉降属于层流区。

紊流区下限是 $Re_p = 1000$,根据式(5−26)得出:

$$Re_p = \frac{d_p \rho}{\mu} \times 1.74 \sqrt{\frac{d_p(\rho_p - \rho)g}{\rho}} = 1.74 \sqrt{\frac{d_p^3 g \rho(\rho_p - \rho)}{\mu^2}} = 1.74 \sqrt{K} \geqslant 1000$$

$$K \geqslant 3.3 \times 10^5 \qquad\qquad (5-31)$$

当 $K > 3.3 \times 10^5$,沉降属紊流区。

这种方法适用于已知颗粒直径,求出 K,判别沉降属于什么区,因此可以求得其沉降速度的情况。

【例5−1】 密度为 2050kg/m^3 的球形颗粒在 $20℃$ 的空气中自由沉降,计算符合斯托克斯公式的最大颗粒直径和服从牛顿公式的最小颗粒直径。已知空气的密度为 1.025kg/m^3,黏度为 $1.91 \times 10^{-5} \text{ Pa·s}$)。

解: 如果颗粒沉降位于斯托克斯区,则颗粒直径最大时,$Re_p = \dfrac{d_p u_t \rho}{\mu} = 2$

$\therefore u_t = 2\dfrac{\mu}{d_p \rho}$ 同时 $u_t = \dfrac{(\rho_p - \rho)g d_p^2}{18\mu}$

$\therefore d_p = \sqrt[3]{\dfrac{2 \times 18\mu^2}{\rho(\rho_p - \rho)g}}$ 代入数值解得 $d_p = 8.6 \times 10^{-5} \text{m}$

同理,若颗粒位于牛顿沉降区,颗粒直径最小时,$Re_p = \dfrac{d_p u_t \rho}{\mu} = 1000$

$\therefore u_t = 1000\dfrac{\mu}{d_p \rho}$ 同时 $u_t = 1.74\sqrt{\dfrac{(\rho_p - \rho)g d_p}{\rho}}$

$\therefore d_p = 32.3 \times \sqrt[3]{\dfrac{\mu^2}{\rho(\rho_p - \rho)}}$ 代入数值解得 $d_p = 1.8 \times 10^{-3} \text{m}$

三、沉降设备

重力沉降是一种最简单的沉降分离方法,既可以用于水处理中水与颗粒物的分离,又可以用于气体净化中粉尘与气体的分离。水处理中基于重力沉降原理建成的沉砂池、沉淀池,如典型的平流式沉砂池、平流式沉淀池、辐流式沉淀池、斜板斜管式沉淀池;废气处理中,用于分离气体中尘粒的重力沉降设备,如降尘室。

无论是水处理中的沉淀池还是废气净化中的降尘室,从原理上都可以简化成图5−5的工作过程。

假设沉淀池或降尘室的长、宽和高分别为 l、b 和 h。含尘气体或含悬浮物液体

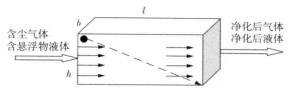

图 5 - 5　工作过程示意图

进入沉淀池或降尘室后,均匀分布在整个流入断面上,以速度水平流向出口,进入入流断面的颗粒(直径是 d_p)存在随流体的水平运动和沉降运动。水平运动中从入口到出口所需的时间,就是颗粒的停留时间 $t_{停}$,即

$$t_{停} = l/u_i = V/q_V$$

式中:V——沉淀池或降尘室的容积,m^3;

　　q_V——流体的体积流量,m^3/s。

沉降运动中假设颗粒速度为 u_i,则从池顶沉降到池底的沉降时间为 $t_{沉} = h/u_i$,若 $t_{停} \geqslant t_{沉}$ 则颗粒能够被分离,则 $V/q_V \geqslant h/u_i$,$q_V \leqslant Vu_i/h = u_i lb$。

若处于顶部的颗粒在沉淀池或降尘室中能够除掉,则处于其他位置的直径为 d_c 的颗粒都能去除,$q_V \leqslant u_i lb$ 是直径为 d_c 的颗粒完全去除的条件。

【例 5 - 2】　采用平流式沉砂池去除污水中粒径较大的颗粒。如果颗粒的平均密度为 2580kg/m^2,沉淀池有效水深为 1.25m,水力停留时间为 1min。求能去除的颗粒最小粒径。假设颗粒在水中自由沉降,污水的密度为 1000kg/m^3,黏度为 $1.2 \times 10^{-3}\text{ Pa·s}$。

解:能够去除颗粒的最小沉降速度为

$$\therefore u_t = \frac{h}{t_{沉}} = \frac{1.25}{60} = 0.021(\text{m/s})$$

假设沉降符合斯托克斯公式,则

$$u_t = \frac{(\rho_p - \rho)g d_p^2}{18\mu}$$

$$\therefore d_p = \sqrt{\frac{18\mu \times u_t}{(\rho_p - \rho)g}} = \sqrt{\frac{1.8 \times 1.2 \times 10^{-3} \times 0.021}{(2850 - 1000) \times 9.81}} = 1.55 \times 10^{-4}(\text{m})$$

检验 $Re_p = \dfrac{d_p u_t \rho}{\mu} = \dfrac{1.55 \times 10^{-4} \times 0.021 \times 1000}{1.2 \times 10^{-3}} = 2.7 > 2$　假设错误

假设沉降符合艾伦公式,则

$$u_t = 0.27\sqrt{\frac{(\rho_p - \rho)g d_p Re_p^{0.6}}{\rho}}$$

$$\therefore d_p = \sqrt{\frac{u_t^{1.4} \times \mu^{0.6} \times \rho^{0.4}}{(\rho_p - \rho)g \times 0.27^2}} = \sqrt{\frac{(0.021)^{1.4} \times (1.2 \times 10^{-3})^{0.6} \times 1000^{0.4}}{(2850-1000) \times 9.81 \times 0.27^2}}$$

$$= 9.7 \times 10^{-4} (m)$$

$$Re_p = \frac{d_p u_t \rho}{\mu} = \frac{9.7 \times 10^{-4} \times 0.021 \times 1000}{1.2 \times 10^{-3}} = 16.975$$

在艾伦公式区间内,假设正确,所以能够去除颗粒的最小直径为 9.7×10^{-4} m。

第三节　离心沉降

将流体置于离心力场中,依靠离心力的作用来实现颗粒物从流体中沉降分离的过程称为离心过程。

离心沉降分离设备有两种类型:旋流器和离心沉降机。旋流器的特点是设备静止,流体在设备中旋转产生离心作用,用于气体中颗粒物分离的设备叫做旋风分离器,用于液体中颗粒物分离的设备称为旋流分离器。离心沉降机通常用于液体非均相混合物的分离,将装有液体混合物的设备高速旋转并带动液体旋转,从而产生离心作用。

一、离心力场中颗粒的沉降

假设颗粒与流体一起以角速度 ω 围绕中心轴处于离心力场中旋转,设某一质量为 m,密度 ρ_p、粒径为 d_p 的球形颗粒处于与中心轴的距离为 r 的离心场中,该颗粒受到的惯性力 F_c 可用下式计算

$$F_c = mr\omega^2 = \frac{1}{6}\pi d_p^3 \rho_p r\omega^2 \qquad (5-32)$$

惯性离心力的作用方向为沿径向向外,同时颗粒受到来自周围流体的浮力 F_b,其大小等于密度为 ρ 的同体积流体在该位置所受的惯性离心力,其方向指向中心轴。

$$F_b = \frac{1}{6}\pi d_p^3 \rho r\omega^2 \qquad (5-33)$$

如果颗粒的密度大于流体密度,则颗粒在 $(F_c - F_b)$ 的作用下沿径向向外运行,反之,则向中心轴运动。

由于颗粒与流体之间的相对运动,颗粒还会受到流体阻力 F_D 的作用,设静作用力为 F,并产生加速度 du/dt,则

$$F = F_c - F_b - F_D = \frac{1}{6}\pi d_p^3 (\rho_p - \rho) r\omega^2 - C_D \frac{\pi}{4} d_p^2 \frac{\rho u^2}{2} = m\frac{du}{dt} \qquad (5-34)$$

如果这三项达到平衡,即 $du/dt=0$,颗粒在径向上相对于流体的速度 μ_{tc} 使它在此位置上产生离心沉降速度,即

$$u_{tc} = \sqrt{\frac{4(\rho_p - \rho)d_p r\omega^2}{3\rho C_D}} \qquad (5-35)$$

与重力沉降相比,离心沉降的特点是:

(1)沉降方向向外背离旋转中心;

(2)离心力随旋转半径发生变化,沉降速度也随颗粒所处的位置而变,离心沉降速度是可变的,重力沉降速度是不变的;

(3)离心沉降速度在数值上远大于重力沉降速度,利用离心沉降对细小颗粒及密度与流体相近的颗粒的分离比重力沉降有效。

离心沉降速度提高的倍数取决于离心加速度与重力加速度的比值,

$$K_c = r\omega^2/g \qquad (5-36)$$

K_c 称为离心分离因数,是离心分离设备的重要性能指标。对于旋流分离器一般 K_c 为几十至数百。

当沉降为层流区,离心沉降速度是重力沉降速度的 K_c 倍,若属于紊流区,离心沉降速度是重力沉降速度的 $\sqrt{K_c}$ 倍,可根据需要人为调节。

二、旋流器的工作原理

用于气体中颗粒物分离的旋流器通常称为旋风分离器,用于液体中颗粒分离的旋流器则称为旋流分离器。

(一)旋风分离器

旋风分离器结构简单、占地面积小、投资少,一般用于捕集 $5\sim15\mu m$ 以上的颗粒物,除尘效率可达 80%,对粒径小于 $5\mu m$ 的颗粒的捕集效率高。

1. 基本工作原理

旋风分离器上部为圆筒形,下部为圆锥形,含尘气流由进气管进入筒内,由直线运动变为圆周运动,并自上而下做螺旋运动,产生的离心力将密度大于气体的颗粒甩向筒壁,颗粒沿筒壁落下,自锥形底排出,气体到达筒底部后沿中心轴旋转上升,最后由顶部中央排气管排出,这样筒内有向下的外旋流和旋转向上的内旋流,主要是利用外旋流进行除尘,旋风分离器中惯性离心力是由气体进入口的切向速

度 u_i 产生的。

离心加速度为

$$r_m\omega^2=\frac{u_i^2}{r_m}$$

式中, r_m ——平均旋转半径。

惯性离心力为 $F_c=mr_m\omega^2=\dfrac{\pi d_p^3\rho_p u_i^2}{6r_m}$

分离因素为 $K_c=r_m\omega^2/g=\dfrac{u_i^2}{r_m g}$,其大小为 $5\sim 2500$,分离直径为 $5\sim 75\mu m$ 的粉尘。

2. 主要分离性能指标

(1)半分离直径

除尘效率与颗粒直径有关,颗粒直径越大,除尘效率越高。除尘效率为 50% 时,相应的颗粒直径为半分离直径(d_{c50})或切割直径,分离直径越小表明除尘器分离性能越好,评定旋风除尘器性能时,往往采用半分离直径。

① 拉波尔经验表达式

拉波尔根据转圈理论提出了半分离直径的经验表达式:

$$d_{c50}=\sqrt{\frac{g\mu HB^2}{\rho_p Q\theta}} \tag{5-37}$$

式中: H ——流入口的高度,m;

B ——流入口的宽度,m;

ρ_p ——粉尘密度,kg/m^3;

μ ——气体黏度,$Pa\cdot s$;

Q ——处理的气体流量,m^3/s。

对于标准旋风分离器来说, $d_{c50}\approx 0.27\sqrt{\dfrac{\mu D}{u_i\rho_p}}$ 。

② 根据假想圆筒理论求 d_{c50}

在内外交旋流的交界面上,气流的切向速度 v_t 最大,其位置在排气管下面的假想圆筒面上,在该处颗粒受到的离心力 F_c 最大,受到的阻力 F_d 也最大。当 $F_c=F_d$ 时,颗粒受力平衡,理论上颗粒将在半径为 r_i 的圆周上不停地旋转,实际上气流处于紊流状态,颗粒的受力有时 $F_c>F_d$,有时 $F_c<F_d$,若将该过程看成一个随机的过程,作为时间的平均值则有 $F_c=F_d$ 。粒子群中某一粒径 d_c 的颗粒有 50% 可能被捕

集,50%可能进入内旋流随上升气流从出口管排走。因此在 $F_c = F_d$ 时,对粒径为 d_c 的粒子群的捕集效率为 50%,这种粒径即为切割直径 d_{c50}。

(2)临界直径

旋风分离器中能够从气体中全部分离出来的最小颗粒的直径,用 d_c 表示。为分析方便,对气体和颗粒在筒内的运动作如下假设:①气体进入旋风分离器后,规则地在筒内旋转 N 圈进入排气筒,旋转的平均切线速度等于入口气体速度 u_i;②颗粒与气体之间的相对运动为层流;③颗粒穿过气流的最大厚度等于进气口宽度 B。

一般旋风分离器以圆筒直径 D 为参数,其他尺寸与 D 成一定比例,矩形进气筒宽度 $B = D/4$,高度 $h_i = D/2$。气体在旋风分离器中的旋转圈数 N 与进口气速和旋风分离器结构形式有关,N 可取 5。

(3)分离效率

一是总效率,二是分效率或粒级效率。

总效率是指进入旋风分离器的全部粉尘中被分离下来粉尘的比例,即

$$\eta_0 = \frac{\rho_1 - \rho_2}{\rho_1} \times 100\% \qquad (5-38)$$

式中:ρ_1,ρ_2——旋风分离器入口和出口气体中的总含尘量,kg/m³。

粒级效率表示进入旋风分离器的粒径为 d_i 的颗粒被分离下来的比例,即

$$\eta_i = \frac{\rho_{i1} - \rho_{i2}}{\rho_{i1}} \times 100\% \qquad (5-39)$$

总效率与粒级效率之间的关系如下,

$$\eta_0 = \sum x_{mi} \eta_i \qquad (5-40)$$

式中:x_{mi}——粒径为 d_i 的颗粒占总颗粒的质量分数。

总效率表示了总的除尘效果,但不能准确代表旋风分离器的分离效率,粒级效率更能准确地表示旋风分离器的分离效率。粒级效率与颗粒粒径的关系曲线称为粒级效率曲线,如图5-6所示,理论上 $d_p \geqslant d_c$ 的颗粒,粒级效率均为 1,而 $d_p < d_c$ 的颗粒粒级效率在 0%~100% 之间,但实际上 $d_p > d_c$ 的颗粒中有一部分由于气体涡流的影响,在没有达到器壁时就被气流带出了分离器,其粒级效率 <1,只有当颗粒的粒径 ≫d_c 时,粒级效率才为 1。粒级效率 η_i 与粒径比 d_p/d_{50} 的关系曲线如图5-6所示,对于同一形式且尺寸比例相同的旋风分离器,均可用这一条曲线,给旋风分离器的估算带来了很大的方便。

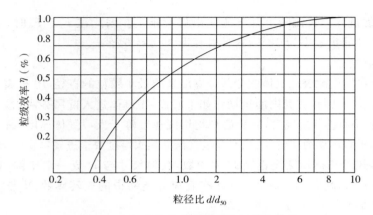

图 5-6　标准旋风分离器的粒级效率曲线

（二）旋流分流器

旋流分离器主要由圆筒和圆锥两部分组成，悬浮液从顶部入流管沿切向进入圆筒向下做螺旋运动。固体颗粒受惯性离心力作用而被甩向器壁，随向下流降低至锥底出口。从底部排出浓缩液、清液或含有细微颗粒的液体称为上升气流，从顶部中心管排出称为溢流。按离心力产生的方式，水处理中旋流分离器可以分为水旋分离设备（压力式、重力式和离心机）和器旋分离设备，可用于高浊水泥沙的分离、暴雨径流泥沙分离、矿厂废水矿渣的分离等。

【例 5-3】 已知标准型旋风分离器收集粉尘，圆筒直径 $D=600\text{mm}$，入口高度 $h_\text{i}=D/2$，入口宽度 $B=D/4$，气体在旋风器内旋转的圈数为 5，已知含粉尘空气的温度为 200℃，体积流量为 4000m^3/h，粉尘密度为 2400kg/m^3。求旋风分离器能分离粉尘的临界直径。200℃的空气密度为 0.746kg/m^3，黏度为 2.6×10^{-5} Pa·s。

解： 标准旋风分离器的高度

$$h_\text{i}=D/2=600/2=300(\text{mm})=0.3\text{m}$$

进口宽度

$$B=D/4=600/4=150(\text{mm})=0.150\text{m}$$

进口气速

$$u_\text{i}=q_V/Bh_\text{i}=(4000/3600)/(0.3\times0.15)=24.69(\text{m/s})$$

分离粉尘的临界直径为

$$d_\text{c}=\sqrt{\frac{9\mu B}{\pi u_\text{i}\rho_\text{p}N}}=\sqrt{\frac{9\times2.6\times10^{-5}\times0.15}{3.14\times24.69\times2400\times5}}=6.14\times10^{-6}(\text{m})=6.14\mu\text{m}$$

检验：$r_m = \dfrac{D-\beta}{2} = \dfrac{0.6-0.15}{2} = 0.225(\text{m})$

$$u_t = \frac{d_c^2 \rho_p u_i^2}{18\mu r_m} = \frac{(6.14\times10^{-6})^2 \times 2400 \times 24.69^2}{18 \times 2.6\times10^{-5} \times 0.225} = 0.52(\text{m/s})$$

$$Re_p = \frac{d_c u_t e}{\mu} = \frac{6.14\times10^{-6} \times 0.52 \times 0.746}{2.6\times10^{-5}} = 0.09 < 2$$

所以在层流区，符号斯托克斯公式，计算正确。

三、离心沉降机工作原理

离心沉降机主要用于悬浮液的固液分离，离心力靠设备本身的旋转而产生，通过改变转速任意地调整离心力的大小，使分离因素在很大范围内改变，以适应不同悬浮液的要求。

根据离心沉降机的分离因素 K_c 可以将离心机分为常速离心机（$K_c < 3000$）、高速离心机（$3000 < K_c < 50000$）、超高速离心机（$K_c > 50000$）。按离心机容器几何形状的不同，又可以分为转筒式离心机、管式离心机、盘式离心机和板式离心机。在水处理工程中主要用于污泥或化学沉渣的脱水、废水中乳化油的分离，等等。

【例 5-4】 用一个小型沉降式离心机分离 20℃ 水中直径 $10\mu\text{m}$ 以上的固体颗粒。已知颗粒的密度为 1480kg/m^3，离心机转鼓半径为 $r = 0.125\text{m}$。求离心机转速为 3000r/min 时的固体颗粒沉降速度。水的密度为 998.2kg/m^3，黏度为 $1.005\times10^{-3}\text{Pa}\cdot\text{s}$。

解：假设沉降位于层流区，则根据斯托克斯公式，颗粒在离心机中的沉降速度为

$$u_t = \frac{1}{18}\frac{\rho_p - \rho}{\mu} r\omega^2 d_p^2$$

$$= \frac{(1480-998.2)\times(10\times10^{-6})^2 \times 0.125 \times (2\pi\times3000/60)^2}{18\times1.005\times10^{-3}}$$

$$= 3.29\times10^{-2}(\text{m/s})$$

雷诺数检验得

$$Re_p = \frac{d_p u_t \rho}{\mu} = \frac{1.0\times10^{-5} \times 0.0329 \times 998.2}{1.005\times10^{-3}} = 0.327 < 2 \quad \text{假设正确}$$

颗粒的重力沉降速度为

$$u_t = \frac{(\rho_p - \rho)g d_p^2}{18\mu} = \frac{(1480-998.2)\times9.81\times(1\times10^{-5})^2}{18\times1.005\times10^{-3}} = 2.61\times10^{-5}(\text{m/s})$$

由此可见离心沉降比重力沉降大得多,分离因素 $K_c = r_m \omega^2 / g = 0.125 \times (100\pi)^2 / 9.81 = 1256.3$。

第四节　其他沉降

一、电沉降

静电除尘是利用静电力从气流中分离悬浮粒子(尘粒或液滴)的一种方法,分离的能量通过静电力直接作用于尘粒上,带电颗粒将会受到静电力 F_e 的作用,即

$$F_e = qE \qquad (5-41)$$

式中:F_e——静电力,N;

q——颗粒的荷电量,C;

E——颗粒所处位置的电场强度,V/m。

如果电场强度很强,在电除尘器中重力或惯性力可以忽略,尘粒所受到的作用力主要是静电力和流体阻力。如果沉降区为层流,当静电力和流体阻力达到平衡,荷电颗粒达到一个终端点沉降速度 u_{te} 可以计算得到:

$$u_{te} = \frac{qE}{3\pi\mu d_p} \qquad (5-42)$$

静电除尘器主要由放电电极和集成电极组成,如图 5-7 所示。

放电电极是一根曲率半径很小的纤细裸露电线,上端与直流电源的一极相连,下端由一吊锤固定。集成电极具有一定的面积的管或板,与电源另一极相连。在两极间加上一较高电压,则在放电电极附近的电场强度很大,而在集成电极附近的电场强度相对很小,因此两极之间的电场不是匀强电场。其除尘原理包括气体电离、粒子荷电、荷电离子迁移、颗粒的沉积与清除四个过程。

当在两个电极之间施加一定电压(10000~30000V),在放电极产生电晕放电,使放电极周围的气体电离,生成大量的自由电子和正离子。荷电粒子在电场力作用下朝着与其电性相反的集成电极移动。颗粒荷电愈多,所处位置的电场强度愈大,则迁移的速度愈大,荷电粒子到达集成极处,从而与气体分离。气流中的颗粒在集成电极上连续沉积,极板上的颗粒层厚度不断增大,靠近集成电极的颗粒把大部分电荷传导给极板,但靠近颗粒层外表面的颗粒仍保留电荷。通常采用机械振打、电磁振打、刮板清灰和水膜清灰等方式使颗粒层脱落并排出。

电除尘器具有除尘效率高,处理气量大,能连续作用,可用于高温、高压等场合

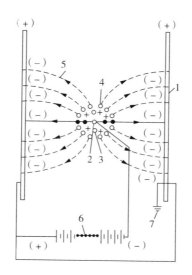

图 5-7 电除尘器基本原理

1—集尘板；2—电晕极；3—电荷层；4—电晕区；5—荷电运动轨迹；6—高压直流电源

的优点。广泛应用于冶金、化工、能源、材料、纺织等工业部门。可以去除 0.1μm 以下的颗粒，气体经过电除尘器压强一般不超过 200Pa。

二、惯性沉降

如图 5-8 所示，颗粒与流体一起运动时，若流体中存在障碍物，流体沿障碍物产生绕流，而颗粒物由于惯性力作用，将会偏离流线，惯性沉降利用这种惯性力引起颗粒与流线的偏离，使颗粒在障碍物上产生沉降的过程。但颗粒能否沉降在障碍物上，取决于颗粒的质量和相对于障碍物的运动速度和位置。小颗粒 1 和距离停滞流线较远的大颗粒 2 均能绕开障碍物，距离停滞线较近的大颗粒 3，因其惯性

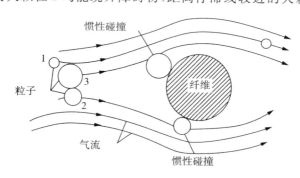

图 5-8 惯性沉降示意图

力较大而脱离流线,直接与障碍物发生碰撞,障碍物起到捕获颗粒的作用,亦称为捕集体。

在环境工程领域,利用惯性沉降原理进行颗粒物分离的惯性除尘器如图 5-9 所示,主要用于从气体中分离粉尘。惯性除尘器是使含尘气体与挡板撞击或者急剧改变气流方向,利用惯性力分离并捕集粉尘的除尘设备。由于运动气流中尘粒与气体具有不同的惯性力,含尘气体急转弯或者与某种障碍物碰撞时,尘粒的运动轨迹将分离出来使气体得以净化的设备称为惯性除尘器或惰性除尘器。惯性除尘器分为碰撞式和回转式两种。前者是沿气流方向装设一道或多道挡板,含尘气体碰撞到挡板上使尘粒从气体中分离出来。显然,气体在撞到挡板之前速度越高,碰撞后越低,则携带的粉尘越少,除尘效率越高。后者是使含尘气体多次改变方向,在转向过程中把粉尘分离出来,气体转向的曲率半径越小,转向速度越高,则除尘

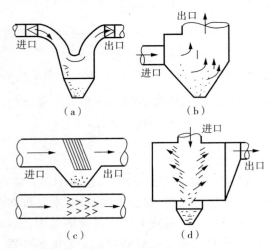

图 5-9 惯性除尘器的结构示意图

(a)回转式;(b)单级碰撞式;(c)百叶窗式;(d)多级碰撞式

效率越高。当气体在设备内的流速为 10m/s 以下时,压力损失在 200~1000Pa 之间,除尘效率为 50%~70%。这种设备结构简单,阻力较小,但除尘效率不高,这一类设备适用于大颗粒(20μm 以上)的干性颗粒。

思考题与习题

5-1 使用落球黏度计,使得光滑小球在黏性液体中的自由沉降可以测定液体的黏度,现有密度为 8010kg/m³、直径为 0.16mm 的钢球置于密度为 980kg/m³ 的某液体中,盛放液体的玻璃管内径为 20mm。测得小球的沉降速度为 1.70mm/s,试验温度为 20℃。试计算此时液体的黏度。

5-2 试求直径为 $10\mu m$，密度为 $2600kg/m^3$ 的石英球粒在 $20℃$ 和 $100℃$ 的常压空气中的沉降速度，并分析其计算结果。

5-3 密度为 $1850kg/m^3$ 的微粒，在水中按斯托克斯定律沉降，问在 $50℃$ 和 $20℃$ 的水中，其沉降速度相差多少；如该颗粒的直径增大一倍时，在同温度的水中沉降，沉降速度又相差多少？并分析其计算结果。

5-4 已测得密度为 $1560kg/m^3$ 的球形塑料颗粒在 $15℃$ 水中的沉降速度为 $9.2mm/s$。求此塑料颗粒的直径。

5-5 一降层室长为 $5m$、宽为 $3m$、高为 $4m$。内部用隔板分成 20 层，用来回收含尘气体中的球形固体颗粒，操作条件下含尘气体的流量为 $36000m^3/h$，气体密度 $\rho=0.9kg/m^3$，黏度为 $\mu=0.03mPa·s$。尘粒密度 $\rho=4300kg/m^3$。试求理论上能 100% 除去的最小颗粒直径。

5-6 试证明球形颗粒在重力场中作自由沉降时，层流区域内的沉降速度公式为

$$u_0 = \frac{d^2 \cdot (\rho_s - \rho) \cdot g}{18 \cdot \mu}$$

5-7 拟用长 $4m$、宽 $2m$ 的降尘室，净化 $3000m^3/h$ 的常压空气，气温为 $25℃$，空气中含有密度 $2000kg/m^3$ 的尘粒，欲要求净化后的空气中所含尘粒小于 $10\mu m$，试确定降尘室内需设多少块隔板。

5-8 使用 $(B=D/4、A=D/2)$ 标准型旋风分离器收集流化床锻烧器出口的碳酸钾粉尘，粉尘密度为 $2290kg/m^3$，旋风分离器的直径 $D=650mm$。在旋风分离器入口处，空气的温度为 $200℃$，流量为 $3800m^3/h(200℃)$ 时，求此设备能分离粉尘的临界直径 d_c（取 $N=5$）。

5-9 采用平流式沉砂池去除密度为 $2300kg/m^3$ 的颗粒，沉砂池有效池深为 $1.3m$，水力停留时间为 $1min$，求能够去除颗粒的最小粒径。假设为自由沉降，污水密度 $1000kg/m^3$，黏度为 $1.2\times10^{-3}Pa·s$。

第六章 过 滤

过滤是分离悬浮液最普通和最有效的单元操作之一。经过滤操作可获得清净的液体或固相产品。与沉降分离相比,过滤操作可使悬浮液的分离更迅速、更彻底。在某些场合下,过滤是沉降的后继操作。过滤也属于机械分离操作,与蒸发、干燥等非机械操作相比,其能量消耗比较低。

第一节 过滤操作的基本概念

过滤是以某种多孔物质为介质,在外力作用下,使悬浮液中的液体通过介质的孔道,而固体原粒截留在介质上,从而实现固、液分离的操作。过滤操作采用的多孔物质称为过滤介质,所处理的悬浮液称为滤浆或料浆,通过多孔通道的液体称为滤液,被截留的固体物质称为滤饼或滤渣。图 6-1 是过滤操作的示意图。

实现过滤操作的外力可以是重力、压强差或惯性离心力。在环境与化工中应用最多的还是以压强差为推动力的过滤。

一、过滤方式

工业上的过滤操作分为两大类,即饼层过滤和深床过滤。饼层过滤时,悬浮液置于过滤介质的一侧,固体物沉积于介质表面而形成滤饼层。过滤介质中微细孔道的直径可能大于悬浮浓中部分颗粒,因而,过滤之初会有一些细小颗粒穿过介质面使滤液浑浊,但是颗粒会在孔道中迅速地发生"架桥"现象(见图 6-2),使小于孔道直径的细小颗粒也能被截拦,故当滤饼开始形成,滤液即变清,此后过滤才能有效地进行。可见,在饼层过滤中,真正发挥截拦颗粒作用的主要是滤饼层而不是过滤介质。通常,过滤开始阶段得到的浑浊液,待滤饼形成后应返回滤浆槽更新处理。饼层过滤适用于处理固体含量较高(固相体积分率约在 1% 以上)的悬浮液。

在深床过滤中,固体颗粒并不形成滤饼,而是沉积于较厚的粒状过滤介质床层内部。悬浮液中的颗粒尺寸小于床层孔道直径,当颗粒随流体在床层内的曲折孔道中流过时,便附在过滤介质上。这种过滤适用于生产能力大而悬浮液中颗粒小、含量甚微(固相体积分率在 0.1% 以下)的场合。自来水厂饮水的净化及从合成纤维纺丝液中除去极细固体物质等均采用这种过滤方法。

受篇幅所限,本节只讨论饼层过滤。

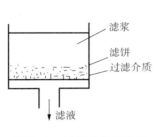 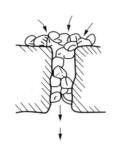

图 6-1　过滤操作示意图　　　　　　　图 6-2　架桥现象

二、过滤介质

过滤介质是滤饼的支承物,它应只有足够的机械强度和尽可能小的流动阻力,同时,还应具有相应的耐腐蚀性和耐热性。

工业上常用的过滤介质主要有下面三类。

(1)织物介质(又称滤布)　包括由棉、毛、丝、麻等天然纤维及合成纤维制成的织物,以及由玻璃丝、金属丝等织成的网。这类介质能截留颗粒的最小直径为 5~65μm。织物介质在工业上应用最为广泛。

(2)堆积介质　此类介质由各种固体颗粒(细砂、木炭、石棉、硅藻土)或非编织纤维等堆积而成,多用于深床过滤中。

(3)多孔固体介质　这类介质是具有很多微细孔道的固体材料,如多孔陶瓷、多孔塑料及多孔金属制成的管或板,能截拦 1~3μm 的微细颗粒。

三、滤饼的压缩性和助滤剂

滤饼是由截留下的固体颗粒堆积而成的床层,随着操作的进行,滤饼的厚度与流动阻力都逐渐增加。构成滤饼的颗粒特性对流动阻力的影响悬殊很大。颗粒如果是不易变形的坚硬固体(如硅藻土、碳酸钙等),则当滤饼两侧的压强差增大时,颗粒的形状和颗粒间的空隙都不发生明显变化,单位厚度床层的流动阻力可视作恒定,这类滤饼称为不可压缩滤饼。相反,如果滤饼是由某些类似氢氧化物的胶体物质构成,则当滤饼两侧的压强差增大时,颗粒的形状和颗粒间的空隙便有明显的改变。单位厚度饼层的流动阻力随压强差加高而增大,这种滤饼称为可压缩滤饼。

为了减少可压缩滤饼的流动阻力,有时将某种质地坚硬而能形成疏松饼层的另一种固体颗粒混入悬浮液或预涂于过滤介质上,以形成疏松饼层,使滤液得以畅流。这种预混或预涂的粒状物质称为助滤剂。

对助滤剂的基本要求如下：

(1)应是能形成多孔饼层的刚性颗粒，使滤饼有良好的渗透性及较低的流动阻力。

(2)应具有化学稳定性，不与悬浮液发生化学反应，也不溶于液相中。

(3)在过滤操作的压强差范围内，应具有不可压缩性，以保持滤饼有较高的空隙率。

应予注意，一般以获得清净滤液为目的时，采用助滤剂才是适宜的。

第二节　过滤基本方程式

一、滤液通过饼层的流动

滤液通过饼层(包括滤饼和过滤介质)的流动与在普通管内的流动相仿。但是，由于构成饼层的颗粒尺寸通常很小，饼层中滤液通道不但细小曲折，而且互相交联，形成不规则的网状结构；此外，细小而密集的颗粒对滤液的流动阻力很大。为了能用数学方程式对滤液流动加以描述，常将复杂的实际流动过程加以简化。

对于颗粒层中不规则的通道，可简化成长度为 l 的一组平行细管。而细管的当量直径可由床层的空隙率和颗粒的比表面积来计算。

依照第三章中非圆形管的当量直径定义，细管的当量直径为

$$d_e = 4 \times 水力半径 = 4 \times \frac{管道截面积}{润湿周边长}$$

式中：d_e——床层流道的当量直径，m。

故对颗粒床层的当量直径应可写出：

$$d_e \propto \frac{流通截面积 \times 流道长度}{润湿周边长 \times 流道长度}$$

则

$$d_e \propto \frac{流道容积}{流道表面积}$$

取面积为 $1m^2$、厚度为 $1m$ 的滤饼考虑：

$$床层体积 = 1 \times 1 = 1(m^3)$$

假设细管的全部流动空间等于床层的空隙体积，故

$$流通容积 = 1 \times \varepsilon = \varepsilon(m^3)$$

若忽略床层中因颗粒相互接触而彼此覆盖的表面积,则

$$\text{流道表面积}=\text{颗粒体积}\times\text{颗粒比表面}=1(1-\varepsilon)a(\text{m}^2)$$

所以床层的当量直径为

$$d_e\propto\frac{\varepsilon}{(1-\varepsilon)a} \tag{6-1}$$

由于滤液通过饼层的流动常属于滞流流型,因此,可以仿照第三章中圆管内滞流流动的泊谡叶公式来描述滤液通过滤饼的流动。泊谡叶公式为

$$u=\frac{d^2(\Delta p)}{32\mu l}$$

式中:u——圆管内滞流流体的平均流速,m/s;

　　d——管道内径,m;

　　l——管道长度,m;

　　Δp——流体通过管道时产生的压强降,Pa;

　　μ——流体黏度,Pa·s。

仿照上式可以写出滤液通过滤饼床层的流速与压强降的关系为

$$u_1\propto\frac{d_e^2(\Delta p_c)}{\mu L} \tag{6-2}$$

式中:u_1——滤液在床层孔道中的流速,m/s;

　　L——床层厚度,m;

　　Δp_c——滤液通过滤饼层的压强降,Pa。

阻力与压强降成比例,故可认为式(6-2)表达了过滤操作中滤液流速与阻力的关系。

在与过滤介质层相垂直的方向上,床层空隙中的滤液流速 u_1 与按整个床层截面积计算的滤液平均流速 u 之间的关系为

$$u_1=\frac{u}{\varepsilon} \tag{6-3}$$

将式(6-1)、式(6-3)代入式(6-2),并写成等式,得

$$u=\frac{1}{K'}\frac{\varepsilon^3}{a^2(1-\varepsilon)^2}\left(\frac{\Delta p_c}{\mu L}\right) \tag{6-4a}$$

式(6-4)中的比例常数 K' 与滤饼的空隙率、粒子形状、排列与粒度范围诸因素有关,对于颗粒床层内的滞流流动,K' 值可取为 5。

二、过滤速率

前面讨论的 u 为单位时间通过单位过滤面积的滤液体积,称为过滤速度。通常将单位时间获得的滤液体积称为过滤速率,单位为 m^3/s。过滤速度是单位过滤面积上的过滤速率,应防止将二者相混淆。若过滤进程中其他因素维持不变,则由于滤饼厚度不断增加而使过滤速度逐渐变小。任一瞬间的过滤速度应写成如下形式:

$$u=\frac{\mathrm{d}V}{A\mathrm{d}\theta}=\frac{\varepsilon^3}{5a^2(1-\varepsilon)^2}\left(\frac{\Delta p_c}{\mu L}\right) \qquad (6-4\mathrm{b})$$

而过滤速率为

$$\frac{\mathrm{d}V}{\mathrm{d}\theta}=\frac{\varepsilon^3}{5a^2(1-\varepsilon)^2}\left(\frac{A\Delta p_c}{\mu L}\right) \qquad (6-4\mathrm{c})$$

式中:V——滤液量,m^3;

θ——过滤时间,s;

A——过滤面积,m^2。

三、滤饼的阻力

对于不可压缩滤饼,滤饼层中的空隙率 ε 可视为常数,颗粒的形状、尺寸也不改变,因而比表面 a 亦为常数。式(6-4b)和式(6-4c)中的 $\frac{\varepsilon^3}{5a^2(1-\varepsilon)^2}$ 反映了颗粒的特性,其值随物料而不同。若以 r 代表其倒数,则式(6-4b)可写成

$$\frac{\mathrm{d}V}{A\mathrm{d}\theta}=\frac{\Delta p_c}{\mu r L}=\frac{\Delta p_c}{\mu R} \qquad (6-5)$$

式中:r——滤饼的比阻,$1/m^2$。其计算式为

$$r=\frac{5a^2(1-\varepsilon)^2}{\varepsilon^3} \qquad (6-6)$$

R——滤饼阻力,$1/m$。其计算式为

$$R=rL \qquad (6-7)$$

应指出,式(6-5)具有速度=推动力/阻力的形式,式中 $\mu r L$ 及 μR 均为过滤阻力。显然 μr 为比阻,但因 μ 代表滤液的影响因素,rL 代表滤饼的影响因素,因此习惯上将 r 称为滤饼的比阻,R 称为滤饼阻力。

比阻 r 是单位厚度滤饼的阻力,它在数值上等于黏度为 $1Pa \cdot s$ 的滤液以 $1m/s$ 的平均流速通过厚度为 $1m$ 的滤饼层时所产生的压强降。比阻反映了颗粒形状、

尺寸及床层空隙率对滤液流动的影响。床层空隙率 ε 愈小及颗粒比表面 a 愈大，则床层愈致密，对流体流动的阻滞作用也愈大。

四、过滤介质的阻力

饼层过滤中，过滤介质的阻力一般都比较小，但有时却不能忽略，尤其在过滤初始滤饼尚薄的期间。过滤介质的阻力当然也与其厚度及本身的致密程度有关。通常把过滤介质的阻力视为常数，仿照式（6-5）可以写出滤液穿过过滤介质层的速度关系式：

$$\frac{\mathrm{d}V}{A\mathrm{d}\theta}=\frac{\Delta p_{\mathrm{m}}}{\mu R_{\mathrm{m}}} \tag{6-8}$$

式中：Δp_{m}——过滤介质上、下游两侧的压强差，Pa；

R_{m}——过滤介质阻力，$1/\mathrm{m}$。

由于很难划定过滤介质与滤饼之间的分界面，更难测定分界面处的压强，因而过滤介质的阻力与最初所形成的滤饼层的阻力往往是无法分开的，所以过滤操作中总是把过滤介质与滤饼联合起来考虑。

通常，滤饼与滤布的面积相同，所以两层中的过滤速度应相等，则

$$\frac{\mathrm{d}V}{A\mathrm{d}\theta}=\frac{\Delta p_{\mathrm{c}}+\Delta p_{\mathrm{m}}}{\mu(R+R_{\mathrm{m}})}=\frac{\Delta p}{\mu(R+R_{\mathrm{m}})} \tag{6-9}$$

式中：$\Delta p=\Delta p_{\mathrm{c}}+\Delta p_{\mathrm{m}}$，代表滤饼与滤布两侧的总压强降，称为过滤压强差。在实际过滤设备上，常有一侧处于大气压下，此时 Δp 就是另一侧表压的绝对值，所以 Δp 也称为过滤的表压强。式（6-9）表明，可用滤液通过串联的滤饼与滤布的总压强降来表示过滤推动力，用两层的阻力之和来表示总阻力。

为方便起见，设想以一层厚度为 L_{e} 的滤饼来代替滤布，而过程仍能完全按照原来的速率进行，那么，这层设想中的滤饼就应当具有与滤布相同的阻力，即

$$rL_{\mathrm{e}}=R_{\mathrm{m}}$$

于是，式（6-6）可写为

$$\frac{\mathrm{d}V}{A\mathrm{d}\theta}=\frac{\Delta p}{\mu(rL+rL_{\mathrm{e}})}=\frac{\Delta p}{\mu r(L+L_{\mathrm{e}})} \tag{6-10}$$

式中：L——过滤介质的当量滤饼厚度，或称虚拟滤饼厚度，m。

在一定的操作条件下，以一定介质过滤一定悬浮液时，L_{e} 为定值；但同一介质在不同的过滤操作中，L_{e} 值不同。

【例6-1】　直径为 0.1mm 的球形颗粒状物质悬浮于水中，用过滤方法予以

分离。过滤时形成不可压缩滤饼,其空隙率为 60%。试求滤饼的比阻 r。又知此悬浮液中固相所占的体积分率为 10%,求每平方米过滤面积上获得 0.5m^3 滤液时的滤饼阻力 R。

解:(1)求滤饼的比阻 r

根据式(6-6)知 $r=\dfrac{5a^2\ (1-\varepsilon)^2}{\varepsilon^3}$

又已知滤饼的空隙率 $\varepsilon=0.6$,球形颗粒的比表面

$$a=\frac{6}{d}=\frac{6}{0.1\times10^{-3}}=6\times10^4\ (\text{m}^2/\text{m}^3)$$

所以 $r=\dfrac{5(6\times10^4)^2(1-0.6)^2}{(0.6)^3}=1.333\times10^{10}\ (1/\text{m}^2)$

(2)求滤饼的阻力 R

根据式(6-7)及 $R=rL$。

每平方米过滤面积上获得 0.5m^3 滤液时的滤饼厚度 L,可以通过对滤饼、滤液及滤浆中的水分作物料衡算求得。过滤时水的密度没有变化,故

$$\text{滤液体积} + \text{滤浆中水的体积} = \text{料浆中水的体积}$$

即 $0.5+1\times0.60L=(0.5+L\times1)(1-0.1)$

解得 $L=0.1667\text{m}$

则 $R=rL=1.333\times10^{10}\times0.1667=2.22\times10^9\ \text{m}^{-1}$

五、过滤基本方程式

若每获得 1m^3 滤液所形成的滤饼体积为 $v\text{m}^3$,则任一瞬间的滤饼厚度 L 与当时已经获得的滤液体积 V 之间的关系应为

$$LA=vV$$

则 $$L=\frac{vV}{A} \tag{6-11}$$

式中:v——滤饼体积与相应的滤液体积之比,无因次,或 m^3/m^3。

同理,如生成厚度为 L_e 的滤饼所应获得的滤液体积以 V_e 表示,则

$$L_e=\frac{vV_e}{A} \tag{6-12}$$

式中:V_e——过滤介质的当量滤液体积,或称虚拟滤液体积,m^3。

在一定的操作条件下,以一定介质过滤一定的悬浮液时,V_e 为定值,但同一介

质在不同的过滤操作中，V_e 值不同。

于是，式(6-10)可以写成：

$$\frac{dV}{A\,d\theta} = \frac{\Delta p}{\mu r v\left(\dfrac{V+V_e}{A}\right)} \tag{6-13a}$$

或

$$\frac{dV}{d\theta} = \frac{A^2 \Delta p}{\mu r v(V+V_e)} \tag{6-13b}$$

式(6-13b)是过滤速率与各有关因素间的一般关系式。

可压缩滤饼的情况比较复杂，它的比阻是两侧压强差的函数。考虑到滤饼的压缩性，通常可借用下面的经验公式来粗略估算压强差增大时比阻的变化，即

$$r = r'(\Delta p)^s \tag{6-14}$$

式中：r'——单位压强差下滤饼的比阻，$1/m^2$；

　　　　Δp——过滤压强差，Pa；

　　　　s——滤饼的压缩性指数，无因次。一般情况下，$s=0\sim1$。对于不可压缩滤饼，$s=0$。

几种典型物料的压缩指数值，列于表6-1中。

表6-1　典型物料的压缩指数

物料	硅藻土	碳酸钙	钛白(絮凝)	高岭土	滑石	黏土	硫酸锌	氢氧化铝
s	0.01	0.19	0.27	0.33	0.51	0.56~0.6	0.69	0.9

在一定的压强差范围内，上式对大多数可压缩滤浆都适用。

将式(6-14)代入式(6-13b)，得到

$$\frac{dV}{d\theta} = \frac{A^2 \Delta p^{1-s}}{\mu r' v(V+V_e)} \tag{6-15a}$$

上式称为过滤基本方程式，表示过滤进程中任一瞬间的过滤速率与各有关因素间的关系，是过滤计算及强化过滤操作的基本依据。该式适用于可压缩滤饼及不可压缩滤饼。对于不可压缩滤饼，因 $s=0$，上式即简化为式(6-13a)。

应用过滤基本方程式时，需针对操作的具体方式而积分。过滤操作有两种典型的方式，即恒压过滤及恒速过滤。有时，为避免过滤初期因压强差过高而引起滤液浑浊或滤布堵塞，可采用先恒速后恒压的复合操作方式，过滤开始时以较低的恒定速率操作，当表压升至给定数值后，再转入恒压操作。当然，工业上也有既非恒速亦非恒压的过滤操作，如用离心泵向压滤机送料浆即属此例。

第三节　恒压过滤

若过滤操作是在恒定压强差下进行的,则称为恒压过滤。恒压过滤是最常见的过滤方式。连续过滤机内进行的过滤都是恒压过滤,间歇过滤机内进行的过滤也多为恒压过滤。

恒压过滤时滤饼不断变厚,致使阻力逐渐增加,但推动力 Δp 恒定,因而过滤速率逐渐变小。

对于一定的悬浮液,若 μ、r' 及 v 皆可视为常数,令

$$k = \frac{1}{\mu r' v} \tag{6-16}$$

式中:k——表征过滤物料特性的常数,$\mathrm{m^4/(N \cdot s)}$ 或 $\mathrm{m^2/(Pa \cdot s)}$。

将式(6-16)代入式(6-15a),得

$$\frac{\mathrm{d}V}{\mathrm{d}\theta} = \frac{kA^2 \Delta p^{1-s}}{V + V_e} \tag{6-15b}$$

恒压过滤时,压强差 Δp 不变,k、A、s、V_e 又都是常数,故上式的积分形式为

$$\int (V + V_e)\mathrm{d}V = kA^2 \Delta p^{-s} \int \mathrm{d}\theta$$

如前所述,与过滤介质阻力相对应的虚拟滤液体积为 V_e(常数),假定获得体积为 V_e 的滤液所需的虚拟过滤时间为 θ_e(常数),则积分的边界条件为

过滤时间	滤液体积
$0 \to \theta_e$	$0 \to V_e$
$\theta_e \to \theta + \theta_e$	$V_e \to V + V_e$

此处过滤时间是指虚拟的过滤时间(θ_e)与实在的过滤时间(θ)之和;滤液体积是指虚拟滤液体积(V_e)与实在的滤液体积(V)之和,于是可写出:

$$\int_0^{V_e} (V + V_e)\mathrm{d}(V + V_e) = kA^2 \Delta p^{1-s} \int_0^{\theta_e} \mathrm{d}(\theta + \theta_e)$$

及

$$\int_{V_e}^{V+V_e} (V + V_e)\mathrm{d}(V + V_e) = kA^2 \Delta p^{1-s} \int_{\theta_e}^{\theta_e + \theta} \mathrm{d}(\theta + \theta_e)$$

积分上二式,并令:

$$K = ek \Delta p^{1-s} \tag{6-17}$$

得到
$$V_e^2 = KA^2\theta_e \qquad (6-18a)$$

及
$$V^2 + 2V_eV = KA^2\theta \qquad (6-19a)$$

上两式相加可得

$$(V + V_e)^2 = KA^2(\theta + \theta_e) \qquad (6-20a)$$

上式称为恒压过滤方程式,它表明恒压过滤时滤液体积与过滤时间的关系为抛物线方程,如图 6-3 所示。图中曲线的 Ob 段表示实在的过滤时间 θ 与实在的滤液体积 V 之间的关系,而 O_eO 段则表示与介质阻力相对应的虚拟过滤时间 θ_e 与虚拟滤液体积 V_e 之间的关系。

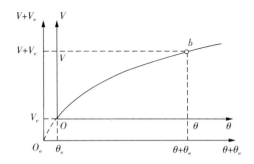

图 6-3 恒压过程的滤液体积与过滤时间关系曲线

当过滤介质阻力可以忽略时,$V_e = 0$,$\theta_e = 0$,则式(6-20)简化为

$$V^2 = KA^2\theta \qquad (6-21a)$$

又令 $q = \dfrac{V}{A}$ 及 $q_e = \dfrac{V_e}{A}$

则式(6-18a)、式(6-19a)、式(6-20a)可分别写成如下形式,即

$$q_e^2 = K\theta_e \qquad (6-18b)$$

$$q^2 + 2q_eq = K\theta \qquad (6-19b)$$

$$(q + q_e)^2 = K(\theta + \theta_e) \qquad (6-20b)$$

上式也称恒压过滤方程式。

恒压过滤方程式中的 K 是由物料特性及过滤压强差所决定的常数,称为过滤常数,其单位为 m^2/s;θ_e 与 q_e 是反映过滤介质阻力大小的常数,均称为介质常数,其单位分别为 s 及 m^3/m^2,三者总称为过滤常数。

当介质阻力可以忽略时，$q_e=0$；$\theta_e=0$，则式(6-19b)或式(6-20b)可简化为

$$q^2=K\theta \qquad (6-21b)$$

【例6-2】 拟在 $9.81\times10^3\text{Pa}$ 的恒定压强差下过滤例6-1中的悬浮液。已知水的黏度为 $1.0\times10^{-3}\text{Pa·s}$，过滤介质阻力可以忽略。试求：(1)每平方米过滤面积上获得 1.5m^3 滤液所需的过滤时间；(2)若将此过滤时间延长一倍，可再得滤液多少？

解：(1)求过滤时间 已知过滤介质阻力可以忽略时的恒定过滤方程式为

$$q^2=K\theta$$

单位面积上所得滤液量 $\qquad q=1.5\text{m}^3/\text{m}^2$

过滤常数 $\qquad K=2k\Delta p^{1-s}=\dfrac{2\Delta p^{1-s}}{\mu r'v}$

对于不可压缩滤饼，$s=0$，$r'=r=$ 常数，则

$$K=\frac{2\Delta p}{\mu rv}$$

已知 $\Delta p=9.81\times10^3\text{Pa}$，$\mu=1.0\times10^{-3}\text{Pa·s}$，$r=1.333\times10^{10}\text{m}^{-2}$

又根据例6-1的计算，可知滤饼体积与滤液体积之比为

$$v=\frac{0.1667}{0.5}=0.333(\text{m}^3/\text{m}^2)$$

则 $\qquad K=\dfrac{2\times9.81\times10^3}{(1.0\times10^{-3})(1.333\times10^{10})(0.333)}=4.42\times10^{-3}(\text{m}^2/\text{s})$

所以 $\qquad \theta=\dfrac{q^2}{K}=\dfrac{(1.5)^2}{4.42\times10^{-3}}=509(\text{s})$

(2)过滤时间加倍时增加的滤液量

$$\theta'=2\theta=2\times509=1018(\text{s})$$

则 $\qquad q'=\sqrt{K\theta}=\sqrt{(4.42\times10^{-3})\times1018}=2.12(\text{m}^3/\text{m}^2)$

$$q'-q=2.12-1.5=0.62(\text{m}^3/\text{m}^2)$$

即每平方米过滤面积上将再得 0.62m^3 滤液。

第四节　恒速过滤与先恒速后恒压过滤

　　过滤设备(如板框压滤机)内部空间的容积是一定的,当料浆充满此空间后,供料的体积流量就等于滤液流出的体积流量,即过滤速率。所以,当用排量固定的正位移泵向过滤机供料而未打开支路阀时,过滤速率便是恒定的。这种维持速率恒定的过滤方式称为恒速过滤。

　　恒速过滤时的过滤速度为

$$\frac{\mathrm{d}V}{A\,\mathrm{d}\theta}=\frac{V}{A\theta}=\frac{q}{\theta}=u_{\mathrm{R}}=常数 \qquad (6-22)$$

所以
$$q=u_{\mathrm{R}}\theta \qquad (6-23\mathrm{a})$$

或
$$V=Au_{\mathrm{R}}\theta \qquad (6-23\mathrm{b})$$

式中：u_{R}——恒速阶段的过滤速度,m/s。

　　上式表明,恒速过滤时,v(或 q)与 θ 的关系是通过原点的直线。

　　对于不可压缩滤饼,根据式(6-23a)可写出

$$\frac{\mathrm{d}q}{\mathrm{d}\theta}=\frac{\Delta p}{\mu rv(q+q_{\mathrm{e}})}=u_{\mathrm{R}}=常数$$

在一定的条件下,式中的 μ、r、v、u_{R} 及 q_{e} 均为常数,仅 Δp 及 q 随 θ 而变化,于是得到

$$\Delta p=\mu rvu_{\mathrm{R}}^{2}\theta+\mu rvu_{\mathrm{R}}q_{\mathrm{e}} \qquad (6-24\mathrm{a})$$

或写成
$$\Delta p=a\theta+b \qquad (6-24\mathrm{b})$$

式中常数
$$a=\mu rvu_{\mathrm{R}}^{2},b=\mu rvu_{\mathrm{R}}q_{\mathrm{e}}$$

　　式(6-24a)表明,对不可压缩滤饼进行恒速过滤时,其操作压强差随过滤时间成直线增高。所以,实际上很少采用把恒速过滤进行到底的操作方法,而是采用先恒速后恒压的复合式操作方法。这种复合式的装置见图 6-4。

　　由于采用正位移泵,过滤初期

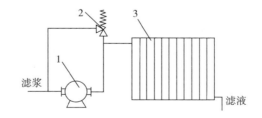

图 6-4　先恒速后恒压的过滤装置
1—正位移泵；2—支路阀；3—过滤机

维持恒定速率,泵出口表压强逐渐升高。经过 θ_R 时间后,获得体积为 V_R 的滤液,若此时表压强恰已升至能使支路阀自动开启的给定数值,则开始有部分料浆返回泵的入口,进入压滤机的料浆流量逐渐减小,而压滤机入口表压强维持恒定。

后阶段的操作即为恒压过滤。

对于恒压阶段的 V-θ 关系,仍可用过滤基本方程式(6-15b)求得,即

$$\frac{\mathrm{d}V}{\mathrm{d}\theta} = \frac{KA^2 \Delta p^{1-s}}{V + V_e}$$

或

$$(V + V_e)\mathrm{d}V = kA^2 \Delta p^{1-s}\mathrm{d}\theta$$

若令 V_R、θ_R 分别代表升压阶段终了瞬间的滤液体积及过滤时间,则上式的积分形式为

$$\int_{V_R}^{V}(V + V_e)\mathrm{d}V = kA^2 \Delta p^{1-s}\int_{\theta_R}^{\theta}\mathrm{d}\theta$$

积分上式并将式(6-17)代入,得

$$(V - V_R^2) + 2V_e(V - V_R) = KA^2(\theta - \theta_R) \tag{6-25}$$

此式即为恒压阶段的过滤方程,式中 $(V - V_R)$、$(\theta - \theta_R)$ 分别代表转入恒压操作后所获得的滤液体积及所经历的过滤时间。

【例 6-3】 在 0.04m^2 的过滤面积上,以 $1 \times 10^{-4}\,\text{m}^3/\text{s}$ 的速率对不可压缩的滤饼进行过滤实验,测得的两组数据列于本题附表 1 中。

表 6-2 例 6-3 附表 1

过滤时间 θ(s)	100	500
过滤压强差 Δp(Pa)	3×10^4	9×10^4

今欲在框内尺寸为 $635\text{mm} \times 635\text{mm} \times 60\text{mm}$ 的板框过滤机内处理同一料浆,所用滤布与实验时的相同。过滤开始时,以与实验相同的滤液流速进行恒速过滤,至过滤压强差达到 $6 \times 10^4\text{Pa}$ 时改为恒压操作。每获得 1m^3 滤液所生成的滤饼体积为 0.02m^3。试求框内充满滤饼所需的时间。

解: 欲求滤框充满滤饼所需的时间 θ,可用式(6-25)进行计算。为此,需先求得式中有关参数。

依式(6-24a),对不可压缩滤饼进行恒速过滤时的 Δp-θ 关系为

$$\Delta p = a\theta + b$$

将测得的两组数据分别代入上式:

$$3\times10^4=100a+b,9\times10^4=500a+b$$

解得
$$a=150,b=1.5\times10^4$$

即
$$\Delta p=150\theta+1.5\times10^4$$

因板框过滤机所处理的悬浮液特性及所用滤布均与实验时相同,且过滤速度也一样,故板框过滤机在恒速阶段的 Δp-θ 关系也符合上式。

恒速终了时的压强差 $\Delta p_R=6\times10^4\,Pa$,故

$$\theta_R=\frac{\Delta p-b}{a}=\frac{6\times10^4-1.5\times10^4}{150}=300(s)$$

由过滤实验数据算出的恒速阶段的有关参数列于本例附表2中。

表6-3 例6-3附表2

$\theta(s)$	100	300
$\Delta p(Pa)$	3×10^4	6×10^4
$V=1\times10^{-4}\theta(m^3)$	0.01	0.03
$q=\dfrac{V}{A}(m^3/m^2)$	0.25	0.75

由式(6-15a)知

$$\frac{dV}{d\theta}=\frac{kA^2\Delta p^{1-s}}{V+V_e}$$

将上式改写为

$$2(q+q_e)\frac{dV}{d\theta}=2k\Delta p^{1-s}A=KA$$

$$K_1A=2(q_1+q_e)\frac{dV}{d\theta}=2\times1\times10^{-4}(0.25+q_e) \tag{a}$$

$$K_2A=2(q_2+q_e)\frac{dV}{d\theta}=2\times1\times10^{-4}(0.75+q_e) \tag{b}$$

本题中正好 $\Delta p_2=2\Delta p_1$,于是,$K_2=2K_1$。

应用附表2中数据便可求得过滤常数 K 和 q_e,联解式(a)、(b)得到

$$q_e=0.25\,m^3/m^2,K_2=5\times10^{-3}\,m^2/s$$

上面求得的 q_e、K_2 为在板框过滤机中恒速过滤终点,即恒压过滤的过滤常数。

$$q_R = u_R \theta_R = \left(\frac{1 \times 10^{-4}}{0.04}\right) \times 300 = 0.75 (\mathrm{m}^3/\mathrm{m}^2)$$

$$A = 2 \times 0.635^2 = 0.8065 (\mathrm{m}^2)$$

滤饼体积及单位过滤面积上的滤液体积为

$$V_e = 0.635^2 \times 0.06 = 0.0242 (\mathrm{m}^3)$$

$$q = \left(\frac{V}{A}\right)/v = \frac{0.0242}{0.8065 \times 0.02} = 1.5 (\mathrm{m}^3/\mathrm{m}^2)$$

将式(6-25)改写为

$$(q^2 - q_R^2) + 2q_e(q - q_R) = K(\theta - \theta_R)$$

再将 K、q_e、q_R 及 q 的数值代入上式,得

$$(1.5^2 - 0.75^2) + 2 \times 0.25(1.5 - 0.75) = 5 \times 10^{-3}/(\theta - 300)$$

解得

$$\theta = 712.5\mathrm{s}$$

第五节　过滤常数的测定

一、恒压下 K、q_e、θ_e 的测定

在某指定的压强差下对一定料浆进行恒压过滤时,式(6-20b)中的过滤常数 K、q_e、θ_e 可通过恒压过滤实验测定。

恒压过滤方程式(6-20b)为

$$(q + q_e)^2 = K(\theta + \theta_e)$$

微分上式,得

$$2(q + q_e)\mathrm{d}q = K\mathrm{d}\theta$$

或

$$\frac{\mathrm{d}\theta}{\mathrm{d}q} = \frac{2}{K}q + \frac{2}{K}q_e \qquad (6-26\mathrm{a})$$

上式表明 $\frac{\mathrm{d}\theta}{\mathrm{d}q}$ 与 q 应成直线关系,直线的斜率为 $\frac{2}{K}$,截距为 $\frac{2}{K}q_e$。

为便于根据测定的数据计算过滤常数,上式左端的 $\dfrac{\mathrm{d}\theta}{\mathrm{d}q}$ 可用增量比 $\dfrac{\Delta\theta}{\Delta q}$ 代替,即

$$\frac{\Delta\theta}{\Delta q}=\frac{2}{K}q+\frac{2}{K}q_e \qquad (6-26b)$$

在过滤面积 A 上对待测的悬浮料浆进行恒压过滤实验,测出一系列时刻 θ 上的累计滤液量 V,并由此算出一系列 $q(=\dfrac{V}{A})$,从而得到一系列相互对应的 $\Delta\theta$ 与 Δq 之值。在直角坐标系中标绘 $\dfrac{\Delta\theta}{\Delta q}$ 与 q 间的函数关系,可得一条直线,由直线的斜率 $(\dfrac{2}{K})$ 及截距 $(\dfrac{2}{K}q_e)$ 的数值便可求得 K 与 q_e,再用式(6-18b)求出 θ_e 之值。这样得到的 K、q_e、θ_e 便是此种悬浮料浆在特定的过滤介质及压强差条件下的过滤常数。

在过滤实验条件比较困难的情况下,只要能够获得指定条件下的过滤时间与滤液量的两组对应数据,也可计算出三个过滤常数,因为

$$q^2+2q_eq=K\theta \qquad (6-19b)$$

此式中只有 K、q_e 两个未知量。将已知的两组 q-θ 对应数据代入该式,便可解出 q_e 及 K。

再依式(6-18b)算出 θ_e。但是,如此求得的过滤常数,其准确性完全依赖于这仅有的两组数据,可靠程度往往较差。

二、压缩性指数 s 的测定

为了进一步求得滤饼的压缩性指数 s 以及物料特性常数 k,需要先在若干不同的压强差下对指定物料进行实验,求得若干过滤压强差下的 K 值,然后对 K-Δp 数据加以处理,即可求得 s 值。

$$K=2k\Delta p^{1-s} \qquad (6-17)$$

上式两端取对数,得

$$\lg K=(1-s)\lg(\Delta p)+\lg(2k)$$

因 $k=\dfrac{1}{\mu r'v}=$ 常数,故 K 与 Δp 的关系在对数坐标纸上标绘时应是直线,直线的斜率为 $1-s$,截距为 $2k$。如此可得滤饼的压缩性指数 s 及物料特性常数 k。

值得注意的是,上述求压缩性指数的方法是建立在 v 值恒定的条件上的,这就

要求在过滤压强变化范围内,滤饼的空隙率应没有显著的改变。

【例6-4】 在25℃下对每升水中含25g某种颗粒的悬浮液进行了三次过滤实验,所得数据见本例附表1。

表6-4 例6-4附表1

实验序号	Ⅰ	Ⅱ	Ⅲ
过滤压强差 $\Delta p \times 10^5$(Pa)	0.463	0.95	3.39
单位面积滤液量 $q \times 10^3$ (m³/m²)	过滤时间 θ(s)		
0	0	0	0
11.35	17.3	6.5	4.3
22.70	41.4	14.0	9.4
34.05	72.0	24.1	16.2
45.40	108.4	37.1	24.5
56.75	152.3	51.8	34.6
68.10	201.6	69.1	46.1

试求:(1)各 Δp 下的过滤常数 K、q_e 及 θ_e;(2)滤饼的压缩性指数 s。

解:(1)求过滤常数(以实验Ⅰ为例)

根据实验数据整理各段时间间隔的 $\dfrac{\Delta \theta}{\Delta q}$ 与相应的 q 值,列于本例附表2中。

表6-5 例6-4附表2

	$q \times 10^3$ (m³/m²)	$\Delta p \times 10^3$ (m³/m²)	θ (s)	$\Delta \theta$ (s)	$\dfrac{\Delta \theta}{\Delta q} \times 10^{-3}$ (s/m)
实验 Ⅰ	0		0		
	11.35	11.35	17.3	17.3	1.524
	22.70	11.35	41.4	24.1	2.123
	34.05	11.35	72.0	30.6	2.696
	45.40	11.35	108.4	36.4	3.207
	56.75	11.35	152.3	43.9	3.868
	68.10	11.35	201.6	49.3	4.344

在直角坐标纸上以 $\dfrac{\Delta\theta}{\Delta q}$ 为纵轴、q 为横轴,根据表中数据标绘出 $\dfrac{\Delta\theta}{\Delta q}$-$q$ 的阶梯形函数关系,再经各阶梯水平线段中点作直线,见本例附图 1 中的直线 I。由图求得此直线的斜率为

$$\frac{2}{K}=\frac{2.22\times10^{3}}{45.4\times10^{-3}}=4.90\times10^{4}(\,\mathrm{s/m^{2}}\,)$$

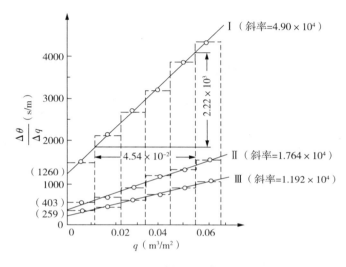

图 6 - 5　例 6 - 4 附图 1

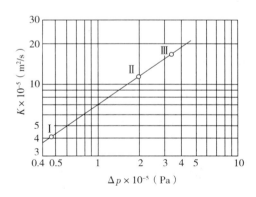

图 6 - 6　例 6 - 4 附图 2

又由图上读出此直线的截距为

$$\frac{2}{K}q_{\mathrm{e}}=1260\mathrm{s/m}$$

则得到当 $\Delta p = 0.463 \times 10^5$ Pa 时的过滤常数为

$$K = \frac{2}{4.90 \times 10^4} = 4.08 \times 10^{-5} \, (\mathrm{m^2/s})$$

$$q_e = \frac{1260}{4.90 \times 10^4} = 0.0257 \, (\mathrm{m^3/m^2})$$

$$\theta_e = \frac{q_e^2}{K} = \frac{(0.0257)^2}{4.08 \times 10^{-5}} = 16.2 \, (\mathrm{s})$$

实验 Ⅱ 及 Ⅲ 的 $\frac{\Delta\theta}{\Delta q} - q$ 关系也标绘于本题附图 1 中。

本次实验条件下的过滤常数计算过程及结果列于本题附表 3 中。

表 6-6　例 6-4 附表 3

实验序号		Ⅰ	Ⅱ	Ⅲ
过滤压强差 $\Delta p \times 10^{-5}$ (Pa)		0.463	1.95	3.39
$\frac{\mathrm{d}\theta}{\mathrm{d}q} - q$ 直线的斜率 $\frac{2}{K}$ (s/m²)		4.90×10^4	1.764×10^4	1.192×10^4
$\frac{\mathrm{d}\theta}{\mathrm{d}q} - q$ 直线的截距 $\frac{2}{K} q_e$ (s/m)		1260	403	259
过滤常数	K (m²/s)	4.08×10^{-5}	1.133×10^{-4}	1.678×10^{-4}
	q_e (m³/m²)	0.0257	0.0229	0.0217
	θ_e (s)	16.2	4.63	2.81

(2)求滤饼的压缩性指数 s

将附表 3 中三次实验的 $K - \Delta p$ 数据在对数坐标上进行标绘,得到本题附图 2 中的 Ⅰ、Ⅱ、Ⅲ 三个点。由此三点可得一条直线,在图上测得此直线的斜率为 $1 - s = 0.7$,于是可求得滤饼的压缩性指数为 $s = 1 - 0.7 = 0.3$。

第六节　过滤设备

各种生产工艺的悬浮液,其性质有很大的差异;过滤的目的及料浆的处理量相差也很悬殊,为适应各种不同的要求而发展了多种形式的过滤机。按照操作方式可分为间歇过滤机与连续过滤机;按照采用的压强差可分为压滤、吸滤和离心过滤机。工业上应用最广泛的板框过滤机和叶滤机为间歇压滤型过滤机,转筒真空过滤机则为吸滤型连续过滤机。离心过滤机将在下节介绍。

一、扳框压滤机

板框过滤机早为工业所使用,至今仍沿用不衰。它由多块带凹凸纹路的滤板和滤框交替排列组装于机架而构成,如图6-7所示。

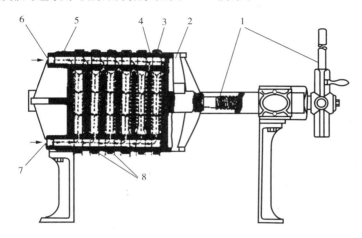

图6-7 板框压滤机
1—压缩装置;2—可动头;3—滤框;4—滤板;5—固定头;6—滤液出口;7—滤浆进口;8—滤布

板和框一般制成正方形,如图6-8所示。板和框的角端均开有圆孔,装合、压紧后即构成供滤浆、滤液或洗涤液流动的通道。框的两侧覆以四角开孔的滤布,空框与滤布围成了容纳滤浆及滤饼的空间。滤板又分为洗涤板与过滤板两种。洗涤板左上角的圆孔内还开有与板面两例相通的侧孔道,洗水可由此进入框内。为了便于区别,常在板、框外侧铸有小钮或其他标志,通常,过滤板为一钮,洗涤板为三钮,而框则为二钮(如图6-8所示)。装台时即按钮致以1—2—3—2—1—2…的顺序排列板与框。压紧装置的驱动可用手动、电动或液压传动等方式。

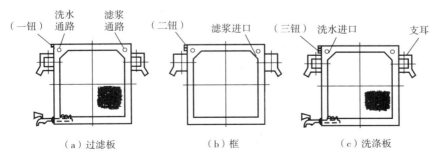

图6-8 滤板和滤框

过滤时,悬浮液在指定的压强下经滤浆通道由滤框角端的暗孔进入框内,滤液分别穿过两侧滤布,再经邻板板面流至滤液出口排走,固体则被截留于框内,如图6-9(a)所示,待滤饼充满滤框后,即停止过滤。滤液的排出方式有明流与暗流之分。若滤液经由每块滤板底部侧管直接排出(图6-9),则称为明流。若滤液不宜暴露于空气中,则需将各板流出的滤液汇集于总管后送走(图6-7),称为暗流。

若滤饼需要洗涤,可将洗水压入洗水通道,经洗涤板角端的暗孔进入板面与滤布之间。此时,应关闭洗涤板下部的滤液出口,洗水便在压强差推动下穿过一层滤布及整个厚度的滤饼,然后再横穿另一层滤布,最后由过滤板下部的滤液出口排出,如图6-9(b)所示。这种操作方式称为横穿洗涤法,其作用在于提高洗涤效果。

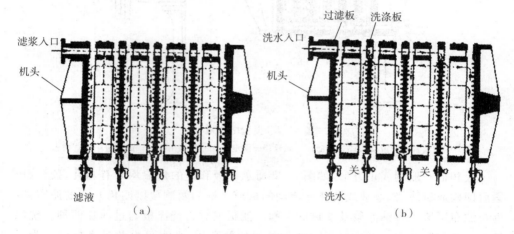

图6-9 板框压滤机内液体流动路径
(a)过滤阶段;(b)洗涤阶段

洗涤结束后,旋开压紧装置并将板柜拉开,卸出滤饼,清洗滤布,重新装合,进入下一个操作循环。

板框压滤机的操作表压,一般在 $3\times10^5\sim8\times10^5$ Pa 的范围内,有时可高达 15×10^5 Pa。滤板和滤框可由多种金属材料(如铸铁、碳钢、不锈钢、铝等)、塑料及木材制造。我国编制的压滤机系列标准及规定代号,如下面图式所示,框每边长为 320~1000mm,厚度为 25~50mm。滤板和滤框的数目,可根据生产任务自行调节,一般为 10~60 块,所提供的过滤面积为 2~80m²。当生产能力小,所需过滤面积较少时,可于板框间插入一块盲板,以切断过滤通道,盲板后部即失去作用。

板框压滤机结构简单、制造方便、占地面积较小而过滤面积较大,操作压强高,适加能力强,故应用颇为广泛。它的主要缺点是间歇操作、生产效率低、劳动强度

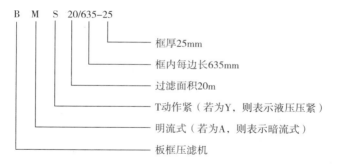

图 6-10 板框压滤机的相关标识

大、滤布损耗也较快。近来,各种自动操作板框压滤机的出现,使上述缺点在一定程度上得到改善。

二、加压叶滤机

图 6-11 所示的加压叶滤机是由许多不同宽度的长方形滤叶装合而成。滤叶由金属多孔板或金属网制造,内部具有空间,外罩滤布。过滤时滤叶安装在能承受

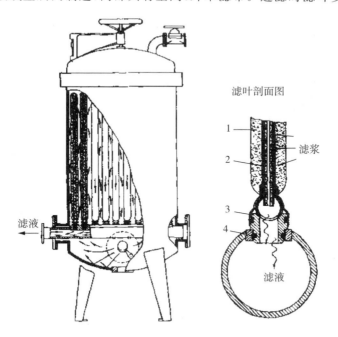

图 6-11 加压叶滤机

1—滤饼;2—滤布;3—拔出装置;4—橡胶圈

内压的密闭机壳内。滤浆用泵压送到机壳内,滤液穿过滤布进入叶内,汇集至总管后排出机外,颗粒则积于滤布外侧形成滤饼。滤饼的厚度通常为 5～35mm,视滤浆性质及操作情况而定。

若滤饼需要洗涤,则于过滤完毕后通入洗水,洗水的路径与滤液相同,这种洗涤方法称为置换洗涤法。洗涤过后打开机壳上盖,拔出滤叶卸除滤饼。

加压叶滤机的优点是密闭操作,改善了操作条件;过滤速度大,洗涤效果好。缺点是造价较高,更换泥布(尤其对于圆形滤叶)比较麻烦。

三、转筒真空过滤机

转筒真空过滤机是一种连续操作的过滤机械,广泛应用于各种工业中。设备的主体是一个能转动的水平圆筒,其表面有一层金属网,网上覆盖滤布,筒的下部浸入滤浆中,如图 6-12 所示。圆筒沿径向分隔成若干扇形格,每格都有单独的孔道通至分配头上。圆筒转动时,凭借分配头的作用使这些孔道依次分别与真空管及压缩空气管相通,因而在回转一周的过程中每个扇形格表面即可顺序进行过滤、洗涤、吸干、吹松、卸饼等项操作。

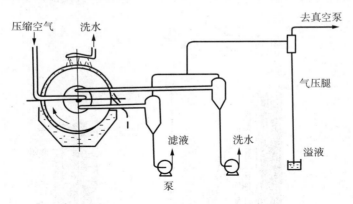

图 6-12 转筒真空过滤机装置示意图

分配头由紧密贴合着的转动盘与固定盘构成,转动盘随着筒体一起旋转,固定盘内侧面各凹槽分别与各种不同作用的管道相通。如图 6-13 所示,当扇形格 1 开始浸入滤浆内时,转动盘上相应的小孔便与固定盘上的凹槽 f 相对,从而与真空管道连通,吸走滤液。图上扇形格 1 至 7 所处的位置称为过滤区。扇形格转出滤浆槽后,仍与凹槽 f 相通,继续吸于残留在滤饼中的滤液。扇形格 8 至 10 所处的位置称为吸干区。扇形格转至 12 的位置时,洗涤水喷洒于滤饼上,此时扇形格与固定盘上的凹槽 g 相通,经另一真空管道吸走洗水。扇形格 12、13 所处的位置称为洗涤区。扇形格 11 对应于固定盘上凹槽 f 与 g 之间。不与任何管道相连通,该位置称为不工作区。当扇形格由一区转入另一区时,因有不工作区的存在,方使操作区不致相互串通。扇形格 14 的位置为吸干区,15 为不工作区。扇形格 16、17 与固定盘凹槽 h 相通,再与压缩空气管道相连,压缩空气从内向外穿过滤布而将滤饼吹松,随后由刮刀将滤饼卸除。扇形格 16、17 的位置称为吹松区及卸料区,18 为不工作区。如此连续运转,整个转筒表面上便构成了连续的过滤操作。

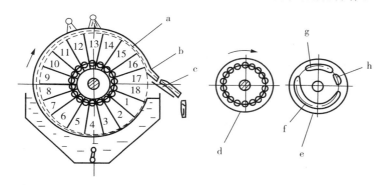

图 6-13 转筒及分配头的结构

a—转筒;b—滤饼;c—刮刀;d—转动盘;e—固定盘;f—吸走滤液的真空凹槽;
g—吸走洗水的真空凹槽;h—通入压缩空气的凹槽

转筒的过滤面积一般为 $5\sim40m^2$,浸没部分占总面积的 $30\%\sim40\%$。转速可在一定范围内调整,通常为 $0.1\sim3r/min$。滤饼厚度一般保持在 40mm 以内,转筒过滤机所得滤饼中液体含量很少低于 10%,常达 30% 左右。

转筒真空过滤机能连续自动操作,节省人力,生产能力大,特别适宜于处理量大而容易过滤的料浆,对难于过滤的胶体物系或细微颗粒的悬浮物,若采用预涂助滤剂措施也比较方便。该过滤机附属设备较多,投资费用高,过滤面积不大。此外,由于它是真空操作,因而过滤推动力有限,尤其不能过滤温度较高(饱和蒸气压高)的滤浆,滤饼的洗涤也不充分。

20 世纪 60 年代以来,特别是 70 年代末期,过滤技术发展较快。过滤设备的发展主要考虑了以下几个方面:

(1)连续操作,提高自动化程度,减少体力劳动和人工操作强度,改善劳动条件;

(2)减少过滤阻力,提高过滤速率;

(3)减少设备所占空间,增加过滤面积;

(4)降低滤饼含水率,减少后续干燥操作的能耗。

近年来,过滤设备和新过滤技术不断涌现,有些已在大型生产中获得很好效益。诸如,预涂层转筒真空过滤机、真空带式过滤机、节约能源的压榨机,采用动态过滤技术的叶滤机等。读者可参阅有关专著。

第七节　滤饼的洗涤

洗涤滤饼的目的在于回收滞留在颗粒缝隙间的滤液,或净化构成滤饼的颗粒。

单位时间内消耗的洗水容积称为洗涤速率,以 $\left(\dfrac{\mathrm{d}V}{\mathrm{d}\theta}\right)_{\mathrm{w}}$ 表示。由于洗水里不含固相,故洗涤过程中滤饼厚度不变,因而,在恒定的压强差推动下洗涤速率基本为常数。若每次过滤终了以体积为 V_{w} 的洗水洗涤滤饼,则所需洗涤时间为

$$\theta_{\mathrm{w}} = \frac{V_{\mathrm{w}}}{\left(\dfrac{\mathrm{d}V}{\mathrm{d}\theta}\right)_{\mathrm{w}}} \qquad (6-27)$$

式中:V_{w}——洗水用量,m^3;

$\quad\theta_{\mathrm{w}}$——洗涤时间,s。

影响洗涤速率的因素可根据过滤基本方程式来分析,即

$$\frac{\mathrm{d}V}{\mathrm{d}\theta} = \frac{A\Delta p^{1-s}}{\mu r'(L+L_{\mathrm{e}})}$$

对于一定的悬浮液,r' 为常数。若洗涤推动力与过滤终了时的压强差相同,并假设洗水黏度与滤液黏度相近,则洗涤速率 $\left(\dfrac{\mathrm{d}V}{\mathrm{d}\theta}\right)_{\mathrm{w}}$ 与过滤终了时的过滤速率 $\left(\dfrac{\mathrm{d}V}{\mathrm{d}\theta}\right)_{\mathrm{E}}$ 有一定关系,这个关系取决于过滤设备上采用的洗涤方式。

叶滤机等所采用的是置换洗涤法,洗水与过滤终了时的滤液流过的路径基本相同,故

$$(L+L_{\mathrm{e}})_{\mathrm{w}} = (L+L_{\mathrm{e}})_{\mathrm{E}}$$

(式中下标 E 表示过滤终了时刻)而且洗涤面积与过滤面积也相同,故洗涤速率大致等于过滤终了时的过滤速率,即

$$\left(\frac{\mathrm{d}V}{\mathrm{d}\theta}\right)_{\mathrm{w}} = \left(\frac{\mathrm{d}V}{\mathrm{d}\theta}\right)_{\mathrm{E}} = \frac{KA^2}{2(V+V_{\mathrm{e}})} \qquad (6-28)$$

式中:V——过滤终了时所得滤液体积,m^3。

板框压滤机采用的是横穿洗涤法,洗水横穿两层滤布及整个厚度的滤饼,流径长度约为过滤终了时滤液流动路径的两倍,而供洗水流通的面积又仅为过滤面积的一半,即

$$(L+L_e)_w = 2(L+L_e)_E$$

$$A_w = \frac{1}{2}A$$

将以上关系代入过滤基本方程式,可得

$$\left(\frac{dV}{d\theta}\right)_w = \frac{1}{4}\left(\frac{dV}{d\theta}\right)_E = \frac{KA^2}{8(V+V_e)} \tag{6-29}$$

即板框压滤机上的洗涤速率约为过滤终了时滤液流率的四分之一。

当洗水黏度、洗水表压与滤液黏度、过滤压强差有明显差异时,所需的洗涤时间可按下式进行校正,即

$$\theta'_w = \theta_w \left(\frac{\mu_w}{\mu}\right)\left(\frac{\Delta p}{\Delta p_w}\right) \tag{6-30}$$

式中:θ'_w——校正后的洗涤时间,s;

　　θ_w——未经校正的洗涤时间,s;

　　μ_w——洗水黏度,Pa·s;

　　Δp——过滤终了时刻的推动力,Pa;

　　Δp_w——洗涤推动力,Pa。

第八节　过滤机的生产能力

过滤机的生产能力通常是指单位时间获得的滤液体积,少数情况下也有按滤饼的产量或滤饼中固相物质的产量来计算的。

一、间歇过滤机的生产能力

间歇过滤机的特点是在整个过滤机上依次进行过滤、洗涤、卸渣、清理、装合等步骤的循环操作。在每一循环周期中,全部过滤面积只有部分时间在进行过滤,而过滤之外的各步操作所占用的时间也必须计入生产时间内。因此在计算生产能力时,应以整个操作周期为基准,操作周期为

$$T = \theta + \theta_w + \theta_D$$

式中:T——一个操作循环的时间,即操作周期,s;

　　θ——一个操作循环内的过滤时间,s;

　　θ_w——一个操作循环内的洗涤时间,s;

θ_D——一个操作循环内的卸渣、清理、装合等辅助操作所需时间,s。

则生产能力的计算式为

$$Q=\frac{3600V}{T}=\frac{3600V}{\theta+\theta_w+\theta_D} \qquad (6-31)$$

式中:V——一个操作循环内所获得的滤液体积,m³;

Q——生产能力,m³/h。

【例 6 – 5】 对例 6 – 4 中的悬浮液用具有 26 个框的 BMS20/635—25 板框压滤机进行过滤。在过滤机入口处滤浆的表压为 3.39×10^5 Pa,所用滤布与实验时的相同,浆料温度仍为 25℃。每次过滤完毕用清水洗涤滤饼,洗水温度及表压与滤浆相同而其体积为滤液体积的 8%。每次卸渣、清理、装合等辅助操作时间为 15min。已知固相密度为 2930kg/m³,又测得滤饼密度为 1930kg/m³。求此板框压滤机的生产能力。

解:过滤面积 $A=(0.635)^2\times2\times26=21(\text{m}^2)$

滤框总容积 $A=(0.635)^2\times0.025\times26=0.262(\text{m}^3)$

已知 1m³ 滤饼的质量为 1930kg,设其中含水 $x$kg,水的密度按 1000kg/m³ 考虑,则

$$\frac{1930-x}{2930}+\frac{x}{1000}=1$$

解得 $x=518$kg

故知 1m³ 滤饼中的固相质量为 1930－518＝1412(kg)

生成 1m³ 滤饼所需的滤浆质量为

$$1412\times\frac{1000+25}{25}=57890(\text{kg})$$

则 1m³ 滤饼所对应的滤液质量为 57890－1930＝55960(kg)

1m³ 滤饼所对应的滤液体积为 $\frac{55960}{1000}=55.96(\text{m}^3)$

由此可知,滤框全部充满时的滤液体积为

$$V=55.96\times0.262=14.66(\text{m}^3)$$

则过滤终了时的单位面积滤液量为

$$q=\frac{V}{A}=\frac{14.66}{21}=0.6981(\text{m}^3/\text{m}^2)$$

根据例 6 – 4 中过滤实验结果写出 $\Delta p=3.39\times10^5$ Pa 时的恒压过滤方程式为

$$(q+0.0217)^2 = 1.678 \times 10^{-4}(\theta+2.81)$$

将 $q=0.6981\text{m}^3/\text{m}^2$ 代入上式,得

$$(0.6981+0.0217)^2 = 1.678 \times 10^{-4}(\theta+2.81)$$

解得过滤时间为 $\theta=3085\text{s}$。

由式(6-27)及式(6-29)可知: $\theta_w = \dfrac{V_w}{\dfrac{1}{4}\left(\dfrac{\text{d}V}{\text{d}\theta}\right)}$

对恒压过滤方程式(6-20b)进行微分,得

$$2(q+q_e)\text{d}q = K\text{d}\theta,$$

即 $\dfrac{\text{d}p}{\text{d}\theta} = \dfrac{K}{2(q+q_e)}$

已求得过滤终了时 $q=0.6981\text{m}^3/\text{m}^2$,代入上式可得过滤终了时的过滤速率为

$$\left(\dfrac{\text{d}V}{\text{d}\theta}\right)_E = A\dfrac{K}{2(q+q_e)} = 21 \times \dfrac{1.678 \times 10^{-4}}{2(0.6981+0.0217)} = 2.448 \times 10^{-3}(\text{m}^3/\text{s})$$

已知　　　　　　　 $V_w = 0.08V = 0.08 \times 14.66 = 1.173(\text{m}^3)$

则　　　　　　　　　 $\theta_w = \dfrac{1.173}{\dfrac{1}{4}(2.448 \times 10^{-3})} = 1917(\text{s})$

又知　　　　　　　　　 $\theta_D = 15 \times 60 = 900(\text{s})$

则生产能力为

$$Q = \dfrac{3600V}{T} = \dfrac{3600V}{\theta+\theta_w+\theta_D} = \dfrac{3600 \times 14.66}{3085+1917+900} = 8.942(\text{m}^3/\text{h})$$

二、连续过滤机的生产能力

以转筒真空过滤机为例,连续过滤机的特点是过滤、洗涤、卸饼等操作在转筒表面的不同区域内同时进行。任何时刻总有一部分表面浸没在滤浆中进行过滤,任何一块表面在转筒回转一周过程中都只有部分时间进行过滤操作。

转筒表面浸入滤浆中的分数称为浸没度,以 φ 表示,即

$$\varphi = \dfrac{\text{浸没角度}}{360°} \tag{6-32}$$

因转筒以匀速运转,故浸没度 φ 就是转筒表面任何一小块过滤面积每次浸入

滤浆中的时间(即过滤时间)θ与转筒回转一周所用时间T的比值。转筒转速为n r/min,则

$$T = \frac{60}{n}$$

在此时间内,整个转筒表面上任何一小块过滤面积所经历的过滤时间均为

$$\theta = \varphi T = \frac{60\varphi}{n}$$

所以,从生产能力的角度来看,一台总过滤面积为A、浸没度为φ,转速为n r/min的连续式转筒真空过滤机,与一台在同样条件下操作的过滤面积为A、操作用期为$T = \frac{60}{n}$,每次过滤时间为$\theta = \frac{60\varphi}{n}$的间歇式板桥压滤机是等效的。因而,可以完全依照前面所述的间歇式过滤饥生产能力的计算方法来解决连续式过滤机生产能力的计算。

恒压过滤方程式(6-20)为

$$(V + V_e)^2 = KA^2(\theta + \theta_e)$$

可知转筒每转一周所得的滤液体积为

$$V = \sqrt{KA^2(\theta + \theta_e)} - V_e = \sqrt{KA^2\left(\frac{60\varphi}{n} + \theta_e\right)} - V_e$$

则每小时所得滤液体积,即生产能力为

$$Q = 60nV = 60\left[\sqrt{KA^2(60\varphi n + \theta_e n^2)} - V_e n\right] \tag{6-33a}$$

当滤布阻力可以忽略时,$\theta_e = 0$、$V_e = 0$,则上式简化为

$$Q = 60n\sqrt{KA^2\frac{60\varphi}{n}} = 465A\sqrt{Kn\varphi} \tag{6-33b}$$

可见,连续过滤机的转速愈高,生产能力也愈大。但若旋转过快,每一周期中的过滤时间便缩至很短,使滤饼太薄,难于卸除,也不利于洗涤,而且功率消耗增大。合适的转速需经实验决定。

【例6-6】 用转筒真空过滤机过滤某种悬浮液,料浆处理量为20m³/h。已知,每得1m³滤液可得滤饼0.04m³,要求转筒的浸没度为0.35,过滤表面上滤饼厚度不低于5mm。现测得过滤常数$K = 8 \times 10^{-4}$ m²/s,$q_e = 0.01$ m³/m²。试求过滤机的过滤面积A和转筒的转速n。

解: 以1min为基准。由题给数据知:

$$v = 0.04, \varphi = 0.35$$

$$Q = \frac{20}{(1+v)} / 60 = \frac{20}{(1+0.04)} / 60 = 0.321 (\mathrm{m}^3 / \mathrm{min})$$

$$\theta_e = q_e^2 / K = 0.01^2 / 8 \times 10^{-4} = 0.125(\mathrm{s})$$

$$\theta = \frac{60\varphi}{n} = \frac{60 \times 0.35}{n} = \frac{21}{n} \tag{a}$$

滤饼体积 $0.321 \times 0.04 = 0.01284 (\mathrm{m}^3 / \mathrm{min})$

取滤饼厚度 $\delta = 5\mathrm{mm}$，于是得到

$$n = \frac{0.01284}{\delta A} = \frac{0.01284}{0.005 A} = \frac{2.568}{A} (\mathrm{r/min}) \tag{b}$$

转筒旋转一周可得到滤液体积为

$$V = \sqrt{K A^2 \left(\frac{60\varphi}{n} + \theta_e \right)} - V_e$$

每分钟获得的滤液量为

$$Q = nV = n \left[\sqrt{K A^2 \left(\frac{60\varphi}{n} + \theta_e \right)} - V_e \right] = 0.321 \mathrm{m}^3 / \mathrm{min}$$

将式(a)及式(b)代入上式，得

$$\frac{2.568}{A} \left[\sqrt{8 \times 10^{-4} A \left[\frac{\frac{60 \times 0.35}{2.568}}{A} + 0.125 \right]} - 0.01A \right] = 0.321$$

解得 $\qquad A = 2.771 \mathrm{m}^2, n = \frac{2.568}{A} = \frac{2.568}{2.771} = 0.927 \mathrm{r/min}$

思考题与习题

6-1 悬浮液中固体颗粒浓度(质量分数)为 0.025kg 固体/kg 悬浮液，滤液密度为 1120kg/m³，湿滤渣与其中固体的质量比为 2.5kg 湿滤渣/kg 干渣，试求与 1m³ 滤液相对应的湿滤渣体积 V，单位为 m³ 湿滤渣/m³ 滤液。固体颗粒密度为 2900kg/m³。

6-2 用板框压滤机过滤某悬浮液，共有 20 个滤框，每个滤框的两侧有效过滤面积为 0.85m²。试求 1 小时过滤所得滤液量为多少。

6-3 将习题 6-1 的悬浮液用板框压滤机在过滤面积为 100cm²、过滤压力 53.3kPa 条件下进行过滤，所测数据为

过滤时间(s)	8.4	38	84	145
滤液量(mL)	100	300	500	700

试求过滤常数 K 与 q_e 及滤饼的比阻 r。已知滤液的黏度为 3.4mPa·s。

6-4　对习题 6-1 及习题 6-3 中的悬浮液用板框压滤机在相同压力下进行过滤,共有 20 个滤框,滤框厚度为 60mm,每个滤框的两侧有效过滤面积为 0.85m²。试求滤框内全部充满滤渣所需要的时间。固体颗粒密度为 2900kg/m³。

在习题 6-1 中已给出湿滤渣质量与其中固体质量的比值为 2.5kg 湿渣/kg 干渣,并计算出每立方米滤液相对应的湿渣体积,即 $V = 0.0505$m³ 湿渣/m³ 滤液。

在习题 6-3 中已求出恒压过滤的过滤常数 $K = 4.967 \times 10^{-5}$m²/s,$q_e = 1.64 \times 10^{-2}$m³/m²。

6-5　用板框压滤机过滤某悬浮液,恒压过滤 10min,得滤液 10m³。若过滤介质阻力忽略不计,试求:(1)过滤 1h 后的滤液量;(2)过滤 1h 后的过滤速率。

6-6　若转筒真空过滤机的浸液率 $\psi = 1/3$,转速为 2r/min,每小时得滤液量为 15m³。试求所需过滤面积。已知过滤常数 $K = 2.7 \times 10^{-4}$m²/s,$q_e = 0.08$m³/m²。

第七章 吸 收

第一节 吸收的基本概念

一、概述

在环境工程领域,吸收操作常用来净化气态污染物,工业废气中几乎所有可溶性气态污染物的净化或回收处理,如 SO_2、NO_x、HCN、VOC 等有害气体都可用吸收操作。而在化工领域吸收常用于:①分离气体混合物,以回收所需组分(如用吸收法净化石油炼制尾气中硫化氢的同时,还可以回收有用的元素硫);②净化或精制气体,以满足生产需要(如用水或碱液脱除合成氨原料气中的二氧化碳);③制取液相产品或半成品(如用水吸收氯化氢制取盐酸)。

利用物系(混合气体)中某个或某些组分在同一液体(溶剂)中的溶解度(或化学反应活性)差异而使混合气体得以分离的过程称为吸收。

物系中能被吸收溶解的组分称为溶质或吸收质;不被吸收溶解的组分称为惰性组分或载体;所用的溶剂称为吸收剂;所得的溶液称为吸收液;吸收剩余的气体称为吸收尾气或净化气。解吸(脱吸):溶液中被吸收溶解组分(溶质)脱出的过程称为解吸(脱吸)。解吸为吸收的逆过程。针对溶剂而言,解吸(脱吸)又称为溶剂的再生。

二、吸收的类型

环境工程原理中,重点要讨论的是低浓度、单组分、等温、物理吸收。

按不同的分类方法,吸收过程可分为不同的类型,见表 7-1 所列。

表 7-1 吸收分类

序号	分类依据	吸收类型	基 本 含 义	环境工程实例
1	吸收过程的性质	物理吸收	组分只是溶解于溶剂中,而不与其发生化学反应,或化学反应并不显著	(1)水吸收废气中的甲醇 (2)水吸收废气中的二氧化硫
		化学吸收	组分与溶剂发生显著的化学反应	(1)碱液吸收废气中的氮氧化物 (2)碱液吸收废气中的硫氧化物

（续表）

序号	分类依据	吸收类型	基本含义	环境工程实例
2	被吸收组分数量	单组分吸收	只有一个组分被溶剂吸收，其余组分则很少被吸收	水吸收空气中的氨
		多组分吸收	两种及更多组分同时被吸收	用水同时净化废气中的氟化氢和四氟化硅
3	被吸收组分浓度	低浓度吸收	被吸收组分浓度较低 x_B <0.1	多数废气组分的吸收
		高浓度吸收	被吸收组分浓度较高 x_B ≥0.1	轻柴油回收挥发烃蒸气
4	物系的温度变化	等温吸收	吸收过程中物系温度恒定，或变化不大，或及时散热	多数废气组分的吸收都可视为等温吸收（污染物浓度低，吸收剂用量大）
		非等温吸收	吸收过程中物系温度变化较明显	用水吸收废气中的氯化氢生产盐酸

在这些吸收过程中，单组分的等温物理吸收过程是最简单的吸收过程，也是其他吸收过程的基础。

第二节　吸收过程中的相平衡关系

如前所述，环境工程原理中，重点讨论的是低浓度、单组分、等温、物理吸收，因此，通常可做以下假设：①流经吸收设备（吸收塔）的气体流量和液体流量可视为常量；②吸收过程是等温进行的，因而可不考虑热量衡算。

上述假设将使气体吸收过程的分析和计算大为简化，而又不至于导致分析和计算结果的较大误差。这在环境工程上是允许的。

吸收过程的气液平衡关系是研究气体吸收过程的基础，该关系通常用气体在液体中的溶解度及亨利定律表示。

一、气体在液体中的溶解度

在一定的温度和压力下，使一定量的吸收剂与混合气体接触，气相中的溶质便向液相溶剂中转移，直至液相中溶质组成达到饱和为止。此时并非没有溶质分子进入液相,只是在任何时刻进入液相中的溶质分子数与从液相逸出的溶质分子数恰好相等,这种状态称为相际动平衡,简称相平衡或平衡。平衡状态下气相中的溶质分压称为平衡分压或饱和分压,液相中的溶质组成称为平衡组成或饱和组成。气体在液体中的溶解度,就是指气体在液体中的饱和组成。

气体在液体中的溶解度可通过实验测定。由实验结果绘成的曲线称为溶解度曲线,某些气体在液体中的溶解度曲线可从有关书籍、手册中查得,例如图 7-1、图7-2 及图 7-3。

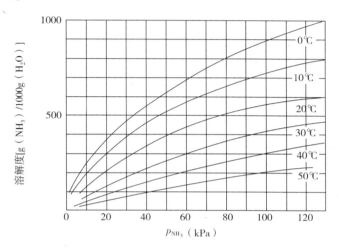

图 7-1 氨在水中的溶解度曲线

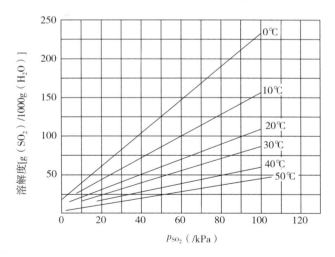

图 7-2 二氧化硫在水中的溶解度曲线

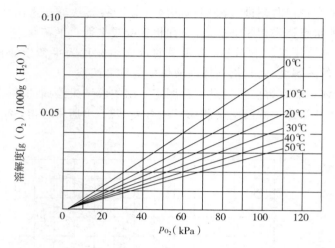

图 7 - 3　氧在水中的溶解度曲线

从图片分析可知:①在同一溶剂(水)中,相同的温度和溶质分压下,不同气体的溶解度差别很大,其中氨在水中的溶解度最大,氧在水中的溶解度最小。这表明氨易溶于水,氧难溶于水,而二氧化硫则居中。这也是利用吸收过程能够分离气体混合物的依据。②对同一溶质,在相同的气相分压下,溶解度随温度的升高而减小。③对同一溶质,在相同的温度下,溶解度随气相分压的升高而增大。④当物系压力较低($<5\times10^5$ Pa)时,对于稀溶液,其溶质的溶解度与气相中溶质的平衡分压成正比由溶解度曲线所显示的上述规律性可看出,加压和降温有利于吸收操作,因为加压和降温可提高气体溶质的溶解度。反之,减压和升温则有利于解吸操作。

二、亨利定律

当物系总压不高(一般$<5\times10^5$ Pa)时,在一定温度下,气体混合物中某组分在稀溶液中的溶解度与该组分的平衡分压成正比,其相平衡曲线是一条通过原点的直线,这一关系称为亨利(Henry)定律,即:

$$p_A^* = Ex_A \qquad (7-1)$$

式中:p_A^* —— 溶质在气相中的平衡分压,Pa;

x_A —— 溶质在液相中的摩尔分数;

E —— 亨利系数,Pa。

这是 p 和 x 关联的 Henry 定律,亨利系数取决于物系的特性和体系的温度,反映了气体溶质在吸收剂中溶解的难易程度,值越大,说明气体越难溶解于溶剂。气体在溶剂中的溶解度随着温度的升高是降低的,因此可知,随着温度的升高,亨利系数值是增大的。

由于溶质在气、液两相中的组成可以表示成不同的形式,亨利定律也可以写成不同的形式。如果溶质的溶解度用物质的量浓度表示,则亨利定律可写为

$$p_A^* = \frac{c_A}{H} \tag{7-2}$$

式中:p_A^* —— 溶质在气相中的平衡分压,Pa;

c_A —— 溶质 A 在液相中的物质的量浓度,kmol/m³;

H —— 溶解度系数,kmol/(m³ · Pa)。

对于单组分吸收,则有

$$c = Hp^* \quad \text{或} \quad p^* = c/H$$

如果溶质在气液两相中的组成均以摩尔分数表示,则亨利定律可写为

$$y_A^* = mx_A \tag{7-3}$$

式中:y_A^* ——与溶液平衡的气相中的溶质的摩尔分数;

x_A ——溶质在液相中的摩尔分数;

m ——相平衡常数,无量纲。

亨利定律虽然有不同的表达形式,但是其实质都是反映了溶质在气、液两相间的平衡关系。比较式(7-1)~式(7-3),三个常数之间的关系为

$$E = mP \tag{7-4}$$

$$E = \frac{c_0}{H} \tag{7-5}$$

式中:P——气相总压力,Pa;

c_0 ——液相总物质的量浓度,kmol/m³。

在单组分物理吸收过程中,气体溶质在气、液两相之间传递,而惰性气体和溶剂物质的量是保持不变的,因此以它们为基准,用摩尔比表示平衡关系会比较方便。若用物质的量比 X 表示溶解度,用 Y 表示溶质在气相中的物质的量比,则有将 Y 和 X 关联的 Henry 定律:

$$X = x/(1-x) \tag{7-6}$$

$$Y = y/(1-y) \tag{7-7}$$

因为 $$y^* = mx$$

所以 $$Y^* = mX/[1+(1-m)X] \tag{7-8}$$

对于稀溶液,X 通常很小,因此,上述关系式可简化为

$$Y^* = mX \qquad (7-9)$$

式中:Y^*——溶质在气相中的物质的量比;

　X——溶质的在液相中的物质的量比;

　M——相平衡常数(Henry 系数)。

可见,在稀溶液条件下,气、液两相物质的摩尔比也可以近似用线性关系表示。

运用亨利定律时需要注意的是:①Henry 定律有不同表达式。在具体使用时,应以方便为原则。通常,实验测定时,采用 $p^* = Ex$,而作吸收计算时,则多用 $y^* = mx$ 或 $Y^* = mX$。②溶解度常数 H 和 Henry 系数 E 与物系总压无关,而相平衡常数 m 与物系总压有关。计算时,一定要与相应的压力一致。③溶解度常数 H 随温度升高而减小,Henry 系数 E 和相平衡常数 m 则随温度上升而增大。④从相平衡可知,低温和高压有利于吸收操作,但温度和压力的确定还应考虑吸收速率等因素。

应予指出,亨利定律的各种表达式所描述的都是互成平衡的气液两相组成之间的关系,它们既可用来根据液相组成计算与之平衡的气相组成,也适用于常压或低压下的稀溶液,溶质在气相及液相中的分子状态相同。如果被溶解的气体分子在溶液中有某种变化(如化学反应、解离、聚合等),就会产生相对于理想溶液的显著偏差,此时亨利定律只适用于溶液中未发生化学反应的那部分溶质,这部分溶质就决定于液相化学反应的平衡条件。下面将从相平衡和化学平衡的关联来讨论化学吸收时的气-液平衡关系。

三、化学吸收的气液相平衡

吸收过程中,如果溶解于液体中的溶质 A 与吸收剂 B 发生了化学反应,生成反应产物 M、N,那么溶质在气液两相间的平衡既要满足相平衡关系,又要服从化学平衡关系。如图 7-4 所示。

则化学平衡关系为

$$K = \frac{[M]^m [N]^n}{[A]^a [B]^b} \qquad (7-10)$$

式中:$[M]$,$[N]$,$[A]$,$[B]$——各组分浓度,$kmol/m^3$;

　a,b,m,n——各组分的化学反应计量系数;

　K——化学平衡常数。

由上式可得与气相中溶质分压相对应的溶质浓度:

$$[A] = \left(\frac{[M]^m [N]^n}{K [B]^b} \right)^{\frac{1}{a}} \qquad (7-11)$$

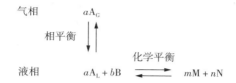

图 7-4 化学吸收中的气液相平衡和化学平衡关系

根据 Henry 定律,有:

$$p_A^* = \frac{[A]}{H} = \frac{1}{H}\left(\frac{[M]^m}{K[B]^b}\right)^{\frac{1}{a}} \tag{7-12}$$

式中:H——溶解度系数,kmol/(m³·kPa)

化学吸收中,溶质 A 在溶液中的总浓度等于与溶剂 B 反应生成 M 和 N 所消耗的量与保持气液相平衡而溶解的量之和。所以,化学吸收过程由气相传入液相的溶质量比物理吸收要大得多。

由这个平衡关系可知,[A]低于液相中溶质 A 的总浓度,因此 H 一定时,p_A^* 低于仅有物理吸收时溶质在气相中的平衡分压,因此吸收剂对溶质的吸收能力是大于物理吸收的。下面分别讨论溶质与吸收剂和溶质与活性组分反应的不同情形。

1. 溶质与吸收剂反应

反应关系式为

$$A + B \Longleftrightarrow M \tag{7-13}$$

假设溶质在溶剂中的总浓度为 c_A,则这个浓度是未反应的溶质浓度和反应产物的浓度之和,即 $c_A = [A] + [M]$,因此,化学反应平衡关系可表示为

$$K = \frac{[M]}{[A][B]} = \frac{c_A - [A]}{[A][B]} \tag{7-14}$$

进而可得

$$[A] = \frac{c_A}{1 + K[B]} \tag{7-15}$$

将此浓度代入亨利定律,可得溶质的气、液相平衡关系为

$$p_A^* = \frac{[A]}{[H]} = \frac{1}{[H]}\frac{c_A}{1 + K[B]} \tag{7-16}$$

在稀溶液条件下,溶剂量大,化学反应对溶剂浓度的影响可以忽略,[B]为常数;反应条件一定时,K 也是常数,因此 $1 + K[B]$ 可以认为是常数。因此,p_A^* 与溶质总浓度 c_A 之间成正比关系,在形式上仍然符合亨利定律,只不过溶解度系数增加

了$(1+K[B])$倍,说明化学反应强化了吸收传质。水吸收氨就是按照上述反应进行的一个吸收过程。如果吸收过程还涉及其他反应,就需要考虑相应反应的平衡关系,那么整个吸收过程的溶质平衡关系就会更为复杂。例如,如果反应产物发生离解反应,就需要考虑离解反应的平衡关系。设离解反应为

$$M \Longleftrightarrow D^+ + A^- \tag{7-17}$$

则相应的离解反应平衡关系为

$$K_1 = \frac{[D^+][A^-]}{[M]} \tag{7-18}$$

式中:K_1——离解常数。

溶质 A 在液相中的总浓度为

$$c_A = [A] + [M] + [A^-]$$

而$[A^-] = [D^+]$,所以总浓度为

$$c_A = [A] + [M] + \sqrt{K_1[M]} \tag{7-19}$$

再根据化学反应平衡关系

$$K = \frac{[M]}{[A][B]}, [M] = K[A][B]$$

得

$$c_A = [A] + K[A][B] + \sqrt{K_1 K[A][B]} \tag{7-20}$$

由上述关系式,可解得

$$[A] = \frac{(2c_A + K_a) - \sqrt{K_a(4c_A + K_a)}}{2(1 + K[B])} \tag{7-21}$$

其中

$$K_a = \frac{K_1 K[B]}{1 + K[B]} \tag{7-22}$$

将式(7-21)代入亨利定律,可得相平衡关系式

$$p_A^* = \frac{[A]}{H} = \frac{1}{H} \frac{(2c_A + K_a) - \sqrt{K_a(4c_A + K_a)}}{2(1 + K[B])} \tag{7-23}$$

在这种情况下 p_A^* 与溶质总浓度 c_A 不再是亨利定律的正比关系了。

2. 溶质与吸收剂中的活性组分反应

反应的关系同样可写为

$$A + B \Longleftrightarrow M$$

此时,B 代表吸收剂中与溶质反应的活性组分。

设活性组分 B 的初始浓度为 c_B^0,反应平衡时的转化率为 R,则 $[B] = c_B^0(1-R)$,$[M] = c_B^0 R$,所以化学平衡关系可写为

$$K = \frac{[M]}{[A][B]} = \frac{c_B^0 R}{[A]c_B^0(1-R)} \tag{7-24}$$

所以溶剂中未反应的溶质浓度为

$$[A] = \frac{R}{K(1-R)} \tag{7-25}$$

将上述关系代入亨利定律,可以得到溶质的气液相平衡关系

$$p_A^* = \frac{[A]}{H} = \frac{R}{HK(1-R)} \tag{7-26}$$

由上式可以求得

$$R = \frac{KHp_A^*}{1+KHp_A^*}$$

所以参加反应的溶质浓度为

$$c_A' = Rc_B^0 = c_B^0 \frac{KHp_A^*}{1+KHp_A^*} \tag{7-27}$$

如果反应平衡常数非常大,而未反应的溶质物理溶解量很小的话,这个浓度实际上反映了吸收剂对溶质的吸收能力,将会趋近但不会超过活性组分的起始浓度。这说明了活性组分起始浓度对溶剂吸收能力的一种限制。

化学吸收过程中溶质的气-液相平衡和化学反应平衡是交织在一起的,连接点就是在液相中未反应的溶质浓度,因此不管液相中化学反应多么复杂,都可以先根据化学反应平衡关系求出未反应溶质的浓度,然后根据亨利定律得到相平衡关系。

【例题 7-1】 在 20℃下,用水吸收空气中的 SO_2,达到吸收平衡时,SO_2 的平衡分压为 5.05kPa,如果只考虑 SO_2 在水中的一级解离,求此时水中 SO_2 的溶解度。已知该条件下 SO_2 溶解度系数 $H = 1.56 \times 10^{-2}$ kmol/(kPa·m³),一级解离常数 $K_1 = 1.7 \times 10^{-2}$ kmol/m³。

解: 解离情况下 SO_2 的吸收可以表示为以下两个过程:

扩散传质过程:

$$SO_2(g) \rightleftharpoons SO_2(l)$$

解离过程

$$SO_2 + H_2O \rightleftharpoons H^+ + HSO_3^-$$

由传质平衡可以求得吸收液中 SO_2 的浓度为

$$c_A = H p_A^* = 1.56 \times 10^{-2} \times 5.05 \text{kmol/m}^3 = 0.0788 \text{kmol/m}^3$$

由吸收液中 SO_2 的浓度,根据解离平衡,求得 HSO_3^- 浓度为

$$K_1 = \frac{[H][HSO_3^-]}{[SO_2]}$$

$$[HSO_3^-] = \sqrt{K_1[SO_2]} = \sqrt{1.7 \times 10^{-2} \times 0.0788} \text{kmol/m}^3 = 0.0366 \text{kmol/m}^3$$

所以溶液中溶解的 SO_2 总浓度为

$$[SO_2] + [SO_3^-] = (0.0788 + 0.0366) \text{kmol/m}^3 = 0.01154 \text{kmol/m}^3$$

$$= 7.4 \text{kg/m}^3$$

注意:此处忽略了 $SO_2 + H_2O \rightleftharpoons H_2SO_3$ 的反应平衡,而认为 SO_2 全部反应为 H_2SO_3,然后离解。

四、化学吸收的特点与机理

1. 特点

如图 7-5 所示,在化学吸收中,溶质从气相主体传递到相界面处的过程与物理吸收完全相同,但是液相内的传质过程由于化学反应的存在而变得复杂。溶质 A 从相界面向液相主体传递,会在反应区与吸收剂或活性组分 B 发生反应,生成的反应产物 M 会从反应区向液相主体扩散。反应区的位置取决于反应速率和扩散速率的相对大小,图 7-5 表示的是反应区位于液膜内的瞬间反应的情况。如果反应速率很快,活性组分 B 的扩散速率也比较快,溶质 A 达到相界面后,不必扩散很远就可以反应消耗完全,这样,相界面上液相中溶质 A 的浓度就很低;如果反应速率比较慢,或者活性组分 B 的扩散速率慢,溶质 A 可能扩散到液相主体之后仍有大部分未能反应。因此,溶质 A 的化学吸收速率不仅与溶质的扩散速率有关,而且还取决于活性组分的扩散速率、化学反应速率以及反应产物扩散速率等因素。与物理吸收相比,化学吸收具有如下特点:

(1)吸收传质推动力更大。溶质进入液相后,因发生化学反应而被迅速消耗掉,吸收液中游离态溶质少或没有,所以,溶质的平衡分压很低,能够维持较大的压差(传质推动力)。

(2)液相吸收系数更大。如果化学反应进行得较快,以致在气液相界面附近便将溶入的溶质消耗殆尽,那么,溶质在液膜内的传质扩散阻力就会大大降低,甚至可以降至零,从而使液相吸收系数增大。

(3)有效传质面积更大。吸收设备中,总有一部分液体流动较慢或停滞不动。

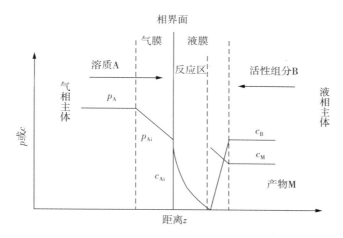

图 7-5　化学吸收过程示意图

在物理吸收中,这些液体往往因被溶质饱和而失去吸收能力。但化学吸收则要吸收更多的溶质后才能达到饱和。因此,对物理吸收来说并非是有效的传质面积,而对化学吸收来说,只要是湿润表面则都有效。这样,在同样的气液流动条件下,化学吸收的有效面积显然更大。

基于上述特点,化学吸收可以减小设备尺寸、节省设备投资、减少吸收剂用量、降低操作费用,而且废气净化效率也较高。但化学吸收所用吸收剂通常更贵,对设备的腐蚀性也更强,反应产物如果结晶,则容易堵塞管道和设备。此外,吸收剂的再生也比较困难。实际应用时,应做综合平衡考虑。

2. 机理

化学吸收过程既与溶质的扩散速率有关,又和化学反应速率有关,因而远比物理吸收复杂。但总体上,仍可将化学吸收过程分为 5 个连续步骤:

(1)溶质 A 从气相主体通过气膜扩散到气液相界面;

(2)溶质 A 在液相中扩散到反应区;

(3)溶剂中能与 A 反应的活性组分 B 在液相中扩散到反应区;

(4)在反应区,溶质 A 和活性组分 B 发生化学反应,生成产物 C;

(5)反应产物 C 若为液体,则从反应区扩散到液相主体;若为气体,则向相界面扩散,并通过气膜进入气相主体。

反应区距气液两相界面的位置取决于反应速率与扩散速率的相对大小。反应速率越快,反应区就越窄,且距相界面越近;若反应进行得较慢,则溶质 A 有可能扩散到液相主体时,仍有一部分尚未反应。此时,反应区就较宽,且距相界面较远。因此,影响化学吸收速率的因素除与物理吸收相同的外(物系性质、气液两相流动状况等),还包括与化学反应速率有关的因素,如化学反应速率常数、参与反应的物质浓度等。

基于上述考虑,为表征化学吸收过程中的增强程度,特引入增强因子 β。这样,若选取与物理吸收相同的推动力,将增强因素归结到增强因子 β 中,则有:

$$N_A = k'_L(c_{Ai} - c_A) = \beta k_L$$

$$k'_L = \beta k_L$$

式中:N_A——化学吸收速率,$kmol/(m^2 \cdot s)$;

  k'_L——化学吸收的液相传质系数,m/s;

  k_L——物理吸收的液相传质系数,m/s;

  c_{Ai}, c_A——溶质 A 分别在气液两相界面及液相主体中的浓度,$kmol/m^3$;

  β——增强因子,表示因化学反应而使吸收速率增加的倍数。

由此可见,化学吸收速率的计算关键在于增强因子 β 的求取。

为了简化计算,通常将反应区分为缓慢反应区、快速反应区和飞速反应区。

(1)缓慢反应区——在此区域内,反应速率远比扩散速率小,吸收速率受制于反应速率,称为动力学控制。此时,反应在液膜及液相主体中进行。增强因子 β 约等于 1。说明缓慢反应对吸收过程无明显影响,可视为物理吸收过程。例如,用碳酸钠水溶液吸收二氧化碳。

(2)快速反应区——在此区域内,吸收速率受反应速率和扩散速率的综合影响。反应在液膜中进行。增强因子 β 可通过公式计算出来。

(3)飞速反应区——飞速反应即为可瞬间完成的反应(如用硫酸吸收氨的过程)。在此区域内,反应速率远高于扩散速率,吸收速率取决于扩散速率,称为扩散控制。此时,反应在液膜内或相界面上进行。增强因子 β 趋于无穷大,液膜阻力趋于 0。吸收速率主要与气膜阻力有关,称为气膜阻力控制。

五、相平衡关系与吸收过程中的关系

(1)指明吸收过程的极限

平衡是吸收过程的极限。相平衡关系限制了溶质在吸收液中的最高浓度和在净化气中的最低浓度。实际的吸收过程是达不到平衡状态的,所以,溶质在吸收液中的浓度 $x < x^*$,在净化气中的浓度 $y > y^*$。

(2)判断吸收过程的方向

当不平衡的气液两相接触时,溶质将从一相转移到另一相。至于是发生吸收还是解吸,取决于相平衡关系。也就是说,过程的方向是使物系趋于平衡状态。

① 当 $y > y^*$ 或 $x < x^*$ 时,过程的方向是发生吸收;

② 当 $y = y^*$ 或 $x = x^*$ 时,过程处于气液平衡状态;

③ 当 $y<y^*$ 或 $x>x^*$ 时,过程的方向是发生解吸。

根据相平衡,计算平衡时溶质在气相或液相中的组成。与实际的组成比较,可以判断传质方向。实际液相组成<平衡组成,溶质从气相→液相,用气、液两相平衡图(图 7-6)来判断更加直观。根据初始状态点在平衡图中所处的位置来判断。将初始状态气、液两相的组成标在平衡曲线图上,称为初始状态点,初始状态点如果在平衡曲线的上方,则发生吸收过程,溶质从气相向液相传质;如果在平衡曲线下方,则发生解吸过程,溶质从液相向气相传质。

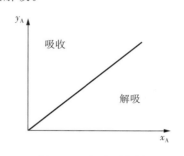

图 7-6 气液平衡图

总之,溶质在气、液两相中如果不是处于平衡状态,必然要从一相传递到另一相,使气、液两相逐渐达到平衡,溶质传递的方向就是系统趋于平衡的方向。

(3)计算吸收过程的推动力

吸收过程的推动力决定过程进行的速率。在吸收过程中,通常以实际状态的气液相组成与其平衡状态组成的偏离程度 $\Delta y(=y-y^*)$ 或 $\Delta x(=x^*-x)$ 来定量表示吸收过程的推动力。实际组成偏离平衡组成越远,则过程推动力越大,过程速率也就越快。

【例题 7-2】 在常压 101.3kPa、温度为 25℃时,CO_2 在水中溶解的亨利系数为 1.66×10^5 kPa,现将含 CO_2 摩尔分数为 0.05 的空气与 CO_2 浓度为 1.0×10^{-3} kmol/m³ 的水溶液接触,试:

(1)判断传质方向;

(2)以分压差和浓度差表示传质推动力;

(3)计算逆流接触时空气中 CO_2 的最低含量。

解:(1)空气中 CO_2 的分压为

$$p_{CO_2}=101.3\times0.05kPa=5.06kPa$$

因为水溶液中 CO_2 浓度很低,可以认为其密度和平均相对分子质量皆与水相同,所以溶液的总浓度为

$$c_0=\frac{\rho}{M}=\frac{997}{18}kmol/m^3=55.4kmol/m^3$$

CO_2 在水溶液中的摩尔分数为

$$x=\frac{1.0\times10^{-3}}{55.4}=1.8\times10^{-5}$$

根据亨利定律,可得 CO_2 的平衡分压为

$$p_{CO_2}^* = Ex = 1.66 \times 10^5 \times 1.8 \times 10^{-5} kPa = 2.99 kPa$$

CO_2 在空气中的实际分压为

$$p_{CO_2} = 5.06 kPa$$

$p_{CO_2} > p_{CO_2}^*$,可以判断发生 CO_2 吸收过程,CO_2 由气相向液相传递。

(2)以分压差表示的传质推动力为

$$\Delta p = p_{CO_2} - p_{CO_2}^* = (5.06 - 2.99) kPa = 2.07 kPa$$

根据亨利定律,和空气中 CO_2 分压平衡的水溶液摩尔分数为

$$x^* = \frac{p_{CO_2}}{E} = \frac{5.06}{1.66 \times 10^5} = 3.05 \times 10^{-5}$$

以浓度差表示的传质推动力为

$$\Delta c = (x^* - x)c_0 = (3.05 \times 10^{-5} - 1.8 \times 10^{-5}) \times 5.4 kmol/m^3$$

$$= 6.92 \times 10^{-4} kmol/m^3$$

(3)逆流接触时,出口气体可以达到的极限浓度为进口水溶液的气相平衡浓度。由前面的计算可知,与水溶液平衡的气相 CO_2 分压为 2.99kPa,因此空气中 CO_2 的摩尔分数最小为

$$y_{min} = y_2^* = \frac{2.99}{101.3} = 0.03$$

这只是一个理论值,在实际操作中难以达到。

第三节　吸收传质机理和速率

一、吸收传质步骤

分析吸收过程的目的在于解决两个基本问题,即吸收过程的极限和吸收过程的速率。吸收过程的极限取决于相平衡关系;吸收过程的速率则是由过程的推动力决定的。

吸收过程中,气液两相间的物质传递包括 3 个步骤:

(1)溶质由气相主体传递到相界面,即气相内的物质传递;

（2）溶质在两相界面上从气相传入液相，即相界面上发生溶解过程；

（3）溶质由相界面传递到液相主体，即液相内的物质传递。

一般说来，相界面上发生的溶解过程比较容易进行，阻力较小。所以，通常认为相界面上气液两相中的溶质浓度满足相平衡关系。这样，吸收过程总的传质速率将分别由气相和液相内的传质速率所决定。

二、双膜理论

可见，溶质在气液两相间的传质过程可以分为两个方面：相内传递和相际传递。这两个传递过程的机理也是不一样的。由于相界面和界面附近流体流动状态和传质过程很复杂，虽然人们提出了各种不同的传质模型，至今仍没有一个完美的理论能说明两流体相间在各种不同情况下的传质效果。应用比较普遍的是1923年威特曼（Whitman）提出的双膜理论，以下将重点介绍。

针对气体吸收传质过程，双膜理论的基本论点如下：①在气液两相接触时，两相间有个相界面。在相界面附近两侧分别存在一层稳定的滞留膜层（不发生对流作用的膜层）——气膜和液膜。溶质分子以稳态的分子扩散连续通过这两层膜。②气液两个膜层分别将各项主体流与相界面隔开，滞留膜的厚度随各项主体的流速和湍流状态而变，流速愈大，膜厚度愈薄。气液相质量传递过程是：

吸收质从气相主体 ←—湍流扩散—→ 气膜表面 ←—分子通过气膜扩散—→ 相界面

←—分子通过液膜扩散—→ 液膜表面 ←—湍流扩散—→ 液相主体

直至达到动态平衡为止。③在界面上，气液两相呈平衡态，即液相的界面浓度和界面处的气相组成呈平衡的饱和状态，也可理解为在相界面上无扩散阻力。④在两相主体中吸收质的浓度均匀不变，因而不存在传质阻力，仅在薄膜中发生浓度变化；存在分子扩散阻力，两相薄膜中的浓度差等于膜外的气液两相的平均浓度差。因此，相际传质的阻力就全部集中在两层停滞膜中，故该模型又称为双阻力模型。

双膜理论是描述吸收过程的简化模型，如图7-7所示，其要点可归纳为流动和传质两大部分。①流动部分：相互接触的气液两相存在一个固定的相界面；相界面的两侧分别存在气膜和液膜；膜内流体呈层流流动，膜外流体呈湍流流动。膜层厚度取决于流动状况。湍流愈剧烈，膜层愈薄。②传质部分：传质为定态过程，因此，沿传质方向上

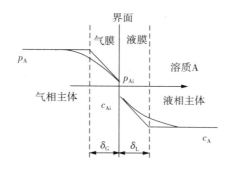

图7-7 双膜理论模型示意图

的溶质传递速率为常量;气液相界面上无传质阻力,即在相界面上,气液两相呈平衡关系;在相界面两侧的膜层内,传质过程以分子扩散方式进行;膜外湍流主体内的传质阻力可忽略。因此,气液两相间的传质阻力主要取决于相界面两侧的膜层传质阻力。

双膜理论将整个气液两相间的传质过程简化为通过气液两个层流膜层的分子扩散过程,从而大大简化了吸收过程的计算。

根据前面第四章介绍的对流传质速率方程,按照双膜模型,气相和液相对流传质的速率方程分别为

$$(N_A)_G = k_G(p_A - p_{Ai}) = \frac{p_A - p_{Ai}}{\dfrac{1}{k_G}} \tag{7-28}$$

$$(N_A)_L = k_L(c_{Ai} - c_A) = \frac{c_{Ai} - c_A}{\dfrac{1}{k_L}} \tag{7-29}$$

式中:$(N_A)_G$,$(N_A)_L$——溶质通过气膜和液膜的传质通量,kmol/(m² · s);

p_A,c_A——溶质在气、液两相主体中的压力(Pa)和浓度,kmol/m³;

p_{Ai},c_{Ai}——溶质在气、液两相界面上的压力(Pa)和浓度,kmol/m³;

k_G——以气相分压差为推动力的气膜传质系数,kmol/(m² · s · Pa);

k_L——以液相浓度差为推动力的液膜传质系数,m/s。

双膜模型假设溶质以稳态分子扩散方式通过气膜和液膜,因此,气相和液相的对流传质速率相等。

$$(N_A)_G = (N_A)_L = k_G(p_A - p_{Ai}) = k_L(c_{Ai} - c_A)$$

故

$$\frac{p_A - p_{Ai}}{c_A - c_{Ai}} = -\frac{k_L}{k_G} \tag{7-30}$$

三、总吸收速率方程

无论气相分传质速率方程,还是液相分传质速率方程,为计算 N_A 都必须知道 $k_G(k_y)$、$k_L(k_x)$ 及相界面上的平衡关系。这样,这些方程式的实用价值大大减少,因此,有必要推导出总吸收速率方程。

以一个相的虚拟浓度与另一相中该组分平衡浓度的浓度差为总传质过程的推动力,则分别得到稳回收过程的气相和液相总吸收速率方程式。

由亨利定律,可将传质速率方程式(7-29)改写为

$$(N_A)_L = k_L(c_{Ai} - c_A) = \frac{p_{Ai} - p_A^*}{\frac{1}{Hk_L}} \quad\quad (7-31)$$

气相总吸收速率方程式：

$$N_A = K_G(p_A - p_A^*) \quad\quad (7-32)$$

稳态时,有

$$(N_A)_G = (N_A)_L = N_A$$

将式(7-28)和式(7-31)相加,并与式(7-32)比较,得

$$\frac{1}{K_G} = \frac{1}{k_G} + \frac{1}{Hk_L} \qu\quad (7-33)$$

式中：K_G——以气相分压为推动力的总传质系数,kmol/(m² · s · Pa)；

$\dfrac{1}{K_G}$——总传质阻力,是气膜阻力$\dfrac{1}{k_G}$、液膜阻力$\dfrac{1}{Hk_L}$之和。

同理,以液膜浓度差为推动力的总吸收速率方程可表示为

$$N_A = K_L(c_A^* - c_A), \quad \frac{1}{K_L} = \frac{H}{k_G} + \frac{1}{k_L} \quad\quad (7-34)$$

式中：c_A^*——与气相分压 p_A 平衡的液体浓度,$c_A^* = Hp_A$,kmol/m³；

K_L——以液相浓度差为推动力的总传质系数,m/s；

$\dfrac{1}{K_L}$——总传质阻力,是液相阻力$\dfrac{1}{k_L}$与气相阻力$\dfrac{H}{k_G}$之和。

比较两个总吸收速率方程,可以得到气相总传质系数 K_G 与液相总传质系数 K_L 存在以下关系：

$$K_G = HK_L \quad\quad (7-35)$$

气、液相浓度组成的表示方法不同,吸收速率方程就有不同的表示形式,因此总的吸收速率方程也会有不同的表示形式。

当溶质在气、液相中的浓度以摩尔分数来表示时,总传质速率方程可以分别表示为

$$N_A = K_y(y_A - y_A^*) \quad\quad (7-36)$$

$$N_A = K_x(x_A^* - x_A) \quad\quad (7-37)$$

式中：x_A, y_A——溶质在液相和气相主体中的摩尔分数；

x_A^*, y_A^*——与气相主体摩尔分数平衡的液相摩尔分数与液相主体摩尔分数

平衡的气相摩尔分数;

K_y,K_x——以摩尔分数差为推动力的气相和液相总传质系数,kmol/(m² · s)。

K_y 和 K_x 之间的关系为

$$K_x = mK_y$$

m——相平衡常数。

$$\frac{1}{K_y} = \frac{1}{k_y} + \frac{m}{k_x}, \frac{1}{K_x} = \frac{1}{k_x} + \frac{1}{mk_y} \qquad (7-38)$$

当溶质在气、液相中的浓度以摩尔比来表示时,则总吸收速率方程可以分别表示为

$$N_A = K_Y(Y_A - Y_A^*) \qquad (7-39)$$

$$N_A = K_X(X_A^* - X_A) \qquad (7-40)$$

式中:X_A,Y_A——溶质在液相和气相主体中的摩尔比;

X_A^*,Y_A^*——与气相主体摩尔比平衡的液相摩尔比和与液相主体摩尔比平衡的气相摩尔比;

K_Y,K_X——以摩尔比差为推动力的气相和液相总传质系数,kmol/(m² · s)。

总吸收速率方程表明吸收速率与传质推动力成正比,与传质阻力成反比。增加溶质的气相分压或者减少液相浓度,都可以增加传质推动力,从而增加吸收速率。

吸收速率方程式只适用于表示定态操作的吸收塔内任一截面上的速率关系,而不能直接用来描述全塔的吸收速率。在塔内不同截面上,气液两相组成各不相同,吸收速率也不相同。

在使用总吸收速率方程式时,在整个吸收过程所涉及的组成范围内,平衡关系需为直线,即符合 Henry 定律。否则,即使 k_G 和 k_L 为常数,总吸收系数仍随组成而变化。因此,不宜用总吸收速率方程式进行吸收塔的计算。但对易溶气体,$K_G \approx k_G$,或难溶气体 $K_L \approx k_L$,此时,可使用 K_G 和 K_L 及与其对应的总吸收速率方程式。对于中等溶解度而平衡关系不为直线时,不宜采用总吸收速率方程式。

四、化学吸收的传质速率

化学吸收过程的传质模型也以双膜模型为基础,在气相一侧,溶质的传质速率方程与物理吸收过程相同,可以表示为

$$N_A = k_G(p_A - p_{Ai}) \qquad (7-41)$$

在气、液两相界面处,仍然认为溶质在气、液两相中的组成符合平衡关系,可以

用亨利定律表示

$$c_{Ai} = H p_{Ai}$$

但是在液相一侧,化学吸收除了扩散传质过程之外,还包含了化学反应过程。化学反应的参与使得界面处液相溶质的物理溶解态浓度减小,增加了相界面处的传质推动力。也可以说,相界面处液相一侧的停滞膜的当量厚度降低了,从而减小了传质阻力,使得传质系数增加。总的来说,化学反应增加了液相一侧的传质推动力或者传质系数,使得液相的传质速率增大,从而增大了总传质过程的速率。当然,化学反应速率的不同,对总传质速率的影响也是不同的。因此,可以用增大传质推动力或增大传质系数两种方法来表示化学反应对液相传质速率的影响。

当不存在化学反应时,物理吸收的液相传质速率可以表示为

$$N_A = k_L(c_{Ai} - c_A) = k_L \Delta c \tag{7-42}$$

如果认为传质系数不变,传质推动力增加,则化学吸收液相传质速率可表示为

$$N_A = k_L(\Delta c + \delta) \tag{7-43}$$

相应地,由于液相传质系数不变,总传质系数也不变,但是液相传质推动力增加,所以以液相浓度差为推动力的总传质速率方程可表示为

$$N_A = K_L(c_A^* - c_A + \delta) = K_L(\Delta c^* + \delta) \tag{7-44}$$

式中:δ——增加的传质推动力部分,其实质是由于化学反应减少的液相溶质浓度。

同样,如果认为传质推动力不变,传质系数增加,则液相传质速率方程可表示为

$$N_A = \beta k_L \Delta c = k_L' \Delta c \tag{7-45}$$

同样,传质推动力不变,传质系数增加,总传质系数也会相应增加。

$$\frac{1}{K_L'} = \frac{H}{k_G} + \frac{1}{\beta k_L} = \frac{H}{k_G} + \frac{1}{k_L'} \tag{7-46}$$

所以总传质速率方程表示为

$$N_A = K_L'(c_A^* - c_A) \tag{7-47}$$

式中:k_L'——增大后的液相传质系数,$k_L' = \beta k_L$(β 为增强系数);

K_L'——增大后的总传质系数。

为了计算增强系数和相应增大的液相传质速率,需要把溶质 A、活性组分 B 的扩散方程和化学反应速率方程结合起来,建立反应-扩散微分方程式,然后根据具体的反应过程进行积分求解。如果液相中活性组分 B 的浓度足够大,而且具有足够快的扩散速率保证对反应消耗的补充,则溶质 A 在相界面处即与 B 完全反应,

而在液膜内没有扩散,液相传质阻力可以忽略。在这种情况下,化学吸收就完全等同于气膜阻力控制的物理吸收,如图 7-8 所示。

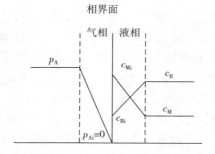

图 7-8 气膜控制的化学吸收过程两相浓度示意图

如果不是这种极端的情况,而是活性组分 B 的浓度较大,扩散速率也较快,那么化学反应发生在液膜中,此时的传质过程和反应过程就会相对复杂。

【例题 7-3】 在例题 7-2 所给的条件中,如果分别采用清水和碱溶液吸收空气中的 SO_2,传质速率分别是多少?假设碱溶液吸收发生的是快速不可逆反应。

解:(1)在清水吸收的条件下,气相的总传质系数不变,$K_G=1.11\times10^{-7}$ kmol/$(m^2 \cdot s \cdot kPa)$,传质推动力为

$$\Delta p=p_A-p_A^*=(0.03\times101.3-0)kPa=3.039kPa$$

所以传质速率为

$$N_A=K_G\Delta p=1.11\times10^{-7}\times3.039kmol/(m^2 \cdot s)=3.37\times10^{-7}kmol/(m^2 \cdot s)$$

(2)在碱溶液吸收的条件下,由于发生快速不可逆反应,在相界面处,SO_2 到达液膜即发生反应,不存在积累和向液相主体的传质过程,可以认为溶液中 SO_2 浓度为 0,而且不存在液相传质阻力。因此,气相总传质系数为 $K_G=k_G=1\times10^{-6}$ kmol/$(m^2 \cdot s \cdot kPa)$。

传质总推动力为

$$\Delta p=p_A-p_A^*=(0.03\times101.3-0)kPa=3.039kPa$$

传质速率为

$$N_A=K_G\Delta p=1\times10^{-6}\times3.039kmol/(m^2 \cdot s)=3.039\times10^{-6}kmol/(m^2 \cdot s)$$

从例题 7-2 的计算中可以看到,液相的传质阻力远远大于气相的传质阻力,属于液膜控制的传质过程。在这种情况下,采用化学吸收过程可以消除液相传质阻力,大大提高传质速率。但是对于气膜控制的吸收过程,化学吸收的这种作用就不明显。

第四节 吸收设备

一、功能与分类

1. 吸收设备的功能

气体吸收过程与气液两相接触面大小、相界面更新状况等密切相关。吸收设备的功能就在于建立较大的且能迅速更新的相界面。具体地说：

(1)使气液两相充分地接触,以提供尽可能大的传质面积和传质系数；

(2)使充分接触的气液两相能够及时有效地分离,以更新相界面；

(3)使气液两相最大限度地接近逆流,以提供最大的传质推动力。

通常,相界面的形成方法主要有以下 3 种:①生成液膜;②气体以气泡形式分散于液体中;③液体以液滴形式分散于气体中。

2. 吸收设备的分类

按照相界面的形成方法,吸收设备可分为

(1)膜式吸收设备:管束塔、填料塔、湍球塔等。

(2)气体分散式吸收设备:板式塔(泡罩塔、筛板塔、浮阀塔等)。

(3)液体分散式吸收设备:喷洒塔、喷射塔、Venture 吸收塔等。

按吸收设备结构,吸收设备可分为

(1)板式塔:一般当处理物料量较大(塔径大于 0.8m)时,多采用板式塔。

(2)填料塔:一般当塔径要求在 0.8m 以下时,多采用填料塔。现在也有塔径超过 3m 的填料塔在工业生产中运行。

按照气液接触状况,吸收设备可分为

(1)逐级接触式:板式塔。因塔内气液流动方式不同,又分为逆流塔板和错流塔板。在错流塔板中,气液两相组成呈阶梯式变化。液体横向流过塔板,气体垂直穿过液层。但从吸收塔整体来看,气液两相逆向流动。液相从塔顶流至塔底,而气相则从下向上流动。在逆流塔板中,气液两相同时由塔板上的孔道逆向穿流而过,塔板结构简单。但需要较高气速才能维持板上液层,操作范围较小,分离效率不高,实际应用较少。

(2)微分接触式:填料塔。一般气液两相为逆向流动,两相组成呈连续变化。

正常操作情况下,在错流塔板中,液体为连续相,气体在液体中分散;在填料塔中,气体为连续相,液体则沿填料表面流动。

二、吸收设备的特点

一般常用的几种吸收塔的特点比较见表 7-2 所列。

表 7-2　常用吸收塔特点比较

序号	项目	填料塔	板式塔	管束塔
1	流动形态	气体在填料空隙中流过；液体在填料表面呈无规则膜状流动。两相湍流,压降较小	气体在塔板上穿过液体层形成泡沫层。两相湍动剧烈,压降较大	气体在直管中流动；液体在直管壁上呈膜状向下流,湍流程度较差,但压降很小,适合于气膜阻力控制的吸收过程
2	传热性能	因难以在塔内安装换热构件,所以传热性能较差	塔板上可以安装换热构件,传热性能较好	本身就与管壳式换热器类似,可和壳程介质换热。适合于热效应较大的吸收过程
3	耐腐蚀性	填料可由耐腐蚀材料制作,造价较低	塔板需用耐腐蚀材料制作,造价较高	管束需用耐腐蚀材料制作,造价较高
4	防堵塞能力	填料空隙较小,容易堵塞	塔板液体通道截面积较大,不易堵塞	降膜管液体通道较小,容易堵塞
5	抗发泡性	由于填料对泡沫具有限制和破碎作用,所以抗发泡性较好	液沫夹带较重,容易产生液泛,抗发泡性差	液沫夹带较重,容易产生液泛,抗发泡性较差
6	制造安装	结构简单,容易制造安装。单位体积的造价几乎不随塔径而变。塔径小于 0.8mm 时,造价低于板式塔	结构比较复杂。塔径小于 0.6m 时,因塔板安装较难而很少采用。单位体积的造价随塔径增大而降低。塔径较大时,造价低于填料塔	结构复杂,安装要求很高

三、吸收设备的主要工艺计算

本节主要以低浓度气体为吸收对象,讨论工艺计算,所以重点介绍填料塔的工艺计算。

1. 填料塔吸收过程的物料衡算与操作线方程

填料塔是以塔内的填料作为气液两相间接触构件的传质设备。如图 7-9 所示,填料塔的塔身是一直立式圆筒,底部装有填料支承板,填料以乱堆或整砌的方式放置在支承板上。填料的上方安装填料压板,以防止被上升气流吹动。液体从塔顶经液体分布器喷淋到填料上,并沿填料表面流下。气体从塔底送入,经气体分布装置(小直径塔一般不设气体分布装置)分布后,与液体呈逆流连续通过填料层的空隙,在填料表面上,气液两相密切接触进行传质。填料塔属于连续接触式气液传质设备,两相组成沿塔高连续变化,在正常操作状态下,气相为连续相,液相为分散相。

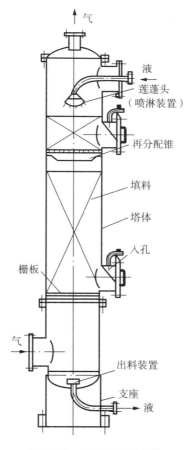

图 7-9 填料塔总体结构

当液体沿填料层向下流动时,有逐渐向塔壁集中的趋势,使得塔壁附近的液流量逐渐增大,这种现象称为壁流。壁流效应造成气液两相在填料层中分布不均,从而使传质效率下降。因此,当填料层较高时,需要进行分段,中间设置再分布装置。液体再分布装置包括液体收集器和液体再分布器两部分,上层填料流下的液体经液体收集器收集后,送到液体再分布器,经重新分布后喷淋到下层填料上。

2. 全塔物料衡算

以混合气体的稳态逆流操作的吸收塔为例,气、液两相进出吸收塔的流量和组成如图 7-10 所示,下标 1 表示塔底截面,下标 2 表示塔顶截面。以惰性气体流率和液体吸收剂流率为基准,全塔溶质 A 的物料衡算式为

$$q_{nG}(Y_1 - Y_2) = q_{nL}(X_1 - X_2) \tag{7-48}$$

式中:q_{nG}——通过吸收塔的惰性气体摩尔流量,kmol/s;

$\quad q_{nL}$——通过吸收塔的吸收剂摩尔流量,kmol/s;

$\quad Y_1, Y_2$——分别为进塔和出塔混合气体中溶质 A 的摩尔比;

$\quad X_1, X_2$——分别为出塔和进塔吸收液中溶质 A 的摩尔比。

吸收计算中还经常用到溶质吸收率(回收率)的概念,定义为

$$\varphi = \frac{q_{nG}Y_1 - q_{nG}Y_2}{q_{nG}Y_1} = \frac{Y_1 - Y_2}{Y_1} \tag{7-49}$$

由 φ 值可以确定吸收操作中出塔气体溶质的组成,即 $Y_2 = Y_1(1-\varphi)$。

当混合气体中溶质浓度不高时(如低于 5%~10%),通常称为低浓度气体吸收。此时,由于气体在经过吸收塔时,被吸收的溶质量很少,流经全塔的混合气体流率和吸收液流率变化不大,因此可以混合气体流率和液体流率代替惰性气体流率和液体溶剂流率,并以摩尔分数 y、x 代替摩尔比 Y、X。

3. 操作线方程式与操作线

稳态逆流操作中,在吸收塔的任一横截面上的气、液相组成 Y 与 X 之间的关系,可通过吸收塔任一截面(如图 7-10 中的 m—n 截面)与塔的任何一端之间做溶质 A 的物料衡算得到。如 m—n 截面与塔顶界面的溶质物料衡算为

$$Y = \frac{q_{nL}}{q_{nG}}(X - X_2) + Y_2 \tag{7-50}$$

同样,m—xt 截面与塔底截面的溶质物料衡算

$$Y = \frac{q_{nL}}{q_{nG}}(X - X_1) + Y_1 \tag{7-51}$$

以上两式是等价的,都可以称为逆流吸收塔的操作线方程式。以上方程式表明,塔内任意截面上的气相组成和液相组成呈直线关系。将这条直线标在 X-Y 坐标图中,就得到逆流吸收的操作线,直线的斜率 q_{nL}/q_{nG} 称为液气比,点 $A(X_2,$

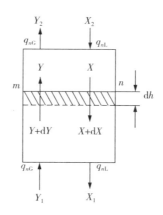

图 7 - 10　逆流吸收塔的物料衡算图

Y_2)和 $B(X_1,Y_1)$ 是直线上的两点,因此操作线只取决于塔底和塔顶两端的气液相组成和液气比。塔内任一个截面上的气液相的组成都可以在操作线上找到相应的点表示,称为操作点,AB 为从塔顶到塔底一系列操作点的连线。

　　吸收操作时,气相的溶质组成始终大于与液相溶质浓度平衡的气相组成,因此,吸收操作线在相平衡曲线的上方。操作线上任意一点到平衡线的水平或垂直距离都代表了传质推动力,如 $AM(Y_2-Y^*)$ 表示以气相摩尔比差表示的总传质推动力;$AN(X^*-X_2)$ 表示以液相摩尔比差表示的总传质推动力。如图 7 - 11 所示,操作线与平衡线相距越远,传质推动力就越大。

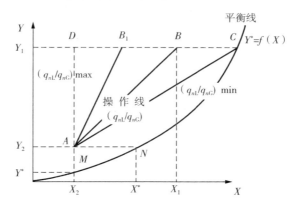

图 7 - 11　操作线、平衡线和气液比的关系

4. 吸收剂用量的计算

　　如果吸收气体的任务一定,即 q_{nG},Y_1,Y_2 均已知,吸收剂的初始溶质浓度 X_2 也已选定,那么吸收剂用量的变化就会引起操作线相应的变化。

当吸收剂用量增加时,操作线 AB 向远离平衡线的方向 AB_1 移动,除塔顶截面外,塔内各个截面上的传质推动力不断增加,出塔吸收液中的溶质浓度 X 不断减小,当操作线 AD 平行于竖轴时,吸收剂用量为无穷大,此时出塔吸收液中的溶质浓度达到最小,$X_1 = X_2$。

当减小吸收剂用量时,操作线逐渐向平衡线方向移动,塔内各个截面传质推动力不断减小,出塔吸收液中溶质浓度 X_1 不断增加,当操作线与平衡线交于点 C,吸收剂的用量达到最小,出塔吸收液中溶质浓度达到最大,塔底截面上,气液两相达到平衡。要在此条件上完成吸收任务,传质面积要求无穷大,也就是要求吸收塔要无限高,这显然是没有实际意义的。但可根据最小吸收剂用量来确定实际的适宜吸收剂用量。

由全塔的物料衡算

$$q_{nG}(Y_1 - Y_2) = q_{nL}(X_1 - X_2)$$

吸收剂用量可以表示为

$$q_{nL} = q_{nG}\left(\frac{Y_1 - Y_2}{X_1 - X_2}\right) \tag{7-52}$$

在最小吸收剂用量条件下,塔底截面气、液两相平衡,由亨利定律,得 $X^* = Y_1/m$(稀溶液条件下),因此,最小吸收剂用量可表示为

$$q_{nL.min} = q_{nG}\left(\frac{Y_1 - Y_2}{X_1^* - X_2}\right) = q_{nG}\left(\frac{Y_1 - Y_2}{Y_1/m - X_2}\right) \tag{7-53}$$

在实际吸收操作中,吸收剂的用量必须大于最小吸收剂用量才能完成分离任务。吸收剂用量是技术经济优化的结果,减少吸收剂用量,就需要增加吸收塔的高度,设备费用增加;吸收剂用量大,虽然可以降低吸收塔的高度,但是吸收剂的消耗量、液体输送功率以及再生费用等操作费用增加,同时再生系统设备费等费用也会增加,因此需要对吸收剂用量和总费用进行优化。根据实践经验,吸收剂的实际用量一般取最小用量的 $1.1 \sim 2.0$ 倍,即

$$q_{nL} = (1.1 \sim 2.0)q_{nL\ min} \tag{7-54}$$

或

$$q_{nL}/q_{nG} = (1.1 \sim 2.0)(q_{nL}/q_{nG})_{min} \tag{7-55}$$

吸收剂用量的选择还应考虑操作过程一些其他的要求,比如满足填料层最小允许喷淋密度的要求,以保证填料表面能够被液体充分湿润。

5. 塔径的计算

填料吸收塔塔径 d_T 取决于处理的气量 $Q(m^3/s)$ 和适宜的空塔气速 $v_0(m/s)$,计算式为

$$d_T(m) = \sqrt{\frac{4Q}{\pi v_0}} \qquad (7-56)$$

处理气量 Q 根据实际的工业过程而定;空塔气速 v_0 一般由填料的液泛速率 v_t 确定,通常取 $v_0 = (0.60 \sim 0.70)v_t$。填料塔的液泛速率是指使塔内发生液泛的最低操作气速,可从有关手册中查取。

6. 填料层高度的基本计算

填料塔中,气-液传质是在填料层中完成的,填料层的高度实际上是反映了气、液两相在塔内传质时的有效接触面积,为了完成气体的吸收任务,必须保证填料层具有一定的高度。填料层高度的计算涉及吸收过程的物料衡算、传质速率方程和相平衡关系等问题。以下以低浓度气体为对象进行介绍。

(1)填料层高度的计算式

① 基本计算式

填料塔是气、液两相连续接触进行传质的设备,气、液相组成在塔内沿高度连续变化,各塔截面处的气、液相组成、传质推动力、传质速率方程都不一样。因此,选取填料塔中的 dA 微元填料层作为研究对象(图 7-10),建立微元填料层内的物料衡算、传质速率和相平衡关系,推导填料层高度的计算关系式。

对 dh 微元填料层作溶质 A 的物料衡算:

$$dq_n = q_{nG}dY = q_{nL}dX \qquad (7-57)$$

dh 微元填料层内的传质速率方程为

$$dq_n = N_A dA = K_Y(Y - Y^*)a\Omega dh \qquad (7-58)$$

$$dq_n = N_A dA = K_X(X^* - X)a\Omega dh \qquad (7-59)$$

式中:dq_n——经过 dh 微元填料层传递的溶质 A 的量,kmol/s;

$\quad \Omega$——塔的横截面积,m^2;

$\quad a$——填料层的有效传质比表面积,m^2/m^3。

将 dh 微元填料层物料衡算方程和传质速率方程联立,可得到 dh 的微分方程为

$$dh = \frac{q_{nG}}{K_Y a\Omega} \frac{dY}{Y - Y^*} \qquad (7-60)$$

$$dh = \frac{q_{nL}}{K_X a\Omega} \frac{dX}{X^* - X} \qquad (7-61)$$

上述两式中,a 表示单位体积填料层所能提供的有效传质面积,它不仅与填料的形状、尺寸及填充情况有关,而且受流体物性和流动状况的影响。a 的值很难直接测定,因此经常将它与传质系数的乘积作为一个物理量来看待,称为体积传质系

数,如 $K_Y a$ 和 $K_X a$ 分别称为气相总体积传质系数和液相总体积传质系数,单位是 $kmol/(m^3 \cdot s)$。其物理意义是单位传质推动力下,单位时间、单位体积填料层内传递的溶质量。

对于稳态低浓度气体吸收,塔内气、液两相的物性变化较小,因此各截面上的体积传质系数 $K_Y a$ 和 $K_X a$ 变化不大,可视为常数,计算中通常取平均值。因此,可将上面两式积分,得

$$h = \int_{Y_2}^{Y_1} \frac{q_{nG} dY}{K_Y a\Omega (Y - Y^*)} = \frac{q_{nG}}{K_Y a\Omega} \int_{Y_2}^{Y_1} \frac{dY}{Y - Y^*} \qquad (7-62)$$

$$h = \int_{X_2}^{X_1} \frac{q_{nL} dX}{K_X a\Omega (X^* - X)} = \frac{q_{nL}}{K_X a\Omega} \int_{X_2}^{X_1} \frac{dX}{X^* - X} \qquad (7-63)$$

对于高浓度气体,由于 Y 较大,随着气相中溶质被吸收,气、液两相物性有较大变化。各截面上的 $K_Y a$ 和 $K_X a$ 可能随塔高显著变化,因此,不能视为常数,此时式 (7-62) 和式 (7-63) 的积分需另作处理。

② 传质单元数和传质单元高度

切尔顿(Chilton)和柯尔本(Colburn)将计算填料层高度的积分式右侧分解为两项之积,并分别做如下定义:

$$N_{OG} = \int_{Y_2}^{Y_1} \frac{dY}{Y - Y^*}$$

式中: N_{OG} —— 气相总传质单元数,无量纲。

$$H_{OG} = \frac{q_{nG}}{K_Y a\Omega}$$

式中: H_{OG} —— 气相总传质单元高度,m。

于是,有

$$h = H_{OG} \times N_{OG} \qquad (7-64)$$

同样,也可以得到液相总传质单元数

$$N_{OL} = \int_{X_2}^{X_1} \frac{dX}{X^* - X}$$

液相总传质单元高度

$$H_{OL} = \frac{L}{K_X a\Omega}$$

以及

$$h = H_{OL} \times N_{OL}$$

传质单元数的分子为气相(液相)组成的变化,分母为传质推动力。所谓传质单元,是指通过一定高度的填料层传质,使一相组成的变化恰好等于该段填料中的平均推动力,这样一段填料层的传质称为一个传质单元。传质单元数即为这些传质单元的数目,只取决于传质前后气、液相的组成和相平衡关系,与设备的情况无关,其值的大小反映了吸收过程的难易程度。传质单元数越多,表示吸收过程难度越大。

传质单元高度是完成一个传质单元分离任务所需要的填料层高度,主要取决于设备情况、物理特性及操作条件等,其值大小反映了填料层传质动力学性能的优劣。对低浓度气体的吸收,各传质单元的传质单元高度可以看做是相等的。

(2)传质单元数的计算

传质单元数的表达式中涉及气相或液相的平衡组成,需要用相平衡关系确定。根据相平衡曲线的不同,传质单元数的计算有不同的方法。以下平衡关系是对直线时的情况进行讨论。

① 对数平均推动力法

低浓度气体吸收条件下,操作线和平衡线都是直线,所以操作线到平衡线的垂直距离 $\Delta Y = Y - Y^*$。与气相组成 Y 或水平距离 $\Delta X = X^* - X$ 与液相组成 X 也呈直线关系,因此 $\dfrac{\mathrm{d}(\Delta Y)}{\mathrm{d}Y}$ 或 $\dfrac{\mathrm{d}(\Delta X)}{\mathrm{d}X}$ 为常数,令塔底截面 $\Delta Y_1 = Y_1 - Y_1^*$,塔顶截面 $\Delta Y_2 = Y_2 - Y_2^*$,则

$$\frac{\mathrm{d}\Delta Y}{\mathrm{d}Y} = \frac{\Delta Y_1 - \Delta Y_2}{Y_1 - Y_2}$$

于是气相总传质单元数可以写成

$$N_{\mathrm{OG}} = \int_{Y_2}^{Y_1} \frac{\mathrm{d}Y}{(Y - Y^*)} = \frac{Y_1 - Y_2}{\Delta Y_1 - \Delta Y_2} \int_{\Delta Y_2}^{\Delta Y_1} \frac{\mathrm{d}\Delta Y}{\mathrm{d}Y} = \frac{Y_1 - Y_2}{\Delta Y_1 - \Delta Y_2} \ln \frac{\Delta Y_1}{\Delta Y_2} = \frac{Y_1 - Y_2}{\Delta Y_{\mathrm{m}}}$$

$$(7 - 65)$$

式中:ΔY_{m}——气相对数平均推动力,即

$$\Delta Y_{\mathrm{m}} = \frac{\Delta Y_1 - \Delta Y_2}{\ln \dfrac{\Delta Y_1}{\Delta Y_2}}$$

同理,可以求得液相总传质单元数为

$$N_{\mathrm{OL}} = \int_{X_2}^{X_1} \frac{\mathrm{d}X}{(X^* - X)} = \frac{X_1 - X_2}{\Delta X_{\mathrm{m}}} \qquad (7 - 66)$$

式中:ΔX_{m}——液相对数平均推动力,即

$$\Delta X_{\mathrm{m}} = \frac{\Delta X_1 - \Delta X_2}{\ln \dfrac{\Delta X_1}{\Delta X_2}}$$

由以上表示可知,传质单元数为塔底和塔顶的组成差与塔底和塔顶的传质推动力对数平均值之比。

② 吸收因数法

当平衡关系符合亨利定律时,有

$$Y^* = mX$$

又操作线方程为

$$Y = \frac{q_{n\mathrm{L}}}{q_{n\mathrm{G}}} (X - X_1) + Y_1$$

两式联立,可以求得

$$Y^* = m\left[\frac{q_{n\mathrm{G}}}{q_{n\mathrm{L}}} (Y - Y_2) + X_2 \right]$$

代入气相传质单元数的表达式,得

$$N_{\mathrm{OG}} = \int_{Y_2}^{Y_1} \frac{\mathrm{d}Y}{(Y - Y^*)} = \int_{Y_2}^{Y_1} \frac{\mathrm{d}Y}{Y - m\left[\dfrac{q_{n\mathrm{G}}}{q_{n\mathrm{L}}} (Y - Y_2) + X_2 \right]} \tag{7-67}$$

$$N_{\mathrm{OG}} = \int_{Y_2}^{Y_1} \frac{\mathrm{d}Y}{\left(1 - \dfrac{mq_{n\mathrm{G}}}{q_{n\mathrm{L}}}\right) Y + \left(\dfrac{mq_{n\mathrm{G}}}{q_{n\mathrm{L}}} Y_2 - mX_2\right)} \tag{7-68}$$

令 $S = \dfrac{q_{n\mathrm{L}}}{mq_{n\mathrm{G}}}$,称为吸收因子,其几何意义为操作线斜率 $q_{n\mathrm{L}}/q_{n\mathrm{G}}$ 与平衡线斜率 m 之比,而 $\dfrac{1}{S} = \dfrac{mq_{n\mathrm{G}}}{q_{n\mathrm{L}}}$ 为解吸因子,

则

$$N_{\mathrm{OG}} = \int_{Y_2}^{Y_1} \frac{\mathrm{d}Y}{\left(1 - \dfrac{1}{S}\right) Y + \left(\dfrac{1}{S} Y_2 - mX_2\right)} \tag{7-69}$$

$$N_{\mathrm{OG}} = \frac{1}{1 - 1/S} \ln\left[(1 - 1/S) \frac{Y_1 - mX_2}{Y_2 - mX_2} + \frac{1}{S} \right]$$

由上式可知,当 S 一定时,N_{OG} 与 $\dfrac{Y_1 - mX_2}{Y_2 - mX_2}$ 存在一一对应的关系,因此为了便于工程计算,在半对数坐标上以 $1/S$ 为参数,绘出 N_{OG} 与 $\dfrac{Y_1 - mX_2}{Y_2 - mX_2}$ 关系曲线,如图

7-12所示。根据图7-12,当S给定时,已知出塔气体气相组成Y_2,可求得填料塔传质单元数N_{OG};反之,已知N_{OG},可以求出塔气体气相组成Y_2。

$\dfrac{Y_1 - mX_2}{Y_2 - mX_2}$的大小反映了溶质吸收率的高低,当$S$一定时,溶质吸收率要求高,所需的传质单元数$N_{OG}$就大,反之亦然。若吸收要求一定,$S$值大,传质单元数$N_{OG}$就小,填料塔要求高度低,但吸收剂的用量大。

同样可以得到液相传质单元数的吸收因子表达式

$$N_{OL} = \frac{1}{S-1} \ln\left[\left(1 - \frac{1}{S}\right)\frac{Y_2 - mX_2}{Y_1 - mX_2} + \frac{1}{S}\right] \tag{7-70}$$

气相和液相传质单元数之间的关系为

$$N_{OG} = S N_{OL}$$

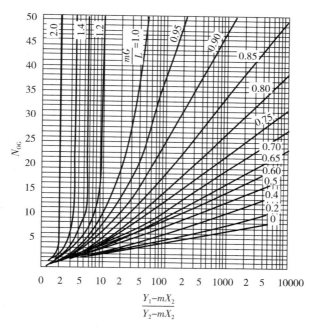

图7-12 N_{OG}与$\dfrac{Y_1 - mX_2}{Y_2 - mX_2}$关系图

吸收因子是将液气比$\dfrac{q_{nL}}{q_{nG}}$和相平衡常数结合在一起的传质过程参数,根据S值偏离1的情况的不同,塔内各截面上传质推动力的相对大小和分布也不同。根据吸收任务和吸收的目的,应当选取合适的S值。例如,对于分离气体溶质并要求获得较高溶质回收率的吸收,应尽量在塔顶接近平衡,此时宜取$S > 1$;若是要求提高出塔吸收液中溶质浓度,应尽量在塔底接近平衡,宜取 $S<1$。S 值的选取还决定吸收剂的用量,如前所述,需要考虑设备费用和操作费用优化的问题。

对于平衡线是直线的吸收问题,既可以采用对数平均推动力法,也可以采用吸收因子法进行计算,可根据实际问题选择方便的方法。

7. 吸收过程的计算类型

吸收过程的计算通常分为设计型计算和操作型计算,虽然类型不一样但是都依据物料衡算关系、相平衡关系和填料层高度计算式,设计型计算是给出分离任务和要求,计算完成任务所需要的吸收塔的高度等;而操作型计算是给定吸收塔的条件,由已知的操作条件计算最终的吸收效果,或者由要求的吸收效果确定需要的操作条件。设计计算的关键是设计者需要根据经验选择一些参数,从而用于计算。

目前在做吸收计算时的求解方法有解析法和图解法:解析法可以得到准确的结果,但是对于包含非线性方程计算的,往往需要试差或迭代,计算比较麻烦;应用一些关联图进行图解计算不用试算,但是准确性较差,作为估算比较合适。

思考题与习题

7-1 在 30℃,常压条件下,用吸收塔清水逆流吸收空气-SO_2 混合气体中的 SO_2,已知气-液相平衡关系式为 $y=47.87x$,入塔混合气中 SO_2 摩尔分数为 0.05,出塔混合气 SO_2 摩尔分数为 0.002,出塔吸收液中每 100g 含有 SO_2 0.356g,试分别计算塔顶和塔底处的传质推动力,用 Δy、Δx、Δp、Δc 表示。

7-2 吸收塔内某截面处气相组成为 $y=0.05$,液相组成为 $x=0.01$,两相的平衡关系为 $y^*=2x$,如果两相的传质系数分别为 $k_y=1.25\times10^{-5}$ kmol/($m^2 \cdot s$),$k_x=1.25\times10^{-5}$ kmol/($m^2 \cdot s$)。试求该截面上传质总推动力、总阻力、气液两相的阻力和传质速率。

7-3 用吸收塔吸收废气中的 SO_2,条件为常压,30℃,相平衡常数为 $m=26.7$,在塔内某一截面上,气相中 SO_2 分压为 4.1kPa,液相中 SO_2 浓度为 0.05kmol/m^3,气相传质系数为 $k_G=1.5\times10^{-2}$ kmol/($m^2 \cdot h \cdot kPa$),液相传质系数为 $k_L=0.39$m/h,吸收液密度近似水的密度。试求:

(1)截面上气液相界面上的浓度和分压;

(2)总传质系数、传质推动力和传质速率。

7-4 101.3kPa 操作压力下,在某吸收截面上,含氨 0.03 摩尔分数的气体与氨浓度为 1kmol/m^3 的溶液发生吸收过程,已知气膜传质分系数为 $k_G=5\times10^{-6}$ kmol/($m^2 \cdot s \cdot kPa$),液膜传质分系数为 $k_L=1.5\times10^{-4}$m/s,操作条件下的溶解度系数为 $H=0.73$kmol/($m^2 \cdot kPa$),试计算:

(1)界面上两相的组成;

(2)以分压差和摩尔浓度差表示的总传质推动力、总传质系数和传质速率;

(3)分析传质阻力,判断是否适合采取化学吸收,如果采用酸溶液吸收,传质速率提高多少?假设发生瞬时不可逆反应。

7-5 利用吸收分离两组分气体混合物,操作总压为 310kPa,气、液相分传质系数分别为 $k_y=3.77\times10^{-3}$ kmol/($m^2 \cdot s$),$k_x=3.06\times10^{-4}$ kmol/($m^2 \cdot s$),气、液两相平衡符合亨利定律,关

系式为 $p^* = 1.067 \times 10^4$（p^* 的单位为 kPa），计算：

(1)总传质系数；

(2)传质过程的阻力分析；

(3)根据传质阻力分析，判断是否适合采取化学吸收，如果发生瞬时不可逆化学反应，传质速率会提高多少倍？

7-6 已知常压下，20℃时，CO_2 在水中的亨利系数为 1.44×10^{-5} kPa，并且已知以下两个反应的平衡常数

$$CO_2 + H_2O \Longleftrightarrow H_2CO_3 \qquad K_1 = 2.5 \times 10^{-3} \text{ kmol/m}^3$$

$$H_2CO_3 \Longleftrightarrow H^+ + HCO_3^- \qquad K_2 = 1.7 \times 10^{-4} \text{ kmol/m}^3$$

若平衡状态下气相中的 CO_2 分压为 10kPa，求水中溶解的 CO_2 的浓度。CO_2 在水中的一级离解常数为 $K = 4.3 \times 10^{-7}$ kmol/m³，实际上包含了上述两个反应平衡，$K = K_1K_2$。

7-7 在两个吸收塔 a、b 中用清水吸收某种气态污染物，气-液相平衡符合亨利定律。如下图所示，采用不同的流程，试定性地绘出各个流程相应的操作线和平衡线位置，并在图上标出流程图中各个浓度符号的位置。

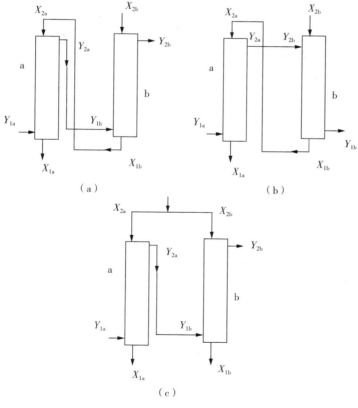

习题 7-7 附图

7-8 用吸收法除去有害气体,已知操作条件下相平衡关系为 $y^* = 1.5x$,混合气体初始含量为 $y_1 = 0.1$,吸收剂入塔浓度为 $x_2 = 0.001$,液气比为 2。已知在逆流操作时,气体出口浓度为 $y_2 = 0.005$。如果操作条件不变,而改为并流操作,气体的出口含量是多少? 逆流操作吸收的溶质是并流操作的多少倍? 假设总体积质系数不变。

7-9 在吸收塔中,用清水自上而下并流吸收混合废气中的氨气。已知气体流量为 $1000 m^3/h$(标准状态),氨气的摩尔分数为 0.01,塔内为常温常压,此条件下氨的相平衡关系为 $Y^* = 0.93X$,求:

(1)用 $5 m^3/h$ 的清水吸收,氨气的最高吸收率;

(2)用 $10 m^3/h$ 的清水吸收,氨气的最高吸收率;

(3)用 $5 m^3/h$ 的含氨 0.5%(质量分数)的水吸收,氨气的最高吸收率。

7-10 用一个吸收塔吸收混合气体中的气态污染物 A,已知 A 在气液两相中的平衡关系为 $y^* = x$,气体入口浓度为 $y_1 = 0.1$,液体入口浓度为 $x_2 = 0.01$。

(1)如果要求吸收率达到 80%,求最小气液比;

(2)溶质的最大吸收率可以达到多少,此时液体出口的最大浓度为多少?

7-11 在逆流操作的吸收塔中,用清水吸收混合废气中的组分 A,入塔气体溶质体积分数为 0.01,已知操作条件下的相平衡关系为 $y^* = x$,吸收剂用量为最小用量的 1.5 倍,气相总传质单元高度为 1.2m,要求吸收率为 80%,求填料层的高度。

7-12 在一个填料塔用清水吸收空气中的某气态污染物,在其他条件不变的情况下,将吸收率从 95% 提高到 98%,则吸收剂的用量增加多少倍? 假设过程为气膜控制吸收过程,吸收因子为 $S = 1.779$。

7-13 在填料层高度为 5m 的填料塔内,用清水吸收空气中的某气态污染物。液气比为 1.0,吸收率为 90%,操作条件下的相平衡关系为 $Y^* = 0.5X$。如果改用另外一种填料,在相同的条件下,吸收率可以提高到 95%。试计算两种填料的气相总体积传质系数之比。

第八章 吸 附

第一节 吸附分离操作的基本概念

固体表面的分子或原子因受力不均衡而具有剩余的表面能,当某些物质碰撞固体表面时,受到这些不平衡力的吸引而停留在固体表面上,这就是吸附。这里的固体称吸附剂,被固体吸附的物质称吸附质。吸附的结果是吸附质在吸附剂上富集,吸附剂的表面能降低。吸附是指吸附质附着到吸附剂表面的过程,而吸附质从吸附剂表面逃逸到另一相中的过程称为解吸。通过解吸过程,吸附剂的吸附能力得到恢复,因此解吸也称为吸附剂的再生。

在环境工程领域,吸附分离主要用以脱除水中的微量污染物,应用范围包括脱色,除臭味,脱除重金属、各种溶解性有机物、放射性元素等。在处理流程中,吸附法可作为离子交换、膜分离等方法的预处理,以去除有机物、胶体物及余氯等;也可以作为二级处理后的深度处理手段,以保证回用水的质量。

一、吸附分离操作的分类

溶质从水中移向固体颗粒表面,发生吸附,是水、溶质和固体颗粒三者相互作用的结果。引起吸附的主要原因在于溶质对水的疏水特性和溶质对固体颗粒的高度亲合力。溶质的溶解程度是确定第一种原因的重要因素。溶质的溶解度越大,则向表面运动的可能性越小。相反,溶质的憎水性越大,向吸附界面移动的可能性越大。吸附作用的第二种原因主要由溶质与吸附剂之间的静电引力、范德华引力或化学键力所引起。与此相对应,可将吸附分为三种基本类型。

(1)交换吸附 指溶质的离子由于静电引力作用聚集在吸附剂表面的带电点上,并置换出原先固定在这些带电点上的其他离子。通常离子交换属此范围,影响交换吸附势的重要因素是离子电荷数和水合半径的大小。

(2)物理吸附 是由分子间的引力所引起的,此力称为范德华力。所以物理吸附又称范德华吸附。物理吸附的特征是:① 吸附质与吸附剂不发生化学反应;

② 吸附过程进行得极快,参与吸附的各相间时常瞬时即达到平衡;③ 吸附为一放热过程,其放热量与气体的液化热相近;④ 吸附质与吸附剂间的吸附力不强,当气体中吸附质分压降低或温度升高时,被吸附的气体能很容易地从固体表面逸出,而不改变气体原来性状。这一现象称为脱附。因此吸附与脱附为一可逆过程,工业上的吸附操作正是依靠这种可逆性进行吸附剂的再生,以及吸附质的回收或混合物的逐级提取分离(这种可逆性的吸附作用并不仅限于气体,对液体亦然)。

(3)化学吸附 是固体表面与被吸附物质间化学键力起作用的结果。这一类吸附需要一定的活化能,故又称为活化吸附。化学吸附的吸着力比物理吸附强。其吸附热亦较大,约等于化学反应热。化学吸附具有选择性,其吸附速率大都较慢,吸附平衡需相当长的时间才能达到,温度升高可大大提高吸附速率。化学吸附不易脱附,往往需要很高的温度才能把被吸附的分子逐出,且所释放的气体往往已遭遇到了化学变化,不再是原有的性状,故其过程大抵是不可逆的。

同一物质可能在较低的温度下发生物理吸附,而在较高的温度下所经历的往往是化学吸附,也就是说物理吸附常发生在化学吸附之前,到吸附剂逐渐具备足够高的活化能后,才发生化学吸附,亦可能两种吸附方式同时发生。

吸附机理的判断依据:

(1)化学吸附热与化学反应热相近,比物理吸附热大得多。如二氧化碳和氢在各种吸附剂上的化学吸附热为 83740J/mol 和 62800J/mol,而这两种气体的物理吸附热约为 25120J/mol 和 8374J/mol。

(2)化学吸附有较高的选择性。如氯可以被钨或镍化学吸附。物理吸附则没有很高的选择性,它主要取决于气体或液体的物理性质及吸附剂的特性。

(3)化学吸附时,温度对吸附速率的影响较显著,温度升高则吸附速率加快,因其是一个活化过程,故又称活化吸附。而物理吸附即使在低温下,吸附速率也可能较大,因它不属于活化吸附。

(4)化学吸附总是单分子层或单原子层,而物理吸附则不同,低压时,一般是单分子层,但随着吸附质分压增大,吸附层可能转变成多分子层。

目前工业生产中吸附过程主要有如下几种:

(1)变温吸附 在一定压力下吸附的自由能变化 ΔG 有如下关系:

$$\Delta G = \Delta H - T\Delta S \qquad (8-1)$$

式中 ΔH 为焓变,ΔS 为熵变。当吸附达到平衡时,系统的自由能,熵值都降低。故式(8-1)中焓变 ΔH 为负值,表明吸附过程是放热过程,可见若降低操作温度,可增加吸附量,反之亦然。因此,吸附操作通常是在低温下进行,然后提高操作温度使被吸附组分脱附。通常用水蒸气直接加热吸附剂使其升温解吸,解吸物与水蒸气冷凝后分离。吸附剂则经间接加热升温干燥和冷却等阶段组成变温吸附过程,吸附剂循环使用。

（2）变压吸附　　也称为无热源吸附。恒温下,升高系统的压力,床层吸附容量增多,反之系统压力下降,其吸附容量相应减少,此时吸附剂解吸、再生,得到气体产物的过程称为变压吸附。根据系统操作压力变化不同,变压吸附循环可以是常压吸附、真空解吸,加压吸附、常压解吸,加压吸附、真空解吸等几种方法。对一定的吸附剂而言,压力变化愈大,吸附质脱除得越多。

（3）溶剂置换　　在恒温恒压下,已吸附饱和的吸附剂可用溶剂将床层中已吸附的吸附质冲洗出来,同时使吸附剂解吸再生。常用的溶剂有水、有机溶剂等各种极性或非极性物质。

二、吸附分离操作的应用

吸附剂对某些组分有很大的选择吸附性能并有极强的脱除痕量物质的能力。这对气体或液体混合物中组分的分离提纯、深度加工精制和废气废液的污染防治都有更要的意义。为此,吸附分离过程的应用范围大致分为如下几个方面。

（1）气体或溶液的脱水和深度干燥　　例如,在乙烯催化合成中对乙烯的干燥;制冷剂氟利昂,亦需严格脱水干燥,微量的水常在管道中结冰堵塞管道,导致增加管道的流体阻力、增加冷冻剂输送的动力消耗。

（2）气体或溶液的除臭、脱色和溶剂蒸汽的回收常用于油品或糖液的脱色、除臭以及从排放气体中回收少量的溶剂蒸汽。在喷漆工业中,常有大量的有机溶剂如苯、丙酮等挥发逸出,用活性炭处理排放气体,不仅可以减少对周围环境的污染,同时还可回收此部分有价值的溶剂。

（3）气体的预处理和气体中痕量物质的吸附分离精制　　脱除气体中的 CO_2、水分、炔烃等杂质。

（4）气体本体组分分离　　例如,从空气中分离制取氧、氮和从油田气或天然气中分离甲烷;从高炉气中回收一氧化碳和二氧化碳等。

（5）烷烃、烯烃和芳烃馏分的分离　　如间二甲苯与对二甲苯的分离。

（6）食品工业的分离精制　　如果糖和葡萄糖的分离。

（7）环境保护和污水处理　　加强副产物的综合利用回收和三废的处理,从高炉废气中回收一氧化碳和二氧化碳;从煤燃烧后废气中回收二氧化硫;废水中有毒有害物质的去除等。

（8）海水工业和湿法冶金等工业中的应用　　如海水中钾、铀等金属离子的分离富集,稀土金属的回收等。

第二节　吸附剂

广义而言,一切固体物质都有吸附能力,但是只有多孔物质或磨得极细的物质由于具有很大的表面积,才能作为吸附剂。目前,在环境工程领域常用的吸附剂有活性炭、沸石分子筛、活性氧化铝、硅胶、有机树脂等几种。较新型的吸附剂有炭分子筛、活性炭纤素、金属吸附剂和各种专用的吸附剂。

一、几种常见的吸附剂

(一) 活性炭

活性炭的特点是吸附容量大,抗酸耐碱,化学稳定性好,解吸容易,在较高温度下解吸再生其晶体结构没有什么变化,热稳定性高,经多次吸附和解吸操作仍保持原有的吸附性能。活性炭常用于溶剂回收,溶液的脱色除臭,气体中脱除硫化物、氧化物等有机物质,以及三废的处理。活性炭具有非极性的表面,为疏水性和亲有机物质的吸附剂。因有利于从气体或液体混合物中吸附回收有机物,故为非极性吸附剂。

活性炭的孔径大小和分布是重要的性能参量。活性炭的孔径分为微孔、过渡孔和大孔三种。大孔直接和颗粒的外表面相通,过渡孔是大孔的分支,微孔又是过渡孔的分支。对于不同的活性炭,微孔的有效半径约小于$1.8\sim2nm$,微孔的比表面积至少为每克活性炭表面积的95%,其比表面积很大,每克可达几百平方米,甚至大于$1000m^2$。比表面积对气体的吸附起着重要的作用。过渡孔的大小在有效半径2至$50\sim100nm$的范围内,比表面积不超过活性炭总表面积的5%,过渡孔除作为吸附质进入微孔的通道外,对气体的吸附也有一定的作用。用特殊的方法也可以制出过渡孔非常发达的活性炭。有效半径超过$50\sim100nm$的孔径称为大孔。比表面积为$0.5\sim2m^2/g$。大孔能使吸附质分子迅速进入活性炭深处的较小孔道中。

通常一切含碳的物料,如煤、重油、木材、锯末、禾草和其他含碳废料都可以加工成黑炭,经活化制成活性炭。活性炭常用的活化方法有药品活化和水蒸气活化法两种。

纤维活性炭是一种新型高效吸附材料。它是有机炭纤维经活化处理后形成的。具有发达的微孔结构,巨大的比表面积,以及众多的官能团,因此,吸附性能大大超过普通的活性炭。活性炭纤维较脆,断裂伸长仅有$1\%\sim3\%$,受力易折断,填充密度低,需先加工成织物或活性炭纤维毡,经一系列工序制得成品。它对有机物的吸附量较高,特别对恶臭物如丁硫醇的吸附量比颗粒活性炭要高出 40 倍。处理废水时,活性炭纤维比颗粒活性炭脱除废水中的污染物的能力强,COD 降得更多。在低浓度下,活性炭纤维吸附甲苯的吸附等温线高些。

(二)活性氧化铝

活性氧化铝是一种极性吸附剂,一般用作催化剂的载体。Al_2O_3 一般不是纯的,而是部分水合物的无定形多孔结构物质。活性氧化铝不仅含有无定形的凝胶,还含有氢氧化物晶体形成的钢性骨架结构。

活性氧化铝对多数气体和蒸汽都是稳定的,是没有毒性的坚实颗粒。浸入水或液体中不会软化、溶胀或崩碎破裂,抗冲击和磨损的能力强。它常用于气体、油品和石油化工产品的脱水干燥。为了防止生成胶质沉淀,活性氧化铝宜在177℃~316℃下再生,即床层再生气体在出口时最低温度需维持在 177℃,方可恢复至原有的吸附性能。活性氧化铝循环使用后,其物化性能变化不大。

氧化铝一般由热分解氧化铝的水合物制成,水合物的原料有铝盐、金属铝、碱金属铝盐和氧化铝三水合物等。除氧化铝三水合物外,其余的都要预先制成凝胶,由于制备时的湿度、pH 值、溶液浓度的不同,生成各种氧化铝水合物和混合物。这些水合物又分解成各种不同物相的氧化铝,在发生相转变的同时,其含水量、晶体结构、比表面、孔径大小和孔径分布都产生很大的变化。活性氧化铝,可由铝盐、铝酸盐等原料制取。工业上多用沉淀法工艺,此工艺分为酸法和减法两种。

(三)合成沸石和天然沸石分子筛

沸石分子筛是硅铝四面体形成的三维硅铝酸盐金属结构的晶体,是一种孔径大小均一的强极性吸附剂。其微孔孔径的大小随不同的沸石分子筛而异。沸石或经不同金属阳离子交换或经其他方法改性后的沸石分子筛,具有很高的选择吸附分离能力。分子筛是强极性的吸附剂,并随其 Si/Al 比的增加,极性逐渐减弱。低 Si/Al 比的沸石能对气体或液体进行深度干燥和脱水,而且在较高的温度和相对湿度下,还具有较高的吸附能力。虽然分子筛是一种重要和优良的吸附剂,但其不足之处是耐热稳定性、抗酸碱的能力、化学稳定性以及机械强度、耐磨损性能都较差,有待不断的改进。

随着 Si/Al 比值增加,沸石分子筛的"酸性"提高,阳离子浓度减少,热稳定性从<700℃升高至约 1300℃左右,表面的选择性从亲水变成憎水。其抗酸性能随着 Si/Al 比值的提高而增大,而在碱性介质中的稳定性则相应降低。NaX 型和 NaY 型沸石在深度脱去阳离子($Na_2O<3\%$)时,导致沸石晶体结构不稳定,脱去金属阳离子形成 H 型分子筛。一般当 NaY 型脱去阳离子 85%~90%,NaX 型脱去阳离子 35%~40% 时,需先用 $(NH_4)_2SO_4$ 加 $Al_2(SO_4)_3$ 混合溶液预交换,再用 NH_4Cl 交换,最后用酸化水(pH=4.5)洗涤并除去残余 Na^+。丝光沸石可直接用

无机酸加热处理除去 Na^+，而不致破坏其晶体结构。

（四）硅胶

硅胶是一种坚硬无定形链状和网状结构的硅酸聚合物颗粒，为一种亲水性的极性吸附剂。它有多种形态，干燥用的硅胶是所谓"干凝胶"。水凝胶脱水的方法和多少对硅胶颗粒的机械强度和性质都有影响。硅胶的分子式为 $SiO_2 \cdot nH_2O$，其孔径在 $2\sim20nm$ 之间，和活性炭相比较，孔径分布是比较单一和窄小的。由于硅胶表面羟基产生一定的极性，使硅胶对极性分子和不饱和烃具有明显的选择性，并对芳香族的 π 键有很强的选择性。

硅胶结构中的羟基是它的吸附中心，一个羟基吸附一个分子的水，所以硅胶的吸附特性取决于其结构上的羟基与吸附质分子相互作用力的大小。极性的含氮化合物如酚、胺、吡啶，极性的含氧化合物如水、醇等均能与羟基生成氢键，吸附力很大，并随极性的增加而增强。但是，能够极化的分子如不饱和烯烃，含 π 键的芳香烃和只含有 σ 键分子的饱和烃、环烷烃与硅胶只靠色散力的作用，吸附力很小，并随烷基的加长而减弱。

硅胶是极性的吸附剂，能吸附大量的水分。当硅胶吸附气体中的水分时，可达其自身重量的 50%（重）。而在相对湿度为 60% 的空气流中，微孔硅胶吸附水分的吸湿量也可达硅胶重量的 24%。因此，常用于高湿含量气体的干燥。吸附水分时，硅胶的吸附热很大，并放出大量的热量，使硅胶的温度可达 $100℃$，并使硅胶破碎。而活性炭的吸附热较小，吸湿后仅升温 $10℃\sim20℃$ 左右。硅胶难于吸附非极性的有机物质，如烷烃等气体，易于吸附极性物质，如甲醇、水分等。硅胶除作催化剂载体外，多被用于空气或气体的干燥脱水。

（五）树脂吸附剂

树脂吸附剂也叫吸附树脂，是一种新型有机吸附剂。具有立体网状结构，呈多孔海绵状，加热不熔化，可在 $150℃$ 下使用，不溶于一般溶剂及酸、碱，比表面积可达 $800m^2/g$。

按照基本结构分类，吸附树脂大体可分为非极性、中极性、极性和强极性四种类型。常见产品有美国 Amberlite XAD 系列、日本 HP 系列。国内一些单位也研制了性能优良的大孔吸附树脂。

树脂吸附剂的结构容易人为控制，因而它具有适应性大、应用范围广、吸附选择性特殊、稳定性高等优点，并且再生简单，多数为溶剂再生。在应用上它介于活性炭等吸附剂与离子交换树脂之间，而兼具它们的优点，既具有类似于活性炭的吸附能力，又比离子交换剂更易再生。树脂吸附剂最适宜于吸附处理废水中微溶于水，极易溶于甲醇、丙酮等有机溶剂，分子量略大和带极性的有机物。如脱酚、除油、脱色等。

如制造 TNT 炸药的废水毒性很大,使用活性炭能去除废水中 TNT,但再生困难,采用加热再生时容易引起爆炸。而用树脂吸附剂 Amberlite XAD—2 处理,效果很好。当原水含 TNT 34mg/L 时,每个循环可处理 500 倍树脂体积的废水,用丙酮再生,TNT 回收率可达 80%。树脂的吸附能力一般随吸附质亲油性的增强而增大。

(六)腐殖酸系吸附剂

腐殖酸类物质可用于处理工业废水,尤其是重金属废水及放射性废水,除去其中的离子。腐殖酸的吸附性能,是由其本身的性质和结构决定的。一般认为腐殖酸是一组芳香结构的、性质相似的酸性物质的复合混合物。它的大分子约由 10 个分子大小的微结构单元组成,每个结构单元由核(主要由五元环或六元环组成)、联结核的桥键(如—O—、CH_2—、—NH—等),以及核上的活性基团所组成。据测定,腐殖酸含的活性基团有羟基、羧基、羰基、氨基、磺酸基、甲氧基等。这些基团决定了腐殖酸对阳离子的吸附性能。

腐殖酸对阳离子的吸附,包括离子交换、螯合、表面吸附、凝聚等作用,既有化学吸附,又有物理吸附。当金属离子浓度低时,以螯合作用力主,当金属离子浓度高时,离子交换占主导地位。用作吸附剂的腐殖酸类物质有两大类,一类是天然的富含腐殖酸的风化煤、泥煤、褐煤等,直接作吸附剂用或经简单处理后作吸附剂用。另一类是把富含腐殖酸的物质用适当的黏结剂做成腐殖酸系树脂,造粒成型,以便用于管式或塔式吸附装置。

腐殖酸类物质吸附重金属离子后,容易脱附再生,常用的再生剂有 1~2N 的 H_2SO_4、HCl、NaCl、$CaCl_2$ 等。据报道,腐殖酸类物质能吸附工业废水中的各种金属离子,如 Hg、Zn、Pb、Cu、Cd 等,其吸附率可达 90%~99%。存在形态不同,吸附效果也不同,对 Cr(Ⅲ) 的吸附率大于 Cr(Ⅳ)。

二、吸附剂再生

吸附剂在达到饱和吸附后,必须进行脱附再生,才能重复使用。脱附是吸附的逆过程,即在吸附剂结构不变化或者变化极小的情况下,用某种方法将吸附质从吸附剂孔隙中除去,恢复它的吸附能力。通过再生使用,可以降低处理成本,减少废渣排放,同时回收吸附质。

目前吸附剂的再生方法有加热再生、药剂再生、化学氧化再生、湿式氧化再生、生物再生等。重要方法的分类如表 8-1 所示。在选择再生方法时,主要考虑三方面的因素:① 吸附质的理化性质;② 吸附机理;③ 吸附质的回收价值。

表 8-1　吸附剂再生方法分类

种　　类		处理温度	主要条件
加热再生	加热脱附 高温加热再生 （炭化再生）	100℃ ～ 200℃ 750℃ ～ 950℃ （400℃ ～500℃）	水蒸气、惰性气体 水蒸气、燃烧气体、CO₂
药剂再生	无机药剂 有机药剂（萃取）	常温 ～ 80℃ 常温 ～ 80℃	HCl、H₂SO₄、NaOH、氧化剂 有机溶剂（苯、丙酮、甲醇等）
生物再生 温式氧化分解 电解氧化		常温 180℃ ～ 220℃、加压 常温	好氧菌、厌氧菌 O₂、空气、氧化剂 O₂

（一）加热再生

即用外部加热方法,改变吸附平衡关系,达到脱附和分解的目的。

在废水处理中,被吸附的污染物种类很多,由于其理化性质不同,分解和脱附的程度差别很大。根据饱和吸附剂在惰性气体中的热重曲线(TGA),可将其分为三种类型。

(1)易脱附型　简单的低分子碳氢化合物和芳香族有机物即属于这种类型,由于沸点较低,一般加热到 300℃ 即可脱附。

(2)热分解脱附型　即在加热过程中易分解成低分子有机物,其中一部分挥发脱附,另一部分经炭化残留在吸附剂微孔中,如聚乙二醇(PEG)等。

(3)难脱附型　在加热过程中重量变化慢而少,有大量的炭化物残留在微孔中,如酚、木质素、萘酚等。

对于吸附了浓度较高的(Ⅰ)型污染物的饱和炭,可采用低温加热再生法。控制温度100℃ ～ 200℃,以水蒸气作载气,直接在吸附柱中再生,脱附后的蒸汽经冷却后可回收利用。

废水中的污染物因与活性炭结合较牢固,需用高温加热再生。再生过程主要可分为三个阶段。

干燥阶段:加热温度100℃ ～ 130℃,使含水率达40％ ～ 50％的饱和炭干燥。干燥所需热量约为再生总能耗的50％,所需容积占总再生装置的30％ ～ 40％。

炭化阶段:水分蒸发后,升温至700℃ 左右,使有机物挥发、分解、炭化。升温速度和炭化温度应根据吸附质类型及特性而定。

活化阶段:升高温度至700℃ ～ 1000℃,通入水蒸气、CO₂等活化气体。将残留在微孔中的炭化物分解为 CO、CO_2、H_2 等，达到重新造孔的目的。

同活性炭制造一样，活化也是再生的关键。必须严格控制以下活化条件。

(1)最适宜的活化温度与吸附质的种类、吸附量以及活性炭的种类有较密切的关系，一般范围 800℃ ～ 950℃。

(2)活化时间要适当。过短活化不完全。过长造成烧损，一般以 20 ～ 40min 为宜。

(3)氧化性气体对活性炭烧损较大，最好用水蒸气作活化气体，其注入量0.8 ～1.0kg/kgC。

(4)再生尾气希望是还原性气体，其中 CO 含量在 2％ ～ 3％ 为宜，氧气含量要求在 1％ 以下。

(5)对经反复吸附 — 再生操作，积累了较多金属氧化物的饱和炭，用酸处理后进行再生，可降低灰分含量，改善吸附性能。

高温加热再生是目前废水处理中粒状活性炭再生的最常用方法。再生炭的吸附能力恢复率可达95％ 以上，烧损在 5％ 以下。适合于绝大多数吸附质，不产生有机废液，但能耗大，设备造价高。

目前用于加热再生的炉型有立式多段炉、转炉、立式移动床炉、流化床炉以及电加热再生炉等。因为它们的构造、材质、燃烧方式及最适再生规模都不相同，所以选用时应考虑具体情况。

(1)立式多段炉 炉外壳用钢板焊制成圆筒形，内衬耐火砖。炉内分 4 ～ 8 段，各段有 2 ～ 4 个搅拌耙，中心轴带动搅拌耙旋转。饱和炭从炉顶投入，依次下落至炉底。在活化段设数个燃料喷嘴和蒸汽注入口，热气和蒸汽向上流过炉床。

在立式多段炉中上部干燥、中部发化、下部活化，炉温从上到下依次升高。这种炉型占地面积小，炉内有效面积大，炭在炉内停留时间短、再生炭质量均匀，烧损一般在 5％ 以下，适合于大规模活性炭再生。但操作要求严格，结构较复杂，炉内一些转动部件要求使用耐高温材料。

(2)转炉 转炉为一卧式转筒，从进料端(高)到出料端(低)护体略有倾斜，炭在炉内停留时间靠倾斜度及炉体转速来控制。在炉体活化区设有水蒸气进口，进料端设有尾气排出口。

转炉有内热式、外热式以及内热外热并用三种形式。内热式转炉再生损失大，炉体内衬耐火材料即可，外热式再生损失小，但护体需用耐高温不锈钢制造。

转炉设备简单，操作容易，但占地面积大，热效率低，适于较小规模(3t/d 以下)再生。

(3)电加热再生装置 电加热再生包括直接电流加热再生、微波再生和高频脉冲放电再生,是近年开发的新方法。

直接电流加热再生是将直流电直接通入饱和炭中,利用活性炭的导电性及自身电阻和炭粒间的接触电阻,将电能变成热能,利用焦耳热使活性炭温度升高。达到再生温度时,再通入水蒸气进行活化。这种加热再生装置设备简单、占地面积小、操作管理方便、能耗低($1.5 \sim 1.9 \text{kW} \cdot \text{h/kgC}$)。但当活性炭被油等不良导体包裹或累积较多无机盐时,要首先进行酸洗或水洗预处理。

微波再生是用频率900MHz~4000MHz的微波照射饱和炭,使活性炭温度迅速升高至500℃~550℃,保温20min,即可达到再生要求。用这种再生装置,升温速度快,再生效率高、损失小。

高频脉冲放电再生装置是利用高频脉冲放电,将饱和炭微孔中的有机物瞬间加热到1000℃以上(而活性炭本身的温度不高),使其分解、炭化。与放电同时产生的紫外线、臭氧和游离基对有机物产生氧化作用,吸附水在瞬间成为过热水蒸气,也与炭进行水煤气反应。据报道,用这种再生装置,效率高(恢复率98%),电耗低($0.3 \sim 0.4 \text{kW} \cdot \text{h/kgC}$),炭损失小于2%,而且时间短,不需通入水蒸气,操作方便。

颗粒炭和粉状炭也可用湿式氧化过程在高温高压下再生。

(二)药剂再生

在饱和吸附剂中加入适当的溶剂,可以改变体系的亲水-憎水平衡,改变吸附剂与吸附质之间的分子引力,改变介质的介电常数。从而使原来的吸附崩解,吸附质离开吸附剂进入溶剂中,达到再生和回收的目的。

常用的有机溶剂有苯、丙酮、甲醇、乙醇、异丙醇、卤代烷等。树脂吸附剂从废水中吸附酚类后,一般采用丙酮或甲醇脱附;吸附了TNT,采用丙酮脱附;吸附了DDT类物,采用异丙醇脱附。

无机酸碱也是很好的再生剂,如吸附了苯酚的活性炭可以用热的NaOH溶液再生,生成酚钠盐回收利用。

对于能电离的物质最好以分子形式吸附,以离子形式脱附,即酸性物质宜在酸里吸附,在碱里脱附;碱性物质在碱里吸附,在酸里脱附。

溶剂及酸碱用量应尽量节省,控制2~4倍吸附剂体积为宜。脱附速度一般比吸附速度慢一倍以上。

药剂再生时吸附剂损失较小,再生可以在吸附塔中进行,无需另设再生装置,而且有利于回收有用物质。缺点是再生效率低,再生不易完全。

经过反复再生的吸附剂,除了机械损失以外,其吸附容量也会有一定损失,因灰分堵塞小孔或杂质除不去,使有效吸附表面积孔容减小。

三、吸附剂的性能要求

物质吸附分离成功与否,很大程度上依赖于吸附剂的性能,因此选择吸附剂是确定吸附操作的首要问题。虽然所有的固体表面,对于流体都或多或少地具有物理吸附作用,但合乎工业需要的吸附剂,必须具备下面几个条件。

(1)要有巨大的内表面,而其外表面往往仅占总表面的极小部分,故可看做是一种极其疏松的固态泡沫体。例如,硅胶和活性炭的内表面分别高达 $500m^2/g$ 和 $1000m^2/g$ 以上。

(2)对不同物质具有选择性的吸附作用。例如,木炭吸附 SO_2 或 NH_3 的能力较吸附空气为大。一般地说,吸附剂对各种吸附组分的吸附能力,随吸附组分沸点的升高而加大,在与吸附剂相接触的气体混合物中,首先被吸附的是高沸点的组分。在多数情况下,被吸附组分的沸点与不被吸附组分(即惰性组分)的沸点相差很大,因而惰性组分的存在,基本上不影响吸附的进行。

(3)吸附容量大。吸附容量是指在一定温度和一定的吸附质浓度下,单位质量或单位体积吸附剂所能吸附的最大吸附质质量。吸附容量除与吸附剂表面积有关外,还与吸附剂的孔隙大小、孔径分布、分子极性及吸附剂分子上的官能团性质等有关。

(4)具有足够的机械强度、热稳定性及化学稳定性。

(5)来源广泛,价格低廉,以适应对吸附剂日益增长的需要。

(6)需有良好的再生性能。

四、吸附剂选择的影响因素

影响吸附的因素是多方面的,吸附剂结构、吸附质性质、吸附过程的操作条件等都影响吸附效果。认识和了解这些因素,对选择合适的吸附剂,控制最佳的操作条件都是重要的。

(一)吸附剂结构

1. 比表面积

单位重量吸附剂的表面积称为比表面积。吸附剂的粒径越小,或是微孔越发达,其比表面积越大。吸附剂的比表面积越大,则吸附能力越强。图 8-1 表明,苯酚吸附量与吸附剂的比表面积成正比关系,而且斜率很大。当然,对于一定的吸附质增大比表面的效果是有限的。对于大分子吸附质,比表面积过大的效果反而不好,微孔提供的表面积不起作用。

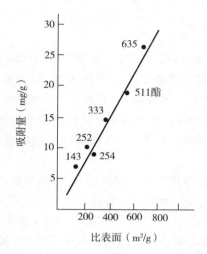

图 8-1　不同比表面吸附剂对苯酚的吸附

（苯酚浓度 100mg/L，图中数码代表以 m²/g 为单位的树脂，511 是丙烯酸酯类树脂）

2. 孔结构

吸附剂的孔结构如图 8-2 所示。吸附剂内孔的大小和分布对吸附性能影响很大。孔径太大，比表面积小，吸附能力差；孔径太小，则不利于吸附质扩散，并对直径较大的分子起屏蔽作用。吸附剂中内孔一般是不规则的，大孔的表面对吸附能贡献不大，仅提供吸附质和溶剂的扩散通道。过渡孔吸附较大分子溶质，并帮助小分子溶质通向微孔。大部分吸附表面积由微孔提供。因此吸附量主要受微孔支配。采用不同的原料和活化工艺制备的吸附剂其孔径分布是不同的。再生情况也影响孔的结构。分子筛因其孔径分布十分均匀，而对某些特定大小的分子具有很高的选择吸附性。

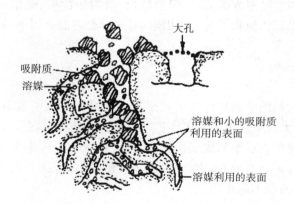

图 8-2　活性炭细孔分布及作用图

3. 表面化学性质

吸附剂在制造过程中会形成一定量的不均匀表面氧化物,其成分和数量随原料和活化工艺不同而异。一般把表面氧化物分成酸性的和碱性的两大类,并按这种分类来解释其吸附作用。经常指的酸性氧化物基团有:羧基、酚羟基、醌型羰基、正内酯基、荧光型内酯基、羧酸酐基及环式过氧基等。其中羧酸基、内酯基及酚羟基被多次报道为主要酸性氧化物,对碱金属氢氧化物有很好的吸附能力。酸性氧化物在低温($< 500℃$)活化时形成。对于碱性氧化物的说法尚有分歧,有的认为是如氧萘的结构,有的则认为类似吡喃酮的结构。碱性氧化物在高温($800℃ \sim 1000℃$)活化时形成,在溶液中吸附酸性物。

表面氧化物成为选择性的吸附中心,使吸附剂具有类似化学吸附的能力,一般说来,有助于对极性分子的吸附,削弱对非极性分子的吸附。

(二) 吸附质的性质

对于一定的吸附剂,由于吸附质性质的差异,吸附效果也不一样。通常有机物在水中的溶解度随着链长的增长而减小,而活性炭的吸附容量却随着有机物在水中溶解度的减少而增加,也即吸附量随有机物分子量的增大而增加。如活性炭对有机酸的吸附量按甲酸 < 乙酸 < 丙酸 < 丁酸的次序而增加。

活性炭处理废水时,对芳香族化合物的吸附效果较脂肪族化合物好,不饱和链有机物较饱和链有机物好,非极性或极性小的吸附质较极性强吸附质好。应当指出,实际体系的吸附质往往不是单一的,它们之间可以互相促进、干扰或互不相干。

(三) 操作条件

吸附是放热过程,低温有利于吸附,升温有利于脱附。

溶液的 pH 值影响到溶质的存在状态(分子、离子、络合物),也影响到吸附剂表面的电荷特性和化学特性,进而影响到吸附效果。

在吸附操作中,应保证吸附剂与吸附质有足够的接触时间。流速过大,吸附未达平衡,饱和吸附量小;流速过小,虽能提高一些处理效果,但设备的生产能力减小。一般接触时间为 $0.5 \sim 1.0h$。

另外,吸附剂的脱附再生,溶液的组成和浓度及其他因素也影响吸附效果。

第三节 吸附平衡理论

在一定温度和压力下,当流体(气体或液体)与固体吸附剂经长时间充分接触后,吸附质在流体相和固体相中的浓度达到平衡状态,称为吸附平衡。吸附平衡关系决定了吸附过程的方向和极限,是吸附过程的基本依据。若流体中吸附质浓度高于平衡浓度,则吸附质将被吸附,若流体中吸附质浓度低于平衡浓度,则吸附质将被解吸,最终达到吸附平衡,过程停止。单位质量吸附剂的平衡吸附量受到许多因素的影响,如吸附剂的物理结构(尤其是表面结构)和化学组成、吸附质在流体相中的浓度、操作温度等。

一、吸附平衡与平衡吸附量

吸附剂与吸附质在一定的条件下接触时,吸附质与吸附剂会发生相应变化,吸附质会在吸附剂上发生凝聚,而凝聚在吸附剂表面的吸附质也会向气相中逸出。在吸附的同时发生脱附,吸附速度和脱附速度相等、表观吸附速度为零时的状态称之为吸附平衡。

当气体和固体的性质一定时,平衡吸附量是气体压力及温度的函数。

$$q = f(p, T) \qquad (8-2)$$

式中:q—— 平衡吸附量,kg(吸附质)/kg(吸附剂),或 kmol(吸附质)/ kmol(吸附剂)。

二、吸附等温线

在一定温度下溶质分子在两相界面上进行的吸附过程达到平衡时,它们在两相中浓度之间的关系曲线称为吸附等温线。不论吸附力的性质如何,在一定温度下,气、固两相经过充分接触后,终将达到吸附平衡。这时,被吸附组分在固相中的浓度和与固相接触的气相中的浓度之间具有一定的函数关系。在一定温度下,分离物质在液相和固相中的浓度关系可用吸附方程式来表示。作为吸附现象方面的特性有吸附量、吸附强度、吸附状态等,而宏观地总括这些特性的是吸附等温线。吸附等温线用途广泛,在许多行业都有应用。在地质科学方面,可以用于基于吸附等温线的表面分形研究及其地球科学应用。在煤炭方面,煤对混合气体中 CH_4 和 CO_2 的吸附呈现出不同的吸附特点:煤对 CO_2 优先吸附,并且随着压力的升高对 CO_2 选择性吸附,而煤对 CH_4 的吸附量随压力的增加而增大,达到最大值后又会随压力的增加而略微降低,并且,CH_4 含量越大,则达到最大吸附量所需的平衡压力越高。

将平衡吸附量与相应的平衡浓度作图,得吸附等温线。根据试验,可将吸附等温线归纳为如图8-3所示的五种类型。Ⅰ型的特征是吸附量有一极限值。可以理解为吸附剂的所有表面都发生单分子层吸附,达到饱和时,吸附量趋于定值。Ⅱ型是非常普通的物理吸附,相当于多分子层吸附,吸附质的极限值对应于物质的溶解度。Ⅲ型相当少见,其特征是吸附热等于或小于纯吸附质的溶解热。Ⅳ型及Ⅴ型反映了毛细管冷凝现象和孔容的限制，由于在达到饱和浓度之前吸附就达到平衡，因而显出滞后效应。

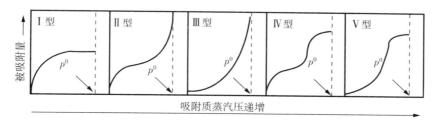

图 8-3　物理吸附的五种吸附等温线

吸附作用是固体表面力作用的结果，但这种表面力的性质至今未被充分了解。为了说明吸附作用，许多学者提出了多种假设或理论，但只能解释有限的吸附现象，可靠的吸附等温线只能依靠实验测定。至今，尚未得到一个通用的半经验方程。下面介绍几种常用的经验方程。 Freundlich 等温式、有 Langmuir 等温式和 B. E. T 等温式。

（一）Freundlich 等温式

根据大量实验，弗罗德里希（Freundlicb）得出指数方程：

$$\frac{x}{m} = ap^{\frac{1}{n}} \tag{8-3}$$

式中：x—— 被吸附组分的质量，kg；

　　　m—— 吸附剂的质量，kg；

　　　x/m—— 吸附剂的吸附容量，kg（吸附质）/kg（吸附剂）；

　　　p—— 平衡时被吸附组分在气相中的分压，atm；

　　　a,n—— 经验常数，与吸附剂和吸附质的性质及温度有关，通常 $n>1$，其值由
　　　　　　实验确定。

弗罗德里希吸附方程只适用于吸附等温线的中压部分，在使用中经常取它的对数形式，即

$$\lg \frac{x}{m} = \lg a + \frac{1}{n}\lg p \tag{8-4}$$

以 $\lg \frac{x}{m}$ 对 $\lg p$ 作图，可得直线，直线斜率为 $\frac{1}{n}$，截距是 $\lg a$，这样根据实验数据就可以得到 n 和 a 的实验值。

Freundlich 式在一般的浓度范围内与 Langmuir 式比较接近，但在高浓度时不像后者那样趋于一定值；在低浓度时，也不会还原为直线关系。

应当指出:①上述吸附等温式,仅适用于单组分吸附体系;②对于一组吸附试验数据,究竟采用哪一公式整理,并求出相应的常数来,只能运用数学的方式来选择。通过作图,选用能画出最好的直线的那一个公式。但也有可能出现几个公式都能应用的情况,此时宜选用形式最为简单的公式。

(二)Langmuir 等温式

Langmuir 吸附模型假定条件为:吸附剂表面均匀,各处的吸附能相同;吸附是单分子层的,即一个吸附位置只吸附一个分子,当吸附剂表面为吸附质饱和时,其吸附量达到最大值;被吸附分子之间没有相互作用力,在吸附剂表面上的各个吸附点间没有吸附质转移运动;达动态平衡状态时,吸附和脱附速度相等。上述假定条件下的吸附称为理想吸附。由此,朗格缪尔导出吸附等温方程为

$$\frac{x}{m} = \frac{V_m AP}{1 + AP} \tag{8-5}$$

式中:A—— 吸附质的吸附平衡常数;

V_m—— 全部固体表面盖满一个单分子层时所吸附的气体体积。

A 的值视吸附剂及吸附质的性质和温度而定。当吸附质的分压力很低时,$AP \ll 1$,式中分母的 AP 项可以略去不计,则 $\frac{x}{m} = V_m AP$,说明吸附量与吸附质在气相中的分压成正比;当吸附质的分压很大时,$AP \gg 1$,式中分母的 1 可以略去,成为 $\frac{x}{m} = V_m$,吸附量趋于一定的极限值。所以朗格缪尔方程式较弗罗德里希方程更能符合实验结果,可以应用于分压从零到饱和分压的全部压力范围。

朗格缪尔模型适合于描述图 8-3 中第Ⅰ类等温线。应当指出,推导该模型的基本假定并不是严格正确的。它只能解释单分子层吸附(化学吸附)的情况。尽管如此,Langmuir 等温式仍不失为一个重要的吸附等温式,它的推导第一次对吸附机理作了形象的描述,为以后的吸附模型的建立起了奠基的作用。

(三)B. E. T. (Brunaner、Emmett、Tdller)等温式

与 Langmuir 的单分子层吸附模型不同,B. E. T. 模型假定吸附剂表面均匀,在原先被吸附的分子上面仍可吸附另外的分子,同时发生多分子层吸附;而且不一定等第一层吸满后再吸附第二层;对每一单层却可用 Langmuir 式描述,第一层吸附是靠吸附剂与吸附质间的分子引力,而第二层以后是靠吸附质分子间的引力,这两类引力不同,因此它们的吸附热也不同。总吸附量等于各层吸附量之和。由此导出的二常数 B. E. T. 等温式为

$$\frac{P}{V(P^0 - P)} = \frac{1}{V_m C} + (\frac{C-1}{V_m C}) \frac{P}{P} \tag{8-6}$$

式中:V—— 在压力为 P、温度为 T 条件下被吸附气体的体积;

$\quad\quad P^0$—— 在吸附温度下吸附质的饱和蒸气压力;

$\quad\quad C$—— 常数,与吸附质的汽化热有关。

三、单一气体的吸附平衡

在某些方面气体在固体吸附剂上的吸附平衡与气体在液相中的溶解度相类似,图 8-4 表示活性炭上三种物质在不同温度下的吸附等温线,由图可知,对于同一种物质,如丙酮,在同一平衡分压下,平衡吸附量随着温度降低而增加,因为吸附是一个放热过程,所以工业中常用升温的方法使吸附剂脱附再生。

同样,在一定温度下,随着气体压力的升高,活性炭上三种物质的平衡吸附量增加。如丙酮在 100℃下气相压力为 190mmHg 时的平衡吸附量为 0.2kg 丙酮/kg 活性炭(图中 A 点所示)。提高丙酮气体分压可使更多的丙酮被吸附。反之,则将已吸附在活性炭上的丙酮解吸。这也是工业中用改变压力的方法使吸附剂脱附再生所依据的基本原理。

从图中还可看出:不同的气体(或蒸汽)在相同条件下吸附程度差异较大,如在 100℃和相同气体平衡分压下,苯的平衡吸附量比丙酮平衡吸附量大得多。一般规律是:

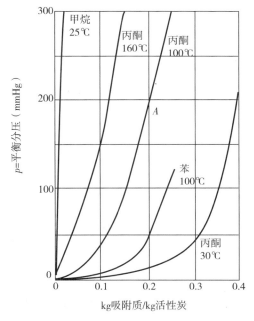

图 8-4 若干气体在活性炭上的吸附平衡曲线

（1）分子量较大而临界温度较低的气体（或蒸汽）较容易被吸附；

（2）化学性质的差异，如分子的不饱和程度也影响吸附的难易；

（3）对于所谓"永久性气体"，通常其吸附量很小，如图中甲烷吸附等温线所示。

同种气体在不同吸附剂上的平衡吸附量不同，即使是同类吸附剂，若所用原料组成、配比及制备方法不同，其平衡吸附量也会有较大差别。吸附剂在使用过程中经反复吸附解吸，其微孔和表面结构会发生变化，随之其吸附性能也将发生变化，有时会出现吸附得到的吸附等温线与脱附得到的解吸等温线在一定区间内不能重合的现象。这一现象称为吸附的滞留现象。如果出现滞留现象，则在相同的平衡吸附量下，吸附平衡压力一定高于脱附的平衡压力。

四、液相吸附平衡

液相吸附的机理比气相吸附复杂，对于同种吸附剂，溶剂的种类对溶质的吸附亦有影响。因为吸附质在溶剂中的溶解度不同，吸附质在不同溶剂中的分子大小不同以及溶剂本身的吸附均对吸附质的吸附有影响。一般说溶质被吸附量随温度升高而降低，溶质的溶解度越大，被吸附量亦越大。

液相吸附时，溶质和溶剂都可能被吸附。因为总吸附量难以测量，所以只能以溶质的相对吸附量或表观吸附量来表示。用已知质量的吸附剂来处理已知体积的溶液，以 v 表示单位质量吸附剂处理的溶液体积 m^3 溶液 kg 吸附剂，由于溶质优先被吸附，溶液中溶质浓度由初始值 C_0 降到平衡浓度 C^* kg 被吸附溶质 $/m^3$ 溶液，若忽略溶液体积变化，则溶质的表观吸附量为 $v(C_0 - C^*)$ kg 被吸附质 /kg 吸附剂。对于稀溶液，溶剂被吸附的分数很小，用这种方法表示吸附量是可行的。

对于稀溶液，在较小温度范围内，吸附等温线可用 Freundlich 经验方程式表示：

$$C^* = k\left[v(C_0 - C^*)\right]^{\frac{1}{n}} \tag{8-7}$$

式中 k 和 n 为体系的特性常数。以 C^* 为纵坐标，$v(C_0 - C^*)$，为横坐标，在双对数坐标上作图，式（8-7）表示斜率为 $\frac{1}{n}$，截距为 k 的一条直线。图 8-5 表示不同溶剂对硅胶吸附苯甲酸的吸附等温线的影响（图中(a)、(b)两线），(c)线则表示在高浓度范围时，直线有所偏差。可见应用 Freundlich 式有适宜的浓度范围。

例 8-1 利用活性炭吸附水溶液中农药的初步研究是在实验室条件下进行的。10 个 500mL 锥形烧瓶各装有 250mL 含有农药约 500mg/L 的溶液。向 8 个烧

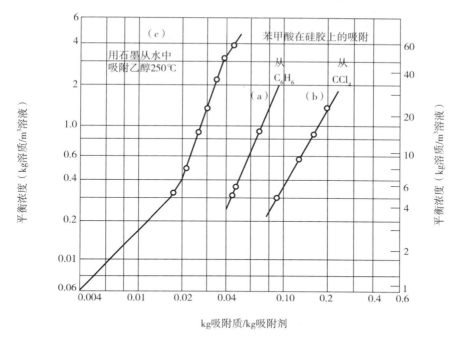

图 8-5 例 8-1 附图 1

瓶中投入不同数量的粉末状活性炭,而其余 2 个烧瓶用作空白试验。烧瓶塞好后,在 25℃ 下摇动 8h(须实验确定足以到达平衡)。然后,将活性炭滤出,测定滤液中农药浓度。结果如下表所示,空白瓶的平均浓度为 515mg/L。试确定吸附等温线的函数关系式。

表 8-2 例 8-1 附表 1

瓶号	1	2	3	4	5	6	7	8
农药浓度(μg/L)	58.2	87.3	116.4	300	407	786	902	2940
活性炭投量(mg/L)	1005	835	641	491	391	298	290	253

解:① 利用 $q_e = \dfrac{V(c_0 - c_e)}{W}$ 算出每个烧瓶的吸附容量 q_e 值。c_0 为初始浓度,c_e 为平衡浓度,W 吸附剂质量,V 溶液体积。以瓶号 1 为例。

$$q_e = \frac{V}{W}(c_0 - c_e) = \frac{0.25}{1005}(515 - 0.0582) = 0.128(\text{mg/mg})$$

② 将计算出的 q_e、$1/c_e$ 及 $1/q_e$ 列表并作图。

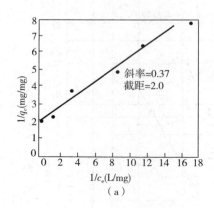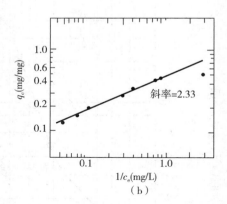

图 8-6　例 8-1 附图 2

表 8-3　例 8-1 附表 2

瓶号	1	2	3	4	5	6	7	8
q_e（mg/mg）	0.128	0.154	0.201	0.262	0.329	0.413	0.443	0.506
$1/q_e$	7.81	6.49	4.98	3.82	3.043	2.32	2.26	0.197
$1/c_s$（L/mg）	17.2	11.5	8.59	3.33	2.46	1.272	1.109	0.340

由图可见，Langmuir 吸附等温式与 Freundlich 吸附等温式大体上均能适用。

③ 计算式 $q_e = \dfrac{abc_e}{1 + bc_e}$ 中的 b 值，根据图8-6(a)，有截距 $1/a = 2.0$；斜率 $1/ab = 0.375$

故　　　　　　　　　　　　$a = 4.0, b = 2.0/0.375 = 5.33$

由此得　　　　　　　　　　$q_e = \dfrac{21.32c_e}{1 + 5.33c_e}$

④ 计算式（8-3）中的 a 和 $1/n$，根据图 8-6(b)，有

斜率 $1/n = 1/2.33 = 0.43$

$$a = 0.47（c_e = 1 \text{ 时的 } q_e \text{ 值}）$$

由此得　　　　　　　　　　$q_e = 0.47c_e^{0.43}$

第四节　　吸附动力学

吸附平衡仅考虑了吸附过程的限度，而没有涉及吸附时间。吸附过程常常需要较长的时间才能达到平衡，可是在实际工业化过程中，接触时间是有限的。所

以,吸附量取决于吸附速率。

一、吸附机理

1. 吸附质被吸附剂吸附的过程

在吸附过程中,流体相中的吸附质只有在被传输到吸附剂表面时才能被吸附。吸附过程主要由三个步骤组成:

(1)外扩散过程,吸附质由流体相从气流主体穿过颗粒周围气膜扩散至吸附剂外表面;因为流体与固体接触时,在紧贴固体表面处有一层滞流膜,所以这一步的速率主要取决于吸附质以分子扩散通过这一滞流膜的传递速率。

(2)内扩散过程,吸附质由吸附剂外表面经过微孔扩散进入颗粒内部,到达颗粒的内部表面。

(3)吸附过程,到达吸附剂微孔表面的吸附质被吸附在内表面上。

对于物理吸附,第三步通常是瞬间完成的,所以吸附过程的速率通常由前两步决定,根据内、外扩散速率的相对大小分为外扩散控制、内扩散控制和内外扩散联合控制三种。

在实际生产过程中,吸附质和吸附剂的接触时间不可能无限长,一般情况下吸附过程是在非平衡状态下进行的。

2. 吸附速率

当含有吸附质的流体与吸附剂接触时,吸附质将被吸附剂吸附,吸附质在单位时间内被吸附的量称为吸附速率。吸附速率是吸附过程设计与生产操作的重要参量。吸附速率与体系性质(吸附剂、吸附质及其混合物的物理化学性质)、操作条件(温度、压力、两相接触状况)以及两相组成等因素有关。

对于一定体系,在一定的操作条件下,两相接触、吸附质被吸附剂吸附的过程如下:

(1)开始时,吸附质在流体相中浓度较高,在吸附剂上的含量较低,远离平衡状态,传质推动力大,故吸附速率高;

(2)过程中期,随着过程的进行,流体相中吸附质浓度降低,吸附剂上吸附质含量增高,传质推动力降低,吸附速率逐渐下降;

(3)末期平衡时,经过很长时间,吸附质在两相间接近平衡,吸附速率趋近于零。

吸附过程为非定态过程,其吸附速率可以表示为吸附剂上吸附质的含量、流体相中吸附质的浓度、接触状况和时间等的函数。

二、吸附的传质速率方程

根据上述机理,对于某一瞬间,按拟稳态处理,吸附速率可分别用外扩散、内扩散或总传质速率方程表示。

1. 外扩散传质速率方程

吸附质流体主体穿过颗粒周围气膜扩散至外表面的过程称为吸附剂颗粒外表面扩散过程。吸附质从流体主体扩散到固体吸附剂外表面的传质速率方程为

$$\frac{\partial q}{\partial \theta} = k_F a_F (C - C_i) \tag{8-8}$$

式中：q—— 吸附剂上吸附质的含量，kg 吸附质 /kg 吸附剂；

θ—— 时间，s；

$\frac{\partial q}{\partial \theta}$—— 每千克吸附剂的吸附速率，kg/(s·kg)；

a_F—— 吸附剂的比外表面，m^2/kg；

C—— 流体相中吸附质的平均浓度，kg/m^3；

C_i—— 吸附剂外表面上流体相中吸附质的浓度，kg/m^3；

k_F—— 流体相侧的传质系数，m/s。

k_F 与流体物性、颗粒几何形状、两相接触的流动状况以及温度、压力等操作条件有关。有些关联式可供使用，具体可参阅有关专著。

2. 内扩散传质速率方程

内扩散过程比外扩散过程要复杂得多。按照内扩散机理进行内扩散计算非常困难，把内扩散过程简单地处理成从外表面向颗粒内的传质过程，内扩散传质速率方程为

$$\frac{\partial q}{\partial \theta} = k_S a_p (q_i - q) \tag{8-9}$$

式中：k_S—— 吸附剂固相侧的传质系数，kg/(s·m)；

q_i—— 吸附剂外表面上的吸附质含量，kg/kg，此处 q_i 与吸附质在流体相中的浓度 C 呈平衡；

q—— 吸附剂上吸附质的平均含量，kg/kg。

k_S 与吸附剂的微孔结构性质、吸附质的物性以及吸附过程持续时间等多种因素有关。k_S 值由实验测定。

3. 总传质速率方程

由于吸附剂外表面处的浓度 C_i 与 q_i 无法测定，因此通常按拟稳态处理，将吸附速率用总传质方程表示为

$$\frac{\partial q}{\partial \theta} = K_F a_p (C - C^*) = K_S a_p (q^* - q) \tag{8-10}$$

式中：C^*—— 与吸附质含量为 q 的吸附剂呈平衡的流体中吸附质的浓度，kg/m^3；

q^*—— 与吸附质浓度为 C 的流体呈平衡的吸附剂占吸附质的含量，kg/kg；

K_F—— 以 $\Delta C = C - C^*$ 表示推动力的总传质系数，m/s；

K_S—— 以 $\Delta q = q^* - q$ 表示推动力的总传质系数，$kg/(s \cdot m^2)$。

对于稳态传质过程，存在

$$\frac{\partial q}{\partial \theta} = K_F a_p (C - C^*) = K_S a_p (q^* - q) = k_F a_p (C - C_i) = K_S a_p (q_i - q)$$

$$(8-11)$$

如果在操作的浓度范围内吸附平衡为直线，即

$$q_i = m C_i \qquad (8-12)$$

则根据式(8-11)和(8-12)整理可得

$$\frac{1}{K_F} = \frac{1}{K_F} + \frac{1}{m K_S} \qquad (8-13)$$

$$\frac{1}{K_S} = \frac{1}{K_F} + \frac{1}{K_S} \qquad (8-14)$$

式(8-14)表示吸附过程的总传质阻力为外扩散阻力与内扩散阻力之和。

若内扩散很快，过程为外扩散控制，q_i 接近 q，则 $K_F = k_F$。若外扩散很快，过程为内扩散控制，C 接近于 C_i 则 $K_S \approx k_S$。

第五节　　吸附操作与吸附穿透曲线

在设计吸附工艺和装置时，应首先确定采用何种吸附剂，选择何种吸附和再生操作方式以及预处理和后处理措施。一般需通过静态和动态试验来确定处理效果、吸附容量、设计参数和技术经济指标。

吸附操作分间歇和连续两种。前者是将吸附剂投入废水中，不断搅拌，经一定时间达到吸附平衡后，用沉淀或过滤的方法进行固液分离。如果经过一次吸附，出水达不到要求时，则需增加吸附剂投量和延长停留时间或者对一次吸附出水进行二次或多次吸附，间歇工艺适合于小规模、间歇排放的废水处理。当处理规模大时，需建较大的混合池和固液分离装置，粉状炭的再生工艺也较复杂。故目前在生产上很少采用。

连续式吸附操作是废水不断地流进吸附床，与吸附剂接触，当污染物浓度降至处理要求时，排出吸附柱。按照吸附剂的充填方式，又分固定床、移动床和流化床三种。

还有一些吸附操作不单独作为一个过程，而是与其他操作过程同时进行，如在生物曝气池中投加活性炭粉，吸附和氧化作用同时进行。

一、间歇吸附

间歇吸附反应池有两种类型：一种是搅拌池型，即是在整个池内进行快速搅

拌,使吸附剂与原水充分混合;另一种是泥渣接触型,池型与操作和循环澄清池相同。运行时池内可保持较高浓度的吸附剂,对原水浓度和流量变化的缓冲作用大,不需要频繁地调整吸附剂的投量,并能得到稳定的处理效果。当用于废水深度处理时,泥渣接触型的吸附量比搅拌池型增加 30%。为防止粉状吸附剂随处理水流失,固液分离时常加高分子絮凝剂。

1. 多级平流吸附

如图 8-7 所示,原水经过 n 级搅拌反应池得到吸附处理,而且各池都补充新吸附剂。当废水量小时可在一个池中完成多级平流吸附。

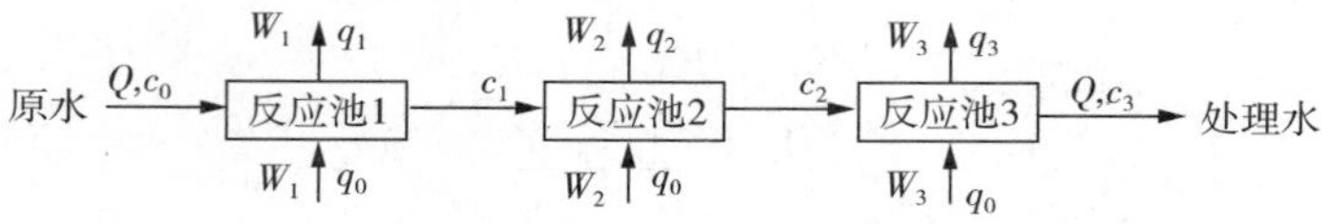

图 8-7 平流多级吸附示意图

2. 多级逆流吸附

由吸附平衡关系知,吸附剂的吸附量与溶质浓度呈平衡,溶质浓度越高,平衡吸附量就越大。因此,为了使出水中的杂质最少,应使新鲜吸附剂与之接触;为了充分利用吸附剂的吸附能力,又应使接近饱和的吸附剂与高浓度进水接触。利用这一原理的吸附操作即是多级逆流吸附,如图 8-8 所示。

图 8-8 逆流多级吸附示意图

二、固定床吸附

1. 固定床吸附器

工业上应用最多的吸附设备是固定床吸附器,主要有立式和卧式两种,都是圆柱形容器。图 8-9 为卧式圆柱形吸附器,两端为球形顶盖,靠近底部焊有横栅条(8),其上面放置可拆式铸铁栅条(9),栅条上再放金属网(也可用多孔板替代栅条),若吸附剂颗粒细,可在金属网上先堆放粒度较大的砾石再放吸附剂。图 8-10 为立式吸附器示意图,基本结构与卧式相同。

欲处理的流体通过固定床吸附器时,吸附质被吸附剂吸附,流体是由出口流出,操作时吸附和脱附交替进行。为保证生产过程连续性,通常流程中都装有两台以上吸附器,以便切换使用。固定床吸附器设备的最大优点是结构简单、造价低,吸附剂磨损少。但因是间歇操作,操作过程中两个吸附器需不断地周期性切换,操作麻烦。又因备用设备虽然装有吸附剂,但处于非生产状态,故单位吸附剂生产能力低。

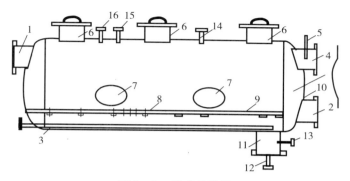

图 8 - 9 卧式吸附器

1—送蒸气空气混合物入吸附器的管路;2—除去被吸蒸汽后的空气排出管;
3—送直接入吸附器的鼓泡器;4—解吸时的蒸汽排出管;5—温度计插套;6—加料孔;
7—活性炭和砾石出料孔;8—栅条;9—栅条格板;10—挡板;11—圆筒形凝液排出器;
12—凝液排出管;13—进水管;14—排气管;15—压力计连接管;16—安装阀连接管

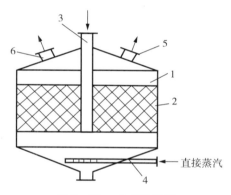

图 8 - 10 立式吸附器

1—吸附器;2—活性炭层;3—中央管,通入混合气体;
4—鼓泡器,解吸时通直接蒸汽;5—惰性气体出口;6—解吸时蒸汽出口

2. 固定床吸附器操作特性

当流体通过固定床吸附剂颗粒层时,床层中吸附剂的吸附量随着操作过程的进行而逐渐增加,同时床层内各处浓度分布也随时间而变化,因此,固定床吸附器属非定态的传质过程。吸附器内床层浓度及流出物浓度在整个吸附操作过程中的变化,可结合图 8 - 11 来说明。

(1) 未吸附区

吸附质浓度为 Y_0 的流体由吸附器上部加入,自上而下流经高度为 H 的新鲜吸附剂床层。开始时,最上层新鲜吸附剂与含吸附质浓度较高的流体接触,吸附质迅速地被吸附,浓度降低很快,只要吸附剂床层足够,流体中吸附质浓度可以降为零。经过

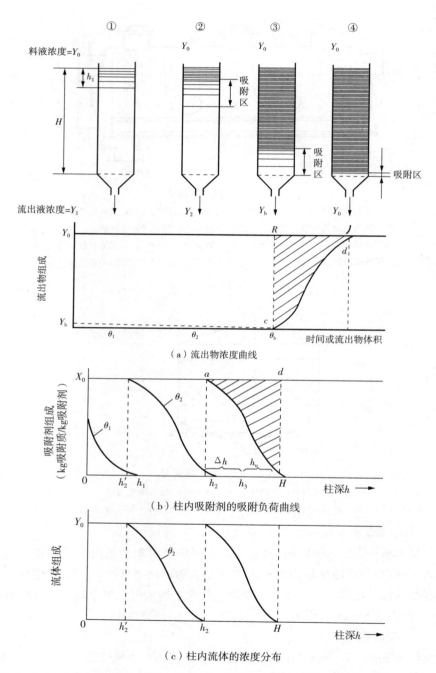

图 8-11　固定床吸附液、流出物浓度曲线、吸附剂负荷曲线、柱内流体的浓度分析

一段时间 θ_1 后，吸附器内吸附剂上吸附质含量变化情况如图 8-11 上部 ① 图所示。水平线密度大小表示固定床内吸附剂上吸附质的浓度分布，顶端的吸附剂上吸附质含量高，由上而下吸附剂上吸附质含量逐渐降低，到一定高度 h_1 以下的吸附剂上吸附质含量均为零，即仍保持初始状态，称该区为未吸附区。此时出口流体中吸附质组成 Y_1 近于零。吸附剂上吸附质的组成分布如图 8-11(b) 中的 θ_1 线所示。

（2）吸附传质区、吸附传质区高度

继续操作至 θ_2 时，由于吸附剂不断吸附，吸附器上端有一段吸附剂上吸附质的含量已经达到饱和，向下形成一段吸附质含量从大到小的 S 形分布的区域，如图 8-11(b) 中从 h'_2 到 h_2 的 θ_2 线所示。这一区域为吸附传质区，其所占床层高度称为吸附传质区高度，此区以下仍是未吸附区。所以此时床层分为饱和区、吸附传质区和未吸附区。

（3）饱和区

在饱和区内，两相处于平衡状态，吸附过程停止；从高度 h'_2 处开始，两相又处于不平衡状态，吸附质继续被吸附剂吸附，随之吸附质在流体中的浓度逐渐降低，至 h_2 处接近于零，此后，过程不再进行，如图 8-11(c) 中的 θ_2 线所示。综上可见，吸附传质只在吸附传质区内进行。

（4）吸附波

再继续操作，吸附器上端的饱和区将不断扩大，吸附传质区犹如"波"一样向下移动，故称为吸附波，其移动的速度远低于流体流经床层的速度。到 θ_b 时，吸附传质区的前端已移至吸附器的出口，如图 8-11 上部 ③ 图所示。

（5）穿透点与穿透曲线

此时，从吸附器流出的流体中吸附质浓度突然升高到一定的最高允许值 Y_b，说明吸附过程达到所谓的"穿透点"。若再继续通入流体，吸附传质区将逐渐缩小，而出口流体中吸附质的浓度将迅速上升，直至吸附传质区几乎全部消失，吸附剂全部饱和，如图 8-11 上部 ④ 图所示，这时出口流体中吸附质浓度接近起始浓度 Y_0。图 8-11(a) 中流出物浓度曲线上从 c 到 d 段称为"穿透曲线"。实际上吸附操作只能进行到穿透点为止，从过程开始到穿透点所需时间称为穿透时间。

（6）总吸附量与剩余吸附容量

图 8-11(b) 中矩形 ah_2Hda 的面积表示床高为吸附传质区高内的吸附剂的总吸附量，其中阴影面积表示到穿透点时吸附器剩余的吸附容量。图 8-11(a) 中矩形 $\theta_befg\theta_b$ 的面积表示吸附传质区高的床层内吸附剂的总吸附容量，其中阴影面积表示到穿透点时吸附器剩余的吸附容量。

（7）吸附负荷曲线与穿透曲线的关系

因此，吸附负荷曲线与穿透曲线成镜面相似，即从穿透曲线的形状可以推知吸附负荷曲线。对吸附速度高而吸附传质区短的吸附过程,其吸附负荷曲线与穿透曲线均陡些。

综上可见,不仅吸附负荷曲线、穿透曲线、吸附传质区高度和穿透时间互相密切相关,而且都与吸附平衡性质、吸附速率、流体流速、流体浓度以及床高等因素有关。一般穿透点随床高的减小,吸附剂颗粒增大,流体流速增大以及流体中吸附质浓度增大而提前出现。所以在一定条件下,吸附剂的床层高度不宜太小。因为床高太小,穿透时间短,吸附操作循环周期短,使吸附剂的吸附容量不能得到充分的利用。

固定床吸附器的操作特性是设计固定床吸附器的基本依据,通常在设计固定床吸附器时,需要用到通过实验确定的穿透点与穿透曲线,因此实验条件应尽可能与实际操作情况相同。

3. 固定床吸附器的设计计算

固定床吸附器设计计算的主要内容是根据给定体系、分离要求和操作条件,计算穿透时间为某一定值(吸附器循环操作周期)时所需床层高度,或一定床高所需的穿透时间。

对优惠型等温线系统,在吸附过程中吸附传质区的浓度分布(吸附负荷曲线)很快达到一定的形状与高度,随着吸附过程不断进行,吸附传质区不断向前平移,但吸附负荷曲线的形状几乎不再发生变化。因此应用不同床高的固定床吸附器将得到相同形状的穿透曲线。当操作到达穿透点时,在从床入口到吸附传质区的起始点 h_2 处的一段床层中吸附剂全部饱和。在吸附传质区(从 h_2 到 H)中吸附剂上的吸附质含量从几乎饱和到几乎不含吸附质,其中吸附质的总吸附量可等于床层高为 Δh 的床层的饱和吸附量。所以整个床层高 H 中相当于床高为 $h_2 + \Delta h = h_s$ 的床层饱和,而有 $H - h_s$ 的床高还没有吸附,这段高度称为未用床层高 h_u。对于一定吸附负荷曲线,h_u 为一定值。根据小型实验结果进行放大设计的原则是未用床高 h_u 不因总床高不同而不同,所以,只要求出未用床高 h_u,即可进行固定床吸附器的设计,即 $H = h_u + h_s$。

确定未用床高 h_u 有两种方法:

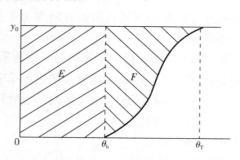

图 8-12 根据穿透曲线求 h_u

① 根据完整的穿透曲线求 h_u。如图 8-12 所示,当达到穿透点时,相当于吸附传质区前沿到达床的出口。θ_T 时相当于吸附传质区移出床层,即床层中的吸附剂已全部饱和。图中阴影面积 E 对应于到达穿透点时床层中吸附质的总吸附量;阴影面积 F 对应于穿透点时床层尚能吸附的吸附量,因此到达穿透点时的未用床高为

$$h_u = \frac{E}{E+F} H \qquad (8-15)$$

② 根据穿透点与吸附剂的饱和吸附量求 h_u。因为到达穿透点时被吸附的吸附质总量为

$$W = G(Y_0 - Y_0^*)\theta_b \qquad (8-16)$$

式中:G——流体流量,kg 惰性流体 /s;

$\qquad \theta_b$——穿透时间,s;

$\qquad Y_0$——流体中吸附质初始组成,kg 吸附质 /kg 惰性流体;

$\qquad Y_0^*$——与初始吸附剂呈平衡的流体相中的平衡组成,kg 吸附质 /kg 惰性流体。

吸附 W kg 的吸附质相当于有 h_s 高的吸附剂层已饱和,故

$$h_s = \frac{W}{AP_s(X_0^* - X_0)} \qquad (8-17)$$

式中:A——床层截面积,m^2;

$\qquad P_s$——吸附剂床层视密度,kg/m^3;

$\qquad X_0^*$——与流体相初始组成 Y_0 呈平衡的吸附剂上吸附质含量,kg 吸附质 /kg 吸附剂;

$\qquad X_0$——吸附剂上初始吸附质含量,kg 吸附质 /kg 吸附剂。

所以床中的未用床高为

$$h_u = H - h_s = H - \frac{G(Y_0 - Y^*)\theta_b}{AP_a(X_0^* - X_0)} \qquad (8-18)$$

需要说明的是式(8-18)中的平衡吸附量是指动态平衡吸附量。所谓动态平衡吸附量是指在一定压力、温度条件下,流体通过固定床吸附剂,经过较长时间接触达到稳定的吸附量。它不仅与体系性质、温度和压力有关,还与流动状态和吸附剂颗粒等影响吸附过程的动态因素有关。其值通常小于静态平衡吸附量。

所谓静态平衡吸附量是指一定温度和压力条件下,流体两相经过长时间充分接触,吸附质在两相中达到平衡时的吸附量。

例 8-2 试设计一个用 4A 分子筛除去氮气中水汽的固定床吸附器。氮气中原始水含量为 1440×10^{-6}(摩尔分率,下同),要求吸附后水含量低于 1×10^{-6}。操作温度为 28.3℃,压强为 593kN/m^2。规定此吸附器的穿透时间为 15h,求所需床高。

为取得设计所需数据,先用直径为 50mm 的小吸附柱,用选定的 4A 分子筛进行实验。此分子筛的原始含水量 X_0 为 0.01kgH$_2$O/kg 吸附剂,吸附剂床层视密度为 712.8kg/m^3,床层高 0.268m,操作中的质量流速为 4052kg/(m^2·h),实验结果如表 8-3 所示。

表 8-4　例 8-2 附表

操作时间 h	出口氮气中水汽含量 ×10^6 摩尔分率
0	< 1
9 = θ_b	1
9.2	4
9.4	9
9.6	33
9.8	80
10.0	142
10.2	238
10.4	365
10.6	498
10.8	650
11.0	808
11.25	980
11.5	1115
11.75	1235
12.0	1330
12.5	1410
12.8 = θ_T	1440
13.0	1440
15.0	1440

解: 由实验结果知 $Y_0^* = 0$

将水的摩尔分率换算成质量比 Y

$$Y = \frac{\text{水的摩尔分率}}{1 - \text{水的摩尔分率}} \times \frac{M_{H_2O}}{M_{N_2}} \doteq \text{水的摩尔分率} \times \frac{18}{28}$$

将表中水的摩尔分率换算成 Y,作穿透曲线,如图 8-13 所示。(此处近似作

图,即直接用摩尔分率为纵坐标,一个单位表示100×10^{-6}以时间为横坐标,一个单位表示 1 小时)

用图解积分法得　　$E=129.6,F=29.31$ 所以未用床高

$$h_u = \frac{29.31}{129.6+29.31} \times 0.268 = 0.0495(\text{m})$$

$$h_c = 0.268 - 0.0495 = 0.2185(\text{m})$$

要求穿透时间为 15 小时的 $h_s{}'$

$$h' = \frac{0.2185}{9} \times 15 = 0.3642(\text{m})$$

所需床高　　$H = 0.3642 + 0.0495 = 0.414(\text{m})$

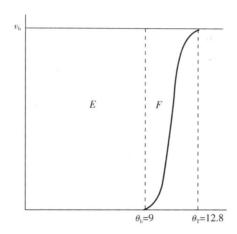

图 8-13　例 8-2 附图

三、移动床吸附

1. 移动床吸附器

流体或固体可以连续而均匀地在移动床吸附器中移动,稳定地输入和输出。同时使流体与固体两相接触良好,不致发生局部不均匀的现象。移动床吸附过程可实现逆流连续操作,吸附剂用量少,但吸附剂磨损严重。能否降低吸附剂的磨损消耗,减少吸附装置的运转费用,是移动床吸附器能否大规模用于工业生产的关键。

2. 移动床吸附过程计算

移动床吸附器中,流体与固体均以恒定的速度连续通过吸附器,在吸附器内任一截面上的组成均不随时间而变化。因此可认为移动床中吸附过程是稳定吸附过

程。对单组分吸附过程而言,其计算过程与二元气体混合物吸收过程类似,应用的基本关系式也是物料衡算(操作线方程)、相平衡关系和传质速率方程。为简化讨论,现以单组分等温吸附过程为例,讨论其计算原理。

连续逆流吸附装置如图 8-14 所示,对装置上部作吸附质的物料衡算,可得出连续、逆流操作吸附过程的操作线方程

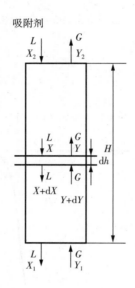

图 8-14　连续逆流吸附

$$Y = \frac{L}{G}(X - X_2) + Y_2 \tag{8-19}$$

式中:G—— 不包括吸附质的气相质量流速,$kg/(m^2 \cdot s)$;

L—— 不包括吸附质的吸附剂质量流速,$kg/(m^2 \cdot s)$;

Y—— 吸附质与溶剂的质量比;

X—— 吸附质与吸附剂的质量比。

显然,吸附操作线方程为一直线方程,如图 8-15 所示。

见图 8-14,取吸附装置的微元段 dh 作物料衡算,得

$$LdX = GdY \tag{8-20}$$

根据总传质速率方程式(8-12),dh 段内传质速率可表示为

$$GdY = K_y a_v (Y - Y^*)dh \tag{8-21}$$

式中:K_y—— 以 ΔY 表示推动力的总传质系数,$kg/(m^2 \cdot s)$;

a_v—— 单位体积床层内吸附剂的外表面,m^2/m^3 床层;

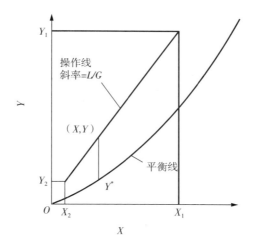

图 8-15 连续逆流吸附操作线

Y^* —— 与吸附剂组成 X 呈平衡的气相组成，kg 吸附质 /kg 惰性气。

若 K_y 可取常数，则式(8-21)积分可得吸附剂层的高度为

$$H = \frac{G}{K_y a_V} \int_{Y_2}^{Y_1} \frac{\mathrm{d}Y}{Y - Y^*} \qquad (8-22)$$

式中 K_y 由下式确定：

$$\frac{1}{K_y} = \frac{1}{k_y} + \frac{m}{K_x} \qquad (8-23)$$

其中 k_y 与 k_x 为气相侧与固相侧的传质分系数，m 为平衡线的斜率。因为在吸附剂通过吸附器的过程中，吸附质逐步渗入吸附剂内部，应用以平均浓度差推动力为基础的固相侧传质分系数 k_x 不是常数，所以式(8-22)和(8-23)在使用时只有当气相阻力控制时才可靠。然而，对实际吸附过程来说，常常是固体颗粒内的扩散阻力占主导地位。

例 8-3 常压、298K 下用硅胶去除空气中的水蒸气。空气的原始湿度为 0.005kgH_2O/kg 干空气，要求干燥到湿度为 0.0001kgH_2O/kg 干空气。硅胶的原始含水量为零。采用连续逆流操作，硅胶的质量流速为 0.68kg/($m^2 \cdot s$)，空气的质量流速为 1.36kg/($m^2 \cdot s$)。求所需硅胶的层高。

已知在 298K 下所处理的空气湿度范围内吸附等温线基本上为直线，$Y^* = 0.0185X$。两相的体积传质分系数分别为 $K_y a_p = 31.6G^{10.55}$kgH_2O/($m^3 \cdot s \cdot \Delta y$)，$K_x a_p = 0.965kgH_2O$/($m^3 \cdot s \cdot \Delta x$)。式中 G' 为气体与固体的相对质量流速 kg/($m^2 \cdot s$)，硅胶的表观床层密度为 672kg/m^3，颗粒平均直径为 0.00173m，比外表面积为 2.167m^2/kg。

解：根据式(8-19)

$$G(Y_1 - Y_2) = L(X_1 - X_2)$$

所以

$$X_1 = \frac{G}{L}(Y_1 - Y_2) + X_2 = \frac{1.36}{0.68}(0.005 - 0.0001) + 0$$

$$= 0.0098 \text{kgH}_2\text{O/kg 干硅胶}$$

因为操作线和平衡线在 Y-X 图中均为直线,所以式(8-22)中的

$$\int_{Y_2}^{Y_1} \frac{\mathrm{d}Y}{Y - Y^*} = \frac{Y_1 - Y_2}{\Delta Y_{\mathrm{m}}}$$

其中

$$\Delta Y_{\mathrm{m}} = \frac{\Delta Y_1 - \Delta Y_2}{\ln \dfrac{\Delta Y_1}{\Delta Y_2}}$$

$$\Delta Y_1 = Y_1 - Y_1^* = 0.005 - 0.0185 \times 0.0098 = 0.00482$$
$$\Delta Y_2 = Y_2 - Y_2^* = 0.0001$$

所以

$$\int_{Y_2}^{Y_1} \frac{\mathrm{d}Y}{Y - Y^*} = \frac{\dfrac{0.005 - 0.001}{0.00482 - 0.0001}}{\ln \dfrac{0.0048}{0.0001}} = 4.03$$

根据式(8-23)得

$$\frac{1}{K_y a_{\mathrm{p}}} = \frac{1}{k_y a_{\mathrm{p}}} + \frac{m}{k_x a_{\mathrm{p}}}$$

吸附剂向下移动速度 $= \dfrac{0.680}{672} = 1.013 \times 10^{-3} (\text{m/s})$

常压下 298K 空气的密度为 1.181kg/m^3

空气向上的表观流速 $= \dfrac{1.36}{1.181} = 1.152 (\text{m/s})$

空气与硅胶的相对速度 $= 1.152 + 1.013 \times 10^{-3} = 1.153 (\text{m/s})$

所以

$$G' = 1.153 \times 1.81 = 1.352 (\text{kg/(m}^2 \cdot \text{s)})$$

$$k_y a_{\mathrm{p}} = 31.6 \times 1.352^{0.55} = 37.3$$

$$k_y a_{\mathrm{p}} = \left(\frac{1}{37.3} + \frac{0.0185}{0.965}\right)^{-1} = 21.7$$

所需硅胶层高度为 $H = \dfrac{1.36}{21.7} \times 4.03 = 0.253 (\text{m})$

四、流化床吸附

流化床构造示意如图8-16所示。原水由底部升流式通过床层,吸附剂由上部

向下移动。由于吸附剂保持流化状态,与水的接触面积增大,因此设备小而生产能

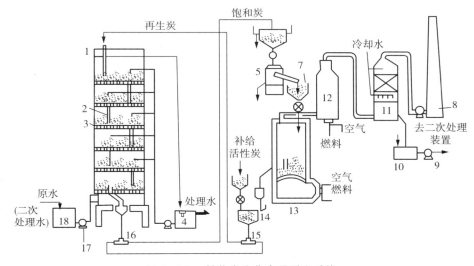

图 8-16 粉状炭流化床及再生系统

1—吸附塔;2—溢流管;3—穿孔板;4—处理水槽;5—脱水机;6—饱和炭贮槽;

7—饱和炭供给槽;8—烟囱;9—排水泵;10—炭水槽;11—气体冷却器;

12—脱臭炉;13—再生炉;14—再生炭冷却槽;15、16—水射器;17—原水泵;18—原水槽

力大,基建费用低。与固定床相比,可使用粒度均匀的小颗粒吸附剂,对原水的预处理要求低。仅对操作控制要求高,为了防止吸附剂全塔混层,以充分利用其吸附容量并保证处理效果,塔内吸附剂采用分层流化。所需层数根据吸附剂的静活性、原水水质水量、出水要求等来决定。分隔每层的多孔板的孔径、孔分布形式、孔数及下降管的大小等,都是影响多层流化床运转的因素。目前日本在石油化工废水处理中采用这种流化床,使用粒径为 1mm 左右的球形活性炭。

思考题与习题

8-1 对于温度 323K,CO_2 在活性炭上的吸附,测得实验数据见下表,试确定在此条件下弗罗德里希和朗格缪尔方程的诸常数。

习题 8-1 附表

单位吸附剂的 CO_2 的体积(cm^3/g)	气相中 CO_2 的分压(atm)
30	1
51	2
67	3

（续表）

单位吸附剂的 CO_2 的体积(cm³/g)	气相中 CO_2 的分压(atm)
81	4
93	5
104	6

8-2　现采用活性炭吸附对某有机废水进行处理,两种活性炭的吸附平衡数据如下:

习题 8-2 附表

平衡浓度 COD(mg/L)	100	500	1000	1500	2000	2500	3000
A 吸附量[mg/g(活性炭)]	55.6	192.3	227.8	326.1	357.1	378.8	394.7
B 吸附量[mg/g(活性炭)]	47.6	181.8	294.1	357.3	398.4	434.8	476.2

试判断吸附类型,计算吸附常数,并比较两种活性炭的优劣。

8-3　尾气中苯蒸汽的浓度为 0.025kg(苯)/kg(干空气),欲在 298K 和 2atm 条件下采用硅胶吸附净化。　固定床保护作用时间至少要 90min。　设穿透点时苯的浓度为 0.0025kg(苯)/kg(干空气),当固定床出口尾气中苯浓度达 0.020kg(苯)/kg(干空气)时即认为床层已耗竭。尾气通过床层的速度为 1m/s(基于床的整个横截面积),已知硅胶的堆积密度为 625kg/m³,平均粒径 $D_p = 0.60$cm,平均表面积 $a = 600$m²/m³。在上述操作条件下,吸附等温方程式为

$$Y^* = 0.167X^{1.5}$$

式中 Y^* 为污染物在气相中的平衡浓度,kg(苯)/kg(干空气);X 为污染物在吸附相中的浓度,kg(苯)/kg(硅胶)。假定气相传质单元高度,试决定所需要的床高。

第九章　反应动力学

化学反应动力学是研究化学反应速率和机理的科学。研究化学反应速率,包含了对反应速率及影响反应速率的各种因素的研究。研究化学反应机理,则是在分子水平上,研究基元反应规律及相应的反应机理。

化学反应是以分子尺度进行的物质转化过程。排除了一切物理传递过程的影响,得到的化学反应动力学称之为微观动力学或本征动力学,这也是物理化学所讨论的化学动力学内容。一般而言,化学反应动力学的研究内容是环境工程研究人员更感兴趣的,从中可以寻求新的工艺开发方向。而环境工程研究人员更注重于影响化学反应速率的各种因素,并将各种因素影响程度的实验结果,归纳为简化且等效的数学模型方程,从而有效地掌握化学反应规律,实现工业反应过程的优化。

本章将从环境化学反应工程的角度,阐述化学反应动力学的基本概念和原理,并就均相反应,讨论它们最常见的动力学表达式,为以后各章节学习做必要的准备。

第一节　反应的计量关系

在化学反应过程中,反应物系中各组分量的变化必定服从一定的化学计量关系。这不仅是进行反应器物料衡算的基础,而且对确定反应器的进料配比、产物组成,以至工艺流程的安排,也可能具有重要意义。

化学计量学是研究反应过程中发生的反应情况,是简单反应还是复杂反应,对同时发生多个反应的复杂反应,研究这些反应之间的相互关系是怎样的,是并联的还是串联的,以及每一反应中各组分变化量之间的相互关系。

对只存在单一反应的体系,化学计量学分析可直接应用倍比定律。而对存在多个反应的体系,问题要复杂得多,必须借助以线性代数为基础的方法。

一、反应式与计量方程

(一) 反应式

用定量关系式描述反应物经化学反应生成产物(product)的过程。它表示反

应方向,并非方程式,用箭头表示化学反应方程式中反应的方向。化学反应式的一般形式为

$$aA + bB \longrightarrow gG + hH \tag{9-1}$$

式中:A,B—— 反应物;

G,H—— 生成物;

a,b,g,h—— 参与反应的各组分的分子数,恒大于零,称为计量系数,是量纲为1的纯数。

(二) 计量方程

表示参加反应的各组分的数量关系。用等号代替化学反应式中的箭头,习惯上规定计量方程等号左边的组分为反应物,等号右边的组分为产物,其一般形式为

$$aA + bB = gG + hH \tag{9-2}$$

该式是一个方程式,允许按方程式的规则进行运算,将各项移至等号的同一侧。

$$0 = (-a)A + (-b)B + gG + hH \tag{9-3}$$

或

$$0 = \sum_i v_i c_i \tag{9-4}$$

式中 c_i 表示计量方程中任一物质的化学式,v_i 是物质 c_i 的化学计量数,c_i 若是反应物,v_i 为负值;c_i 若是生成物,v_i 为正值。$\sum_i$ 表示对参与反应的所有物质求和。

因此,化学反应计量方程中的化学计量系数和反应式中的计量系数存在以下的关系:若是反应物,二者数值相等,符号相反;若是生成物,二者相等。

化学反应计量方程只表示参与化学反应的各组分直接的计量关系,与反应历程及反应可进行的程度无关。计量式不得含有除1以为的任何公因子,具体写法依习惯而定,通常将关键组分写在第一位,而且使其计量系数为1。

二、反应的分类

反应有各种各样的分类方法,根据反应系统中反应组分的相态及其数量,可分为均相反应和非均相反应两种基本类型。

(一) 均相反应

均相反应是指所有反应组分都处于同一相内的反应,如液相反应、气相反应

等。在均相反应中,反应物均匀分布在整个液体或气体中,因而在液体或气体内部的任一点的反应势能是相同的。均相反应通常在间歇式、完全混合式和平推流式反应器中完成,将在后面的章节讲述。均相反应可能是不可逆反应,也可能是可逆反应。

1. 不可逆反应

(1) 简单反应

简单反应是指一步能够完成的反应,用一个计量方程即可表达反应组分间的定量关系。

$$A \longrightarrow G \tag{9-5}$$

$$A + A \longrightarrow G \tag{9-6}$$

$$a A + b B \longrightarrow G \tag{9-7}$$

(2) 平行反应

平行反应是指反应物能同时平行参与两个或两个以上的不同反应,生成不同产物的反应。其中反应较快或产物在混合物中所占比率较高的反应称为主反应,其余称为副反应。

$$A + B \longrightarrow G \tag{9-8}$$

$$A + B \longrightarrow H \tag{9-9}$$

(3) 连串反应

连串反应是指反应中间产物同时进一步反应产生新的中间产物或最终产物的反应。其主要特征是随着反应的进行,中间产物浓度逐渐增大,达到极大值后又逐渐减少。有机污染物的降解一般可视为连串反应。

$$A + B \longrightarrow G \tag{9-10}$$

$$A + G \longrightarrow H \tag{9-11}$$

2. 可逆反应

可逆反应是指在同一条件下,正反应方向和逆反应方向都以较显著速度进行的反应。可以写出正反应和逆反应的两个计量方程,但两者并不独立,用一个计量方程即可表达反应组分间的定量关系。

$$A \rightleftharpoons B \tag{9-12}$$

$$A + B \rightleftharpoons G + H \tag{9-13}$$

二、非均相反应

在两相或者三相中进行的化学反应称为非均相反应,此时参与反应的组分处于不同的相内,因此存在组分在不同相之间的质量传递。如液-固反应、气-固反应、气-液反应等。

$$CaO(s) + H_2O(l) \longrightarrow Ca(OH)_2(l) \qquad (9-14)$$

$$H_2(g) + CuO(s) \longrightarrow Cu(s) + H_2O(l) \qquad (9-15)$$

$$SO_2(g) + 2NaOH(l) \longrightarrow Na_2SO_3(l) + H_2O(l) \qquad (9-16)$$

由于这些反应可能包括若干相互关联的步骤,因而研究这些过程较均相反应更为困难一些,将在下一章节进行详细讲述。

三、反应进度与转化率

(一) 反应进度

化学计量方程式对其中所包含的全部组分的反应速率间规定了一定的数量关系。令 n_A、n_B、n_G 和 n_H 分别为相应组分在时刻 t 的物质的量,则根据式(9-1)应存在关系为

$$-\frac{1}{a}\frac{dn_A}{dt} = -\frac{1}{b}\frac{dn_B}{dt} = \frac{1}{g}\frac{dn_G}{dt} = \frac{1}{h}\frac{dn_H}{dt} \qquad (9-17)$$

由式(9-17)可得出

$$d\xi = \frac{-dn_A}{a} = \frac{-dn_B}{b} = \frac{dn_G}{g} = \frac{dn_H}{h} = \frac{dn_i}{v_i} \qquad (9-18)$$

$d\xi$ 为反应进度;v_i 为组分 i 的化学计量方程系数,反应物取负号,产物取正号。由式(9-17)和式(9-18)可得出

$$\frac{r_i}{v_i} = \frac{1}{V}\frac{d\xi}{dt} \qquad (9-19)$$

式中:r_i—— 组分 i 的反应速率,mol/(L·s);

V—— 反应体积,L。

由式(9-19)可知,当组分 A 的初始物质的量为 n_{A0} 时,则反应进度:

$$\xi = (n_{A0} - n_A)/v_A \qquad (9-20)$$

(二) 转化率

反应物 A 的反应量($n_{A0} - n_A$)与其初始量 n_{A0} 之比称为转化率,用符号 x_A 表

示,即

$$x_A = \frac{n_{A0} - n_A}{n_{A0}} \qquad (9-21)$$

在环境工程中,反应物 A 一般为待去除的污染物,此时的转化率称为去除率。

(三) 膨胀因子和膨胀率

对于反应 $\qquad aA + bB \Longrightarrow gG + hH$

当 $a + b \neq g + h$ 时,化学反应会引起体系物质总量的变化,进而造成体积的变化(等压时)或压力的改变(等容时) 可以把由于化学反应而发生的物质总量的改变,视为化学反应引起的膨胀。则反应物 A 的膨胀因子可定义为

$$\delta_A = \frac{g + h - a - b}{a} \qquad (9-22)$$

即每消耗 1mol 反应物 A 时,引起整个反应物系总摩尔数的变化值。

如果 V_0 与 V_1 分别是组分 A 的转化率为 $x_A = 0$ 与 $x_A = 1$ 时间歇反应系统的体积,则其膨胀率为

$$\sigma_A = \frac{V_1 - V_0}{V_0} \qquad (9-23)$$

在等温等压条件下,反应混合物的瞬时体积 V 与膨胀率呈线性关系,即

$$V = V_0(1 + \sigma_A x_A) \qquad (9-24)$$

则 δ_A 与 σ_A 的关系为

$$\sigma_A = y_{A0}\delta_A \qquad (9-25)$$

式中: y_{A0} —— 组分 A 的初始摩尔分数。

用 n_t 表示反应体系的总物质的量,当组分 A 的转化率达到 x_A 时,意味着组分 A 已经消耗了 $n_{A0} - n_A = n_{A0}x_A$,它引起体系总物质的量的变化为 $n_{A0}x_A\delta_A$,因此,可以得到描述反应体系总物质的量变化的关系式为

$$n_t = n_{t0} + n_{A0}x_A\delta_A \qquad (9-26)$$

其中 n_{t0} 指反应体系初始的总物质的量,既包括反应物、产物的物质的量,也包括虽未参与反应、但体系中存在着的所有惰性组分的物质的量。它表明:任一时刻反应体系的总物质的量等于体系初始总物质的量加上膨胀物质的量。

将式(9-25)代入式(9-26),得

$$n_t = n_{t0}(1 + \sigma_A x_A) \qquad (9-27)$$

例 9 - 1　在恒压等温条件下进行丙烷裂解反应：

$$C_3H_8 \longrightarrow C_2H_4 + CH_4$$

反应开始时 C_3H_8 和 H_2O(气态) 均为 $3\,mol$，进料体积流量为 $0.8\,m^3/h$。求反应进行至 $x_A = 0.5$ 时的体积流量及丙烷的摩尔分数。

解：
$$\delta_A = \frac{2-1}{1} = 1$$

$$\sigma_A = \frac{n_{A0}}{n_{t0}}\delta_A = \frac{3}{3+3} \times 1 = 0.5$$

取计算基准为进入反应器 $1h$ 的气体量

$$V = V_0(1 + \sigma_A x_A) = 0.8 \times (1 + 0.5 \times 0.5) = 1.0\,(m^3/h)$$

故反应进行至 $x_A = 0.5$ 时的体积流量为 $1.0\,m^3/h$。

此时，

$$y_A = \frac{n_A}{n_t} = \frac{n_{A0}(1-x_A)}{n_{t0}(1+\sigma_A x_A)} = \frac{y_{A0}(1-x_A)}{1+\sigma_A x_A} = \frac{3}{3+3} \times \frac{1-0.5}{1+0.5 \times 0.5} = 0.2$$

第二节　　反应动力学计算

一、反应速率方程

反应速率方程是反应器设计的一项重要因素，主要受反应组分浓度、体系温度、压力和催化剂等因素的影响。

（一）反应速率的一般表示方法

1. 均相反应速率的表示方法

反应速率定义为单位反应体系内反应程度随时间的变化率。不同的反应过程对应不同的单位反应体系。对于均相反应过程，单位反应体系是指单位反应体积，则均相的反应速率 r 可由下式表示：

$$r = \frac{1}{V}\frac{dn}{dt} \tag{9 - 28}$$

在一个均相反应体系中，任意瞬时只有一个反应速率。以 Vc 代替 n 时，式（9 - 28）可改为

$$r = \pm \frac{1}{V}\frac{\mathrm{d}Vc}{\mathrm{d}t} = \pm \frac{1}{V}\frac{V\mathrm{d}c + c\mathrm{d}V}{\mathrm{d}t} \tag{9-29}$$

式中：V—— 容积，L；

　　　c—— 浓度，mol/L。

式中对反应物取负号，对生成物取正号。

对恒容过程，$\dfrac{\mathrm{d}V}{\mathrm{d}t} = 0$，式(9-29)可简化为

$$r = \pm \frac{\mathrm{d}c}{\mathrm{d}t} \tag{9-30}$$

2. 多相催化反应速率的表示方法

对于多相催化反应，经常采用以下不同基准的反应速率。

(1)以催化剂质量为基准的反应速率

定义为单位时间内单位催化剂质量 m 所能转化的某组分的量。则反应物 A 的反应速率 $-r_{Am}$ 表示为

$$-r_{Am} = -\frac{1}{m}\frac{\mathrm{d}n_A}{\mathrm{d}t} \tag{9-31}$$

(2)以催化剂表面积为基准的反应速率

定义为单位时间内单位催化剂表面积 S 所能转化的某组分的量。则反应物 A 的反应速率 $-r_{AS}$ 表示为

$$-r_{AS} = -\frac{1}{S}\frac{\mathrm{d}n_A}{\mathrm{d}t} \tag{9-32}$$

(3)以催化剂颗粒体积为基准的反应速率

定义为单位时间内单位催化剂颗粒体积 V 所能转化的某组分的量。反应物 A 的以催化剂颗粒体积为基准的反应速率 $-r_{AV}$ 表示为

$$-r_{AV} = -\frac{1}{V}\frac{\mathrm{d}n_A}{\mathrm{d}t} \tag{9-33}$$

值得注意的是，催化剂颗粒体积与填充层体积不同，前者不包括催化剂颗粒间的空隙体积，后者则包括颗粒体积和颗粒间的空隙体积。

各反应速率间存在以下关系：

$$(-r_{Am})m = (-r_{AS})S = (-r_{AV_p})V_p \tag{9-34}$$

(二)反应速率的测定

反应速率通常是根据反应进行时所测得的反应物或生成物浓度来确定的。然

后,将测得的结果与研究条件下进行反应的各种标准型速率方程所获得的结果相比较。

欲测量反应速率 r,可测量不同时间某一反应物(或产物)的浓度,绘制浓度随时间的变化曲线,从中求出某一时刻曲线的斜率 (dc_i/dt),此斜率再除以 v_i 即为该反应在此时的反应速率。

反应速率的测量关键是测量反应物(或产物)的浓度。确定测量浓度的方法,必须考虑反应本身的快慢。例如某反应在 1s(甚至 1ms)内反应就完成,若使用普通的浓度滴定的方法,就没有意义。对于那些快反应,常采用光谱法,如超声法、闪光光解法和核磁共振法等。激光的采用已使观测的时间标度降至 10^{-12} s。对于那些较慢的反应,传统的滴定方法仍然非常有用。在一系列的时间间隔里,取出一定量的反应混合物,并迅速加以稀释,使反应停下来(速度降到可以忽略不计),然后再用适当的滴定剂,对每个样品进行滴定。或者通过测量反应体系 pH 的变化来确定溶液中 H^+ 浓度的变化;通过测量溶液电导率来确定溶液中电解质离子产生或消失情况;通过测定体系压力(或体积)来确定气体变化情况等。总之,反应速率的测量要根据具体情况,采用合适的办法,才能得到满意的结果。浓度的测定可分为化学法和物理法两类。

1. 化学法

化学法一般用于液相反应。就是用化学分析法来测定不同时间反应物或产物的浓度。此法要点是取出样品后,必须立即"冻结"反应,使反应不再继续进行,并尽快地测定浓度。冻结的方法有骤冷、冲稀、加阻化剂或移走催化剂等。化学法的优点是设备简单、可直接测得浓度;缺点是没有合适的"冻结"反应的方法、很难测得指定时间的浓度、误差大。

2. 物理法

此法是基于测量与物质浓度变化相关的一些物理性质随时间的变化,然后间接计算出反应物的浓度。可利用的性质有压力、体积、旋光度、折光率、光谱、电导和电动势等。物理法优点是迅速而且方便,特别是可以不中止反应、可以连续测定、自动记录等。缺点是,如果反应系统有副反应或少量杂质对所测物质的物理性质有灵敏影响时,有较大误差。

例 9-2 在 350℃ 等温恒容条件下,纯的丁二烯进行二聚反应,测得反应系统总压 p 与反应时间 t 的关系如表 9-1 所示。试求时间为 26min 时的反应速率。

表 9-1　例 9-2 附表

t(min)	0	6	12	26	38	60
p(kPa)	66.7	62.3	58.9	53.5	50.4	46.7

解:以 A 和 G 分别代表丁二烯和二聚物,则二聚反应可写成

$$2A \longrightarrow G$$

由于在恒温恒容下进行反应,而反应前后物系的总摩尔数改变,因而,总压的变化可反映反应进行的情况。设 $t=0$ 时,丁二烯 A 的浓度为 c_{A0},时间为 t 时则为 c_A,由化学计量关系知二聚物 G 的浓度相应为 $(c_{A0}-c_A)/2$。于是,单位体积内反应组分的总量为 $(c_{A0}+c_A)/2$。由理想气体状态方程得

$$\frac{c_{A0}}{(c_{A0}+c_A)/2} = \frac{p_0}{p} \tag{1}$$

式中:p_0 为 $t=0$ 时物系的总压。

式(1)又可写成

$$c_A = c_{A0}\left(2\,\frac{p}{p_0} - 1\right) \tag{2}$$

由于是恒容反应,反应速率可以表示为

$$r_A = -\frac{\mathrm{d}c_A}{\mathrm{d}t} = -\frac{2c_{A0}}{p_0}\frac{\mathrm{d}p}{\mathrm{d}t} \tag{3}$$

由理想气体状态方程得

$$c_{A0} = \frac{p_0}{RT}$$

故式(3)可写成

$$r_A = -\frac{2}{RT}\frac{\mathrm{d}p}{\mathrm{d}t} \tag{4}$$

根据表 9-1 的数据,以 p 对 t 作图,如图 9-1 所示。于 $t=26\,\mathrm{min}$ 处作曲线的切线,切线的斜率即为 $\dfrac{\mathrm{d}p}{\mathrm{d}t}$ 的值,该值等于 $-1.11\,\mathrm{kPa/min}$。再代入式(4),即可得出以丁二烯表示的反应速率值为

$$r_A = -\frac{2 \times (-1.11)}{8.314 \times (350+273)} = 4.29 \times 10^{-4}\ [\mathrm{kmol/(m^3 \cdot min)}]$$

若以生成的二聚物表示,反应速率则为 $r_A/2$,即 $2.15 \times 10^{-4}\,\mathrm{kmol/(m^3 \cdot min)}$。

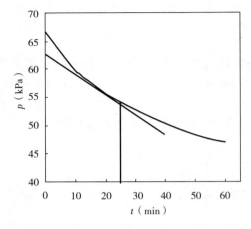

图 9 - 1　例 9 - 2 附图

3. 反应速率与转化率之间的关系

根据反应物 A 的转化率定义,$x_A = \dfrac{n_{A0} - n_A}{n_{A0}}$,故 $dn_A = -n_{A0}dx_A$,则反应物 A 的反应速率与转化率的关系为

$$-r_A = -\frac{1}{V}\frac{dn_A}{dt} = \frac{n_{A0}}{V}\frac{dx_A}{dt} \tag{9-35}$$

对于恒容反应,则有

$$-r_A = \frac{c_{A0}\,dx_A}{dt} \tag{9-36}$$

(三) 反应速率方程

1. 反应速率方程与反应级数

定量描述反应速率与反应影响因素之间的关系式称为反应速率方程。均相反应的反应速率是反应组分浓度 c 和温度 T 的函数,即

$$r = kf(T, c_A, c_B, c_G, \cdots) \tag{9-37}$$

在工程应用中,为了测定和使用上的方便,有时把反应速率方程表示为转化率的函数,即

$$r = kf(T, x_A, x_B, x_G, \cdots) \tag{9-38}$$

对于均相不可逆反应 $\alpha_A A_A + \alpha_B B_B \longrightarrow \alpha_G G_G + \alpha_H H_H$,在一定温度下,反应速率与反应物浓度之间的关系可用下式表示

$$r = -r_A = k_c c_A^a c_B^b \tag{9-39}$$

其中,反应级数 a、b 之和 $n=a+b$ 称为该反应的总反应级数。

式中:a,b—— 反应物 A 和 B 的反应级数,量纲为 1;

k_c—— 以浓度表示的反应速率常数,(浓度)$^{1-n}$(时间)$^{-1}$。

对于气相反应,反应速率方程也可以表示为反应物分压的函数,即

$$r=-r_A=k_p p_A^a p_B^b \tag{9-40}$$

式中:k_p—— 以浓度表示的反应速率常数,(浓度)(时间)$^{-1}$(压力)$^{-n}$。

$n=0$,反应速率与各组分的浓度无关,即

$$-r_A=k \tag{9-41}$$

$n=1$ 时,称一级反应,其速率方程可表示为

$$-r_A=kc_A \tag{9-42}$$

$n=2$ 时,称二级反应,其速率方程可表示为

$$-r_A=kc_A^2 \tag{9-43}$$

或

$$-r_A=kc_A c_B \tag{9-44}$$

如果反应级数与反应计量系数相同,即 $\alpha_A=a,\alpha_B=b$,此反应可能是基元反应,基元反应的总级数一般为 1 或 2,很少有 3,没有级数大于 3 的基元反应。对于非基元反应,α_A,α_B 一般为实验测得的经验值,可以是整数、小数,甚至是负数。

(二)影响反应速率的因素

1. 温度对反应速率的影响

温度对反应速率的影响特别显著。如氢气和氧气化合成水的反应,在常温下几乎观察不到水的生成,但当温度提高到 600℃ 以上时,它们立即反应,并发生猛烈的爆炸。一般说来,化学反应都随温度升高反应速率增大。范特霍夫(Van't Hoff J. H.)从实验中总结出一条经验规则:反应物浓度一定时,温度每升高 10℃,反应速率增加为原来速率的 2 至 4 倍。此经验规则虽不精确,但当数据缺乏时,也可用它来作粗略估计。

从反应速率方程可见,当浓度一定时,反应速率正比于反应速率常数 k,k 在一定温度下是一常数。但当温度升高时,k 值一般增大。我们讨论温度对反应速率影响时是假设反应物浓度不变的条件下,速率常数 k 随温度 T 而改变的函数关系。

1889 年阿仑尼乌斯(Arrhenius S. A.)从大量实验中总结出反应速率常数和温度之间的定量关系式

$$k=Ae^{-\frac{E_a}{RT}} \tag{9-45}$$

对上式取自然对数

$$\ln k = -\frac{E_a}{RT} + \ln A \qquad (9-46)$$

式(9-45)和式(9-46)均称为阿仑尼乌斯公式。

式中：k——反应速率常数，单位为$(mol/L)^{1-n} \cdot s^{-1}$；

T——热力学温度，单位为K；

E_a——实验活化能或阿仑尼乌斯活化能，单位为$J \cdot mol^{-1}$；

R——摩尔气体常数，$8.314 J/(mol \cdot K)$；

A——常数，称为指前因子或频率因子，其单位与k相同。

从式(9-46)可见，k与T呈指数关系，温度微小变化。将导致k的较大变化，我们在讨论反应速率与温度的关系时，可以认为一般温度范围内活化能E_a和指前因子A均不随温度的改变而改变。

对同一反应，已知活化能和某一温度T_1的速率常数k_1，可求任一温度T_2的速率常数k_2；或已知两个温度的速率常数，可求该反应的活化能。将T_2和T_1分别代入式(9-47)中，即得

$$\ln k_2 = -\frac{E_a}{R} \frac{1}{T_2} + \ln A \qquad (9-47)$$

$$\ln k_1 = -\frac{E_a}{R} \frac{1}{T_1} + \ln A \qquad (9-48)$$

两式相减可得

$$\ln \frac{k_2}{k_1} = \frac{E_a}{R}\left(\frac{T_2 - T_1}{T_1 T_2}\right) \qquad (9-49)$$

例9-3 已知乙烷裂解反应的活化能$E_a = 302.17 kJ/mol$，丁烷裂解反应活化能$E_a = 233.68 kJ/mol$，当温度由700℃增加到800℃时，它们的反应速率常数将分别增加多少？乙烷温度由500℃增加到600℃时，反应速率常数又将增加多少？

解： 将乙烷和丁烷的E_a和T分别代入式(9-49)，则

乙烷 $\quad \ln \dfrac{k_{(1073.15)}}{k_{(973.15)}} = \dfrac{302.17 \times 10^3}{8.314} \times \dfrac{1073.15 - 973.15}{1073.15 \times 973.15} = 3.48$

$$\frac{k_{(1073.15)}}{k_{(973.15)}} = 32.36$$

丁烷 $\quad \ln \dfrac{k_{(1073.15)}}{k_{(973.15)}} = \dfrac{233.68 \times 10^3}{8.3145} \times \dfrac{1073.15 - 973.15}{1073.15 \times 973.15} = 2.69$

$$\frac{k_{(1073.15)}}{k_{(973.15)}} = 14.79$$

乙烷温度由500℃增加到600℃时

$$\ln \frac{k_{(873.15)}}{k_{(773.15)}} = \frac{302.17 \times 10^3}{8.3145} \times \frac{873.15 - 773.15}{873.15 \times 773.15} = 5.38$$

$$\frac{k_{(873.15)}}{k_{(773.15)}} = 217.78$$

由例 9-3 可知：对一定的反应，活化能一定，则起始温度越低，反应速率常数随温度的升高增大得越快。而不同的反应，活化能不同，则活化能越高，反应速率常数随温度的升高增大得越快。

例 9-4　已知某有机污染物在水中的分解反应为一级反应，如表 9-2 所示为不同温度下测得的速率常数，计算这个反应的活化能和指前因子 A。

表 9-2　例 9-4 附表

(T/K)	$k(\mathrm{hr}^{-1})$
323	1.08×10^{-4}
343	7.34×10^{-4}
362	45.4×10^{-4}
374	138×10^{-4}

解：$\ln k$ 对 $\dfrac{1}{T}$ 作图，如图 9-2 所示。

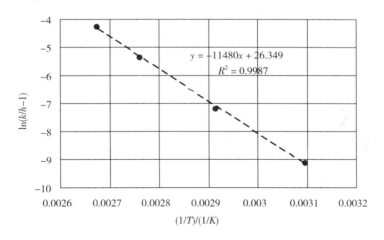

图 9-2　例 9-4 附图

由式（9-45）知，直线的斜率为 $-E_a/R = -11480$，截距 $\ln A = 26.349$。则 $E_a = 95.44\mathrm{kJ/mo}$，$A = 2.775 \times 10^{11}\mathrm{hr}^{-1}$。

总之，由阿仑尼乌斯公式知，反应速率常数不仅与温度有关，而且与反应活化能有关。对一定的反应,活化能一定,反应速率常数,亦即反应速率随温度的升高而增大。当温度一定时,不同的反应,活化能不同,活化能小的反应速率快。当某反应的活化能由 100kJ/mol 降至 80kJ/mol,则在 300K 时,速率常数之比为

$$\frac{k_2}{k_1} = \frac{Ae^{-80000/RT}}{Ae^{-100000/RT}} \approx 3000$$

即反应速率增加约 3000 倍,这表明活化能对反应速率影响是十分显著的。一般化学反应的活化能大约在 80 ~ 100kJ/mol 之间。活化能小于 80kJ/mol 的化学反应,由于化学反应很快,一般实验方法难以测定,而活化能大于 100kJ/mol 的反应,由于反应速率太慢,也难以研究。

2. 催化剂对反应速率的影响

升高温度虽然能加快反应速率,但高温有时会给反应带来不利的影响。例如,有的反应能在高温下发生副反应,有的反应产物在高温下会分解等。而且高温反应设备投资大、技术复杂、能耗高。能否设法选择一条新的反应途径以达到降低反应的活化能、加快化学反应速率的目的呢?通过科学实验,人们已找到了一条行之有效的办法,就是使用催化剂。现在不仅各种基本有机原料的合成厂、石油裂解、橡胶、纤维、医药等工业生产中需要催化剂,而且其生产过程中所产生的废水、废气、固体废弃物的处理也需要催化剂。生命的继续也与催化剂有极密切的关系,人体内许多复杂的反应能在低温下进行就是酶的催化作用的结果。据统计,目前有80% ~ 90% 的环境污染控制中广泛使用了催化剂,可见催化剂在现代环境污染控制中具有何等重要的地位和作用。

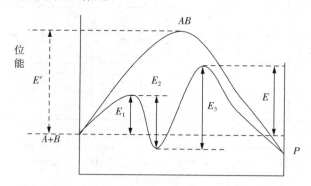

图 9 - 3　催化剂对反应历程影响的示意图

催化剂为什么会加速反应速率呢?这是因为把一种特定的催化剂加入某种反应时,催化剂能改变反应历程(也叫反应机理),降低反应的活化能,因而使反应速率加快。

一般认为催化剂是与反应物中的一种或几种物质生成中间产物,而这种中间

产物又与另外的反应物进行反应或者自身分解,重新产生出催化剂并形成产物。

假设在非均相表面反应中,一分子 A 吸附在表面 X 上,生成中间产物 Z,最后分解成产物 P。 这是 Langmuir - Hinshelwood 非均相表面反应机理的基础。

$$A + X \rightleftharpoons Z \longrightarrow X + G \tag{9-50}$$

如果 A 和 B 两种物质参与,则遵循机理为

$$A + X \rightleftharpoons Z_1 \tag{9-51}$$

$$B + X \rightleftharpoons Z_2 \tag{9-52}$$

$$Z_1 + Z_2 \longrightarrow X + G \tag{9-53}$$

以上反应机理要求两种物质被吸附在相邻的表面上。 在某些情况下,只有一种物质(假设 A)被吸附在表面上,和气相物质(假设 B)反应生成产物,这就是 Langmuir-Rideal 模型。

对于 Langmuir-Hinshelwood 机理,反应速率决定于表面上吸附的 A 物质的浓度。 由 Langmuir 等温吸附理论得出 A 物质在催化剂表面的覆盖率为

$$\theta_A = \frac{K_{Lang,A} p_A}{1 + K_{Lang,A} p_A} \tag{9-54}$$

中间产物转化为产物的速率为

$$r = k\theta_A = k \frac{K_{Lang,A} p_A}{1 + K_{Lang,A} p_A} \tag{9-55}$$

在 A 物质的分压足够大的情况下,$K_{Lang,A} p_A \gg 1$,$r \longrightarrow k$,则反应速率与物质 A 的浓度无关;当物质 A 的分压很小,$K_{Lang,A} p_A \ll 1$,$r \longrightarrow k K_{Lang,A} p_A$,此反应为反应物 A 的一级反应。

上面的公式也可以被用来描述多于一种物质参加的反应。根据 Langmuir 等温吸附原理,对于两种相互竞争的物质 A 和 B:

$$\theta_A = \frac{K_{Lang,A} p_A}{1 + K_{Lang,A} p_A + K_{LangB} p_B} \tag{9-56}$$

$$\theta_B = \frac{K_{Lang,B} p_B}{1 + K_{Lang,A} p_A + K_{Lang,B} p_B} \tag{9-57}$$

如果两种物质 A 和 B 都被吸附(Langmuir-Hinshelwood 模型),参与非均相催化反应,对于总反应速率则有:

$$r = k\theta_A \theta_B = k \frac{K_{Lang,A} K_{Lang,B} p_A p_B}{(1 + K_{Lang,A} p_A + K_{Lang,B} p_B)^2} \tag{9-58}$$

上式表明物质 A 和 B 会相互竞争催化剂表面的位置,所以,当物质 A 的分压为定值时,反应速率会随物质 B 的分压的变化达到一个最大值。

如果两种物质参加的非均相反应中,被吸附的物质 B 与气相的物质 A 反应(Langmuir-Rideal 模型),则反应速率表达式如下

$$r = k\theta_B p_A = k \frac{K_{Lang,B} p_A p_B}{(1 + K_{Lang,A} p_A + K_{Lang,B} p_B)^2} \qquad (9-59)$$

用液相浓度 c_A 代替分压 p_A,可以得到液相中非均相催化反应速率表达式。

经过大量的研究,人们对催化剂的性质和作用有了进一步的认识,并总结出了催化剂的基本特征如下。

(1)催化剂能够改变化学反应速率,而本身在反应前后,其质量、化学组成和化学性质等均保持不变。凡能加快反应速率的催化剂叫正催化剂;相反,能减慢反应速率的催化剂叫负催化剂。通常所说的催化剂一般均指的是正催化剂。

(2)催化剂只能缩短体系达到平衡的时间,不能改变平衡常数的数值。

(3)催化剂有选择性,即一种催化剂往往只能对一特定的反应有催化作用。同样的反应物若能生成多种不同的产物时,选择不同的催化剂则会有利于某一产物的生成。例如,当给乙醇加热时,用不同的催化剂将得到不同的产物。

$$C_2H_5OH \begin{cases} \xrightarrow[Cu]{473 \sim 523K} CH_3CHO + H_2 \\[2mm] \xrightarrow[Al_2O_3 \text{ 或 } ThO_2]{623 \sim 633K} C_2H_4 + H_2O \\[2mm] \xrightarrow[H_2SO_4]{413.2K} (C_2H_5)O + H_2O \\[2mm] \xrightarrow[ZnO \cdot Cr_2O_3]{673.2 \sim 773.2K} CH_2=CH-CH=CH_2 + H_2O + H_2 \end{cases}$$

(4)催化剂对反应速率有显著的影响,但不同的催化剂对反应速率的影响是不同的。通常采用催化反应的速率常数来衡量催化剂的催化能力,称为催化剂的活性。显然,催化反应的速率常数越大,催化剂的活性就越大。

许多催化剂在开始使用时,其活性从小到大,逐渐达到正常水平。活性稳定一段时期后,又下降直到衰老不能使用,这个活性稳定期称为催化剂的寿命。其长短随催化剂的种类和使用条件而异。衰老的催化剂有时可以用再生的方法使之重新活化。催化剂在活性稳定期间往往会因接触少量杂质而使活性显著下降,这种现象称为催化剂中毒。使催化剂丧失催化作用的物质称为催化剂的毒物。若消除中

毒因素后,活性仍能恢复,称为暂时性中毒,否则称为永久性中毒。

3. 溶剂对反应速率的影响

溶液中的反应和气相反应的最大差别在于有溶剂存在。根据已有的实验事实,溶剂对反应速率的影响有如下规律:

(1)溶剂的介电常数越大,离子型反应物的静电引力越小,因而不利于它们之间的化合反应。

(2)如果产物的极性比反应物的极性大,则采用极性溶剂可以提高反应速率。

(3)若反应物分子与溶剂形成稳定中间物而使活化能增大,则反应速率变小;若形成不稳定中间物而使活化能降低,则反应速率增快。

(4)在稀溶液中,如果反应物是离子,则反应速率与溶液的离子强度有关。

二、均相反应动力学

均相反应动力学是最基础的动力学规律,研究均相反应动力学具有普遍的意义。由于篇幅所限,本节所述反应仅限于讨论等温恒容反应。

(一) 简单不可逆反应

对于简单的不可逆反应 $A \longrightarrow G$,其反应速率方程为

$$- r_A = k c_A^n \qquad (9-60)$$

将上式积分可得

$$kt = -\int_{c_{A0}}^{c_A} \frac{\mathrm{d}c_A}{c_A^n} \qquad (9-61)$$

由式(9-60)可知,只要知道反应级数 n 和初始浓度,就可以计算出达到某一给定浓度时所需的反应时间或某一时刻的组分浓度。

对于零级反应 $A \longrightarrow G$,将 $n=0$ 代入上式,积分得

$$c_A = c_{A0} - kt \qquad (9-62)$$

根据半衰期的定义,为反应物浓度减小到初始浓度一半时所需的时间 $t_{1/2}$,则由式(9-62)可以算出零级反应的半衰期 $t_{1/2} = c_{A0}/2k$。

同样方法可以得出一级反应和二级反应及其他简单反应的速率方程积分式及半衰期。现将简单不可逆反应速率方程及半衰期列出,见表 9-3 所列。

表 9 - 3   常用不可逆反应反应速率方程及其特征

级数	速率方程		特征	
	微分形式	积分形式	$t_{1/2}$	直线关系
0	$-\dfrac{dc_A}{dt}=k_0$	$k_0=\dfrac{c_{A0}-c_A}{t}$	$\dfrac{c_{A0}}{2k_0}$	c_A-t
1	$-\dfrac{dc_A}{dt}=k_1c_A$	$k_1=\dfrac{\ln c_{A0}-\ln c_A}{t}$	$\dfrac{\ln2}{k_1}$	$\ln c_A-t$
2	$-\dfrac{dc_A}{dt}=k_2c_A^2$	$k_2=(\dfrac{1}{c_A}-\dfrac{1}{c_{A0}})/t$	$\dfrac{1}{k_2c_{A0}}$	$\dfrac{1}{c_A}-t$
n	$-\dfrac{dc_A}{dt}=k_nc_A^n$	$k_n=\dfrac{1}{(n-1)t}(\dfrac{1}{c_A^{(n-1)}}-\dfrac{1}{c_{A0}^{(n-1)}})$	$\dfrac{2^{n-1}-1}{(n-1)k_nc_{A0}^{(n-1)}}$	$\dfrac{1}{c_A^{(n-1)}}-t$

在介绍一级反应和二级反应的时候,有必要介绍假一级反应。假设有基元反应 $A+B\longrightarrow G$,反应速率方程为 $-r_A=kc_Ac_B$,其反应级数为2。如果 c_{B0} 远远大于 c_{A0},在整个反应过程中,c_B 对反应速率不构成影响,c_A 是反应速率的主要控制因素。则有

$$-r_A=(kc_B)c_A=k'c_A \tag{9-63}$$

此种反应称为假一级反应。

环境工程中,有很多过程可以当做一级或二级反应,比如废水中放射性元素的蜕变反应为一级反应;废水中化学物质的臭氧氧化反应为二级反应。

(二) 典型复杂反应

1. 可逆反应

设有一级可逆反应 $A\underset{k_2}{\overset{k_1}{\rightleftharpoons}}G$,正反应的速率为 k_1c_A,逆反应的速率为 k_2c_G。

当正反应与负反应速率相等时,可逆反应达到了平衡。设 A 和 G 的初始浓度分别为 c_{A0} 和 c_{G0},反应达到平衡时的浓度分别为 c_{Ae} 和 c_{Ge}。

$$\frac{k_1}{k_2}=\frac{c_{Ge}}{c_{Ae}}=K \tag{9-64}$$

K 称为可逆反应的平衡常数,等于正逆反应速率常数的比值。

t 时刻组分 A 的反应速率为

$$-\frac{dc_A}{dt}=k_1c_A-k_2c_G$$

又 $$c_A=c_{A0}(1-x_A),c_G=c_{G0}+c_{A0}x_A$$

则

$$-\frac{\mathrm{d}c_A}{\mathrm{d}t} = \left(\left(k_1 - k_2\frac{c_{P0}}{c_{A0}}\right) - (k_1 + k_2)x_A\right)c_{A0} \qquad (9-65)$$

或

$$\frac{\mathrm{d}x_A}{\mathrm{d}t} = k_1 - k_2\frac{c_{P0}}{c_{A0}} - (k_1 + k_2)x_A \qquad (9-66)$$

将 $c_{Ae} = c_{A0}(1 - x_{Ae})$ 和 $c_{Ge} = c_{G0} + c_{A0}x_{Ae}$ 代入式(9-65),整理得

$$\frac{c_{G0}}{c_{A0}} = \frac{k_1 - (k_1 + k_2)x_{Ae}}{k_2} \qquad (9-67)$$

将式(9-67)代入(9-66),则可得

$$\frac{\mathrm{d}x_A}{\mathrm{d}t} = (k_1 + k_2)(x_{Ae} - x_A) \qquad (9-68)$$

将上式积分,可得转化率与时间的关系

$$t = \frac{1}{k_1 + k_2}\ln\frac{x_{Ae}}{x_{Ae} - x_A} \qquad (9-69)$$

将不同时刻 t 的实验数据代入公式(9-66)和公式(9-68),即可求出 k_1 和 k_2。

2. 平行反应

在多个平行的反应中,常将产物量最多的称为主反应,其他称为副反应。设一平行反应如下:$A \longrightarrow G, A \longrightarrow H$。一级反应速率常数分别为 k_1 和 k_2。则各组分的物料衡算式分别为

$$-\frac{\mathrm{d}c_A}{\mathrm{d}t} = k_1 c_A + k_2 c_A = (k_1 + k_2)c_A \qquad (9-70)$$

$$\frac{\mathrm{d}c_G}{\mathrm{d}t} = k_1 c_A \qquad (9-71)$$

$$\frac{\mathrm{d}c_H}{\mathrm{d}t} = k_2 c_A \qquad (9-72)$$

初始条件为 $t = 0, c_A = c_{A0}, c_{G0} = c_{H0} = 0$。

积分式(9-70),得

$$c_A = c_{A0}\mathrm{e}^{-(k_1 + k_2)t} \qquad (9-73)$$

将式(9-73)分别带入式(9-71)和式(9-72),积分得

$$c_G = \frac{k_1 c_{A0}}{k_1 + k_2} \left[1 - e^{-(k_1 + k_2)t} \right] \qquad (9-74)$$

$$c_H = \frac{k_2 c_{A0}}{k_1 + k_2} \left[1 - e^{-(k_1 + k_2)t} \right] \qquad (9-75)$$

可以看出,在任何时候 G 和 H 的浓度之比为常数,即反应速率常数之比 k_1/k_2, k_1/k_2 表示了反应的选择性。

为提高目的产物的比例,可改变 k_1/k_2。常常采用两种方法:一种是选择适当的催化剂,降低目的反应的活化能,提高反应速率;另一种方法是调节温度。

3. 连串反应

设有连串反应 A $\longrightarrow$ G $\longrightarrow$ H,k_1 和 k_2 分别为反应 A $\longrightarrow$ G 和 G $\longrightarrow$ H 的一级反应速率常数。则各组分的物料衡算式分别为

$$-\frac{dc_A}{dt} = k_1 c_A \qquad (9-76)$$

$$\frac{dc_G}{dt} = k_1 c_A - k_2 c_G \qquad (9-77)$$

$$\frac{dc_H}{dt} = k_2 c_G \qquad (9-78)$$

初始条件为 $t = 0$,$c_A = c_{A0}$,$c_{G0} = c_{H0} = 0$。

积分式(9-76),得

$$c_A = c_{A0} e^{-k_1 t} \qquad (9-79)$$

将式(9-79)带入式(9-77),积分得

$$c_G = \frac{k_1 c_{A0}}{k_2 - k_1} (e^{-k_1 t} - e^{-k_2 t}) \qquad (9-80)$$

将式(9-80)带入式(9-78),积分得

$$c_H = c_{A0} \left(1 - \frac{k_1}{k_2 - k_1} e^{-k_1 t} + \frac{k_1}{k_2 - k_1} e^{-k_2 t} \right) \qquad (9-81)$$

连串反应有一个显著的特征,即随着反应的进行,反应物浓度渐趋于零,产物 H 的浓度渐趋于 c_{A0},但是中间产物 G 的浓度 c_G 则是先升高,达到最大值之后下降并逐渐趋近于零。

例 9-5 已知某污染物 A 在间歇反应器中发生分解反应,在不同的时间段测得反应器中 A 的浓度如表 9-4 所示。试用微分法求出污染物 A 的反应速率表达式。

表 9-4　例 9-5 附表 1

$t(\min)$	0	10	20	30	40
$c_A(mg/L)$	54.6	33.1	20.1	12.2	7.4

解：根据表中数据作出浓度-时间曲线，如图 9-4(a) 所示。图中曲线可由以下 4 次多项式表示

$$c_A = 5.833 \times 10^{-6} t^4 - 0.0009167 t^3 + 0.06592 t^2 - 2.723 t + 54.6$$

且

$$R^2 = 1$$

对上式微分得 $\dfrac{dc_A}{dt} = 2.3332 \times 10^{-5} t^3 - 0.0027501 t^2 + 0.13184 t - 2.723$

将相应的时间代入微分式，得到不同时刻的 $\dfrac{dc_A}{dt}$，从而得到 $-r_A$ 值，结果列于表 9-5。

表 9-5　例 9-5 附表 2

$t(\min)$	0	10	20	30	40
$c_A(mg \cdot L^{-1})$	54.6	33.1	20.1	12.2	7.4
$-r_A(mg \cdot L^{-1} \cdot min^{-1})$	2.73	1.66	1.01	0.61	0.37

然后以反应速率对浓度作图，如图 9-4(b) 所示，为一直线，且斜率为 0.05。所以该反应为一级反应，则反应速率表达式为 $-r_A = 0.05 c_A$。

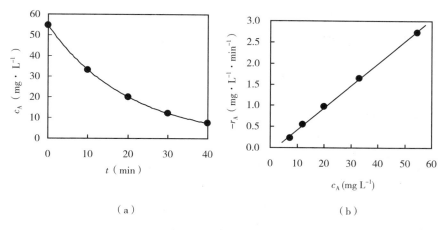

（a）　　　　　　　　　（b）

图 9-4　例 9-5 附图

微分法在分析可逆反应时会降低其准确性。在这种情况下，可以采用初始速率法来确定反应级数和速率常数。

该法的步骤是在不同的初始浓度下进行一系列的实验,得出每次的初始速率 $-r_{A0}$(图 9-5(a))。由初始浓度项 c_{A0} 的自然对数值对初始反应速率 $-r_{A0}$ 的自然对数值作图,所得直线斜率即为反应级数 α(如图 9-5(b)所示)。

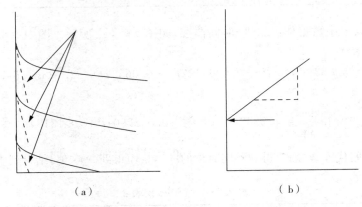

(a)   (b)

图 9-5 初始速率法图示

另一种分析方法称为半衰期法,是指运用反应物浓度减小到初始浓度一半时所需的时间来确定反应级数和反应速率常数的方法(该法通常还能结合过量法来确定含有两种反应物的动力学方程)。例如,对于简单不可逆反应 $A \longrightarrow G$ 在体积恒定的间歇反应器中,A 的物料平衡方程为

$$-\frac{dc_A}{dt} = -r_A = kc_A^a$$

初始条件为 $t = 0$ 时 $c_A = c_{A0}$。则由表 9-4 知,

$$t_{1/2} = \frac{2^{a-1} - 1}{k(\alpha - 1)} \times \frac{1}{c_{A0}^{a-1}}$$

将此式两边取对数得

$$\ln t_{1/2} = \ln \frac{2^{a-1} - 1}{k(a - 1)} + (1 - a)\ln c_{A0}$$

由此可知,由 $\ln t_{1/2}$ 对 $\ln c_{A0}$ 作图,所得直线的斜率即为 $1 - \alpha$,故可求得反应级数 α。

例 9-6 已知某间歇反应,反应物起始浓度 $c_{A_0} = 1\text{mmol/L}$,当反应时间为 $t = 20\text{s}$、40s、60s、80s 和 100s 时,分别测得反应物 c_A 的浓度,如表 9-6 所示,试用积分法确定反应的级数和反应速率常数 k。

表 9 - 6　　例 9 - 6 附表

$t(s)$	0	20	40	60	80	100
$c_A(mol \cdot L^{-1})$	1	0.5	0.23	0.11	0.05	0.03

解: 根据实验数据作图,判断是否满足一级或二级反应条件。

① 假设该反应为二级反应

则根据式 $kt = \dfrac{1}{c_A} - \dfrac{1}{c_{A0}}$,得出 $\dfrac{1}{c_A} - t$ 关系如图 9 - 6(a) 所示,显然不是线性关系,且 $R^2 = 0.8607$,可知该反应不是二级反应。

② 假设该反应为一级反应

则根据式 $\ln \dfrac{c_{A0}}{c_A} = kt$,作出 $\ln \dfrac{c_{A0}}{c_A} - t$ 关系如图 9 - 6(b) 所示,显然不是线性关系,线性拟合后相关系数 $R^2 = 0.9972$,拟合效果好,可知该反应为一级反应,由斜率读出反应速率常数 $k = 0.036 \ (mol/L)^{-1} \cdot s^{-1}$

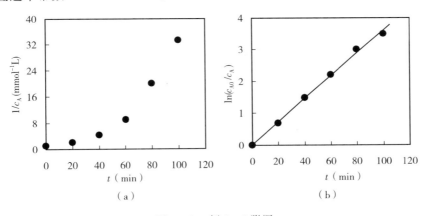

图 9 - 6　　例 9 - 6 附图

思考题与习题

9 - 1　甲醇降解产生氢气的反应式为

$$2CH_2OH \longrightarrow 2CO + 3H_2$$

该反应为甲醇的二级降解反应,假设每天每个反应罐能产生100g一氧化碳,反应开始时,甲醇的投入量为200g,试求该反应的反应速率常数。

9 - 2　$C_6H_5N_2Cl$ 降解服从下式:

$$C_6H_5N_2Cl \longrightarrow C_6H_5Cl + N_2$$

在 50℃ 时,$C_6H_5N_2Cl$ 的初始浓度为 10g/L,反应过程中所记录的结果见下表。

时间(min)	6	9	12	14	18	22	24	26	30	∞
N_2 体积(cm³)	19.3	26.0	32.6	36.0	41.3	45.0	46.5	47.4	50.4	58.3

(1) 计算说明该反应的反应级数;

(2) 用画图的方法找出该反应的反应速率常数。

9 - 3 双分子反应 $A + B \longrightarrow P$ 降解 10% 需要 12min,如果反应物 A 和 B 的初始浓度均为 1.0mol/L,计算其反应速率常数及降解 90% 需多长时间。

9 - 4 从反应 $A + B \longrightarrow P$ 测得 $k(25℃) = 1.5 \times 10^{-2}$ L/(mol·min),$k(45℃) = 4.5 \times 10^{-2}$ L/(mol·min),试计算该反应的活化能及在 15℃ 时的反应速率常数。

9 - 5 包含 A、B、C、D 4 种物质的溶液中存在反应 $A \longrightarrow B + C$,通过实验测得数据见下表。

时间 t(min)	0	10	20	24	60
c_A(mg/L)	90	72	57	36	23

通过计算说明该反应的反应级数和反应速率常数。

9 - 6 一个降落的雨滴最初不含溶解氧。氧气在雨滴中的饱和浓度为 9.20mg/L。假设在降落 2s 后雨滴中的氧气浓度是 3.20mg/L,且氧气传质是一级反应,请问需要多长时间(从最初的降落开始),雨滴中氧气浓度能达到 8.20mg/L。

9 - 7 向水池中的水曝气。复氧按照一级反应进行,速率常数是 0.034d^{-1}。水流的温度是 15℃,氧的初始浓度是 2.5mg/L,需要多少天氧的浓度才能达到 6.5mg/L? 已知 15℃ 时氧在水中的溶解度是 10.15mg/L。

第十章 反应器

环境工程中涉及化学反应或生物化学反应的处理设备与设施均可视为反应器。反应器的研发需要流体力学、传热、传质,特别是化学动力学的知识。反应器理论来源于化学工程学科,本章则是讨论有关的反应器理论在环境工程中的应用。

第一节 反应器的分类

由于化学反应的种类繁多,操作条件差别很大,物料的相态也各不相同,因此,反应器的形式也是多种多样的。这样,要对反应器进行严格的分类是困难的。同时,由于反应的类型多,差异大,分类方法也多。下面介绍几种常用的分类方法。

1. 按物料的相态分类

按物料的相态将反应器分为均相和非均相反应器两大类。它们又可分为若干种,如表10-1所示。从表10-1中看出同一相态的反应,它们的化学反应特性相同。

表 10-1 按物料相态分类的反应器种类

反应类型		反应特性	反应类型举例	适用设备结构
均相	气相	无相界面,反应速度只与温度或浓度有关	燃烧、中和反应等	管式
	液相			釜式
非均相	气-液相	有相界面,实际反应速度与相界面大小及相间扩散速率有关	氧化、氯化等	釜式、塔式
	液-液相		萃取等	釜式、塔式
	气-固相		焚烧、还原等	固定床、流化床、移动床
	液-固相		吸附、离子交换等	釜式、塔式
	固-固相		水泥制造等	回转筒式
	气-液-固相		脱硫等	固定床、流化床

2. 按反应器的结构分类

按反应器结构的特征可将常见反应器分为釜式、管式、塔式、固定床和流化床反应器等。这样的分类对研究反应器的设计是恰当的。因为同类结构反应器中的物料具有共同的传递过程特性,尤其是流体的流动和传热特性。这样,若反应器设计的物理模型近似,就有可能用同类的数学模型加以描述。表10-2列出一些主要反应器结构、适用的相态和环境工程中的应用举例。

表 10-2 按反应器的结构分类

结构形式	适用相态	应用举例
反应釜(包括多釜串联)	液相,气-液相,液-液相,液-固相	废水的臭氧氧化等
管式	气相,液相	有机废气的燃烧净化等
塔式	气-液相,气-液-固相	废水中氨的吹脱等
固定床	气-固相	有机废气的催化燃烧等
流化床	气-固相,气-液-固相	循环流化床烟气脱硫等

下面是各种结构反应器的示意图(图10-1)。

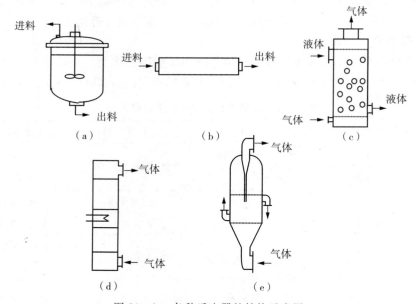

图 10-1 各种反应器的结构示意图
(a)反应釜;(b)管式;(c)塔式;(d)固定床;(e)流化床

3. 按操作方法分类

按操作方法不同,反应器可分为间歇式(分批式)、连续式和半间歇式。

(1)间歇式反应器的操作特点是反应物料一次加入反应器,经过一定反应时间后一次取出反应产物。由于良好的搅拌,反应器内没有浓度和温度梯度,但反应混合物的组成随时间而变化,这种反应器的操作是非稳态的。间歇式操作时分批进行生产,每批生产都包括加料、反应、卸料、清洗等操作。

(2)连续式操作的特点是反应物不断地加入到反应器内,反应不断地进行,反应产物连续不断地取出,因此,它是一个稳定过程。反应器内任何一点反应物或产物的浓度都不随时间而改变。连续式操作便于连续化、自动化、劳动生产率高,手工劳动可减到最少,获得的产品质量也较稳定。所以现代化大生产都采用连续式反应器。

(3)半间歇操作是指一种反应物料分批加入,另一种物料连续加入,经一段反应时间后,取出反应产物。

一、理想反应器

一般来讲,反应器可分为理想反应器和非理想反应器。非理想反应器的流型比较复杂,但是作为一种简化处理方法,往往首先讨论理想反应器。理想反应器如图10-2所示,根据反应器的操作方式和物料的流型,可分为以下三类:① 间歇釜式反应器(batch stirred tank reactor,BSTR);② 全混流反应器,即连续釜式反应器(continuous stirred tank reactor,CSTR);③ 活塞流反应器(piston flow reactor,PFR)。

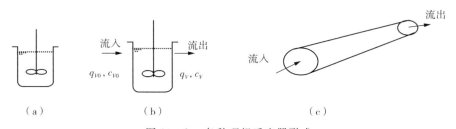

图 10-2　各种理想反应器形式
(a)间歇反应器;(b)全混流反应器;(c)活塞流反应器

这三类反应器的流型是在非理想反应器的流型的基础上经过理想化而得到的。为加深对反应器形式的理解,对图10-2所示的各类反应器作如下简要说明。

1. 间歇釜式反应器

如图10-2(a)中所示为间歇釜式反应器。在间歇釜式反应器中,不存在物料的流入与流出,且反应物料完全混合,组分含量与空间位置无关,仅与反应时间有关。

间歇釜式反应器是常见的理想反应器,其操作是将反应物料分批加入,充分搅拌,保证物料均匀混合,待反应进行到一定转化率后,将反应物料取出并清洗反应装置;然后再送入原料并进行下一批操作。间歇釜式反应器一般适用处理量小、反应时间较长的场合。

2. 全混流反应器

如图 10-2(b) 所示为全混流反应器,也称连续釜式反应器。在全混流反应器中,物料浓度在整个反应釜中是均匀的,而且等于排出料液的浓度,反应处在一个最低的反应物浓度下操作,因此反应速度就比间歇釜或活塞流反应器的情况要慢。同一批新鲜、高浓度的反应物料一进入反应釜后,就与停留在那里的已反应的物料发生混合而使浓度降低了。其中有的物料粒子在激烈的搅拌下,可能迅速到达出口位置而排出反应釜;而另一些物料,则可能要停留较长时间才排出,即有所谓的停留时间分布,在全混釜中,这种停留时间的分布是一定的。而不同停留时间物料间的混合通常称为返混。全混釜是能达到瞬间全部混匀的一种极限状态,故返混程度最大。

3. 活塞流反应器

如图 10-2(c) 所示为活塞流反应器,也称平推流反应器或管式反应器。在活塞流反应器中,物料不存在轴向混合,而在径向上完全混合,所有粒子从反应器进口朝出口像活塞一样有序地运动并且具有相同的理论停留时间。此时,前后物料毫无返混现象发生,其返混程度为零。

二、非理想反应器

凡是流动状况偏离平推流和全混流的流动,统称为非理想流动,都有停留时间分布的问题,但不一定都是由返混引起的。设备中的死角,必然引起不同停留时间之间的物料混合;物料流经反应器时出现的短路、旁路以及沟流等都是导致物料在反应器中停留时间不一的因素,如图 10-3 所示。

(一) 示踪响应测定技术

在介绍非理想反应器模型之前,首先应了解三个用来描述非理想反应器的概念:停留时间分布、混合程度和反应器模型。在反应器偏离理想流动模型时,上述三个概念均需要考虑,它们是非理想反应器的基本要素。

下面重点介绍停留时间分布的概念。在非理想反应器中,有一些物料刚进入反应器就立刻流出,而有一些物料则几乎一直留在反应器内,所有的物料并不是同时流出的,这样就存在一个停留时间分布的问题,该参数对于反应器操作性能具有明显的影响。

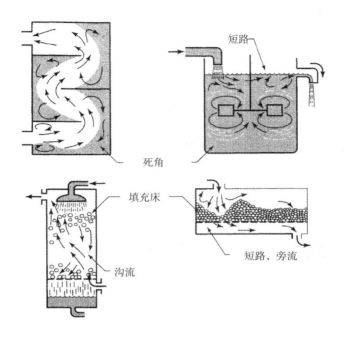

图 10-3 反应器中的几种非理想流动实例

为了测定和研究停留时间分布函数,通常我们采用注入示踪剂的方法来获取所需数据。而示踪剂的加入方法主要有脉冲法和阶跃法。本节重点介绍实验室常用的脉冲法来说明停留时间分布的测定。

所谓脉冲法是指在极短的时间里,将一定量的示踪剂(以下用 M_0 表示)迅速地注入反应器的进料中,然后分析出口流体中示踪剂的浓度随时间的变化情况。

分析停留时间分布规律时,首先应选定一个足够小的时间间隔 Δt,在 t 与 $t + \Delta t$ 时间内示踪剂的浓度 c_t 可视为常数,在 t 与 $t + \Delta t$ 之间离开反应器的示踪物的量为

$$\Delta M = c_t v \Delta t \tag{10-1}$$

式中:v—— 流体的体积流率;

ΔM—— 反应器中停留时间为 t 与 $t + \Delta t$ 之间的示踪剂的量。

上式两边除以注入反应器的示踪剂总量 M_0 得到:

$$\frac{\Delta M}{M_0} = \frac{c_t v}{M_0} \Delta t \tag{10-2}$$

此式表示停留时间介于 t 与 $t + \Delta t$ 时间之间示踪剂所占的比例。

对于脉冲法,可以定义

$$E(t) = \frac{c_t v}{M_0} \qquad (10-3)$$

结合上式可得

$$\frac{\Delta M}{M_0} = E(t)\Delta t \qquad (10-4)$$

式中 $E(t)$ 称为停留时间函数,它定量地描述物料在反应器内的停留时间分布特征。

假设实验中不能直接得到 M_0 值,则可以通过以下积分式求取

$$M_0 = \int_0^\infty c_t v \, dt \qquad (10-5)$$

当体积流率保持不变时有

$$E(t) = \frac{c_t}{\int_0^\infty c_t \, dt} \qquad (10-6)$$

其中分母中的积分值为示踪剂浓度对应时间曲线下的面积,显然

$$\int_0^\infty E(t) \, dt = 1 \qquad (10-7)$$

同时可以看出,停留时间小于 t 时刻的流出物料所占百分比等于所有小于 t 时刻的 $E(t)\Delta t$ 的总和,定义为停留时间累计分布函数,记作 $F(t)$。

$$F(t) = \int_0^t E(t) \, dt \qquad (10-8)$$

$F(t)$ 可以根据 $E(t)$ 随时间 t 的变化关系曲线的积分面积来计算所对应的值。

由上述概念就可以展开对非理想模型的讨论了,在下面的章节中将运用示踪响应技术来介绍两种非理想模型、分散模型和多级串联釜式模型。

（二）分散模型（dispersion model）

一般的反应器都是介于活塞流与全混流之间的,也就是说,一般的反应器在轴向都带有一定程度的混合现象。因此,如果把这种混合作用叠加在活塞流反应器的每一个断面上,如图 10-4 所示,就可能得到一种接近于一般反应器的模型。这样的模型称为轴向分散的活塞流模型,简称分散模型。这种叠加的混合作用包括分子扩散、湍流扩散以及轴向分散三个作用,分别说明如下。

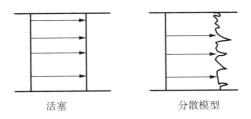

图 10 - 4　分散模型和活塞流模型

静态条件下,物质的质量传递主要依靠分子扩散,其通量 N_M 由费克(Fick)第一定律确定。若分子扩散系数为 D_{AB},则可表示为

$$N_M = -D_{AB} \frac{\mathrm{d}c}{\mathrm{d}x} \qquad (10-9)$$

湍流扩散是因紊流所产生的旋涡混合作用产生的。假设湍流扩散系数为 D_E,漩涡所产生的扩散通量 N_E 也采用类似费克定律的形式来表示

$$N_E = -D_E \frac{\mathrm{d}c}{\mathrm{d}x} \qquad (10-10)$$

轴向扩散是由于流速在断面上的分布不均匀所产生的,如图 10-5 所示。当以断面的平均流度 u 进行计算时,断面的一部分流体微团的速度应大于平均速度,另一部分流体的速度小于平均速度,这就在轴向产生混合现象,这种混合现象称为轴向分散。轴向分散通量 N_L 同样也可用轴向扩散系数 D_L,按费克定律的形式来表示,

$$N_L = -D_L \frac{\mathrm{d}c}{\mathrm{d}x} \qquad (10-11)$$

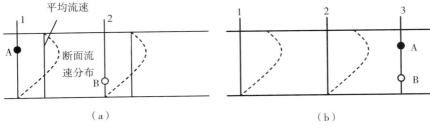

图 10 - 5　轴向分散示意

(a)时间 t_1,微团 A 及 B 分别在断面 1 及 2 中;

(b)时间 t_2,微团 A 及 B 都运动到断面 3 中

通常来说,上述三种扩散系数的数量级之间的关系为 $D_{AB} \ll D_E \ll D_L$。

反应器的分散模型方程式可结合图 10-6 来推导。这个微元的物料包括两部分,一部分是由流速所产生的通量 uc 所贡献的,另一部分则是由轴向扩散作用所产生的通量 $-D_L \frac{\partial c}{\partial z}$ 所贡献的。

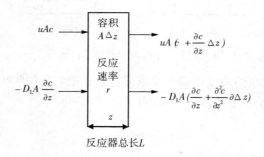

图 10-6   分散模型方程的推导图

结合图可写出物料衡算方程为

$$uAc + A\left(-D_L \frac{\partial c}{\partial z}\right) + (A\Delta z)r =$$

$$uA\left(c + \frac{\partial c}{\partial z}\Delta z\right) + A\left[-D_L\left(\frac{\partial c}{\partial z} + \frac{\partial^2 c}{\partial z^2}\Delta z\right)\right] + (A\Delta z)\frac{\partial c}{\partial t} \quad (10-12)$$

上式整理后令 $\Delta z \longrightarrow 0$ 得下列基本方程式:

$$\frac{\partial c}{\partial t} = D_L \frac{\partial^2 c}{\partial z^2} - u \frac{\partial c}{\partial z} + r \quad (10-13)$$

当反应速率 $r = 0$ 时,式(10-13)变为

$$\frac{\partial c}{\partial t} = D_L \frac{\partial^2 c}{\partial z^2} - u \frac{\partial c}{\partial z} \quad (10-14)$$

令 $\theta = \frac{q_v t}{V}$,$Z = z/L$,$c_\theta = \frac{c}{c_0}$ 将式(10-14)量纲一化得

$$\frac{\partial c_\theta}{\partial \theta} = \frac{D_L}{uL} \frac{\partial^2 c_\theta}{\partial Z^2} - \frac{\partial c_\theta}{\partial Z} \quad (10-15)$$

式中:u—— 流速,m/s;

L—— 反应器长度,m;

c_θ—— 归一化的示踪剂浓度,量纲为 1;

θ—— 归一化时间,量纲为 1。

D_L/uL 称为分散数(dispersion number),量纲为 1。常用来量度反应器轴向的分散程度。当 $D_L/uL \longrightarrow 0$ 时,分散可以忽略,得到的是理想的活塞流;当 $D_L/uL \longrightarrow \infty$ 时,分散程度最大,得到的是理想的全混流。在一些文献中,常用分散数的倒数 Peclet 数,$Pe = uL/D_L$,它的物理意义是轴向对流流动与轴向扩散流动的相对大小,其数值愈大轴向返混程度愈小。

对于程度较弱的轴向扩散,求解式(10 − 15)可得,

$$c_\theta = \frac{1}{2\sqrt{\pi(D_L/uL)}} \exp\left[-\frac{(1-\theta)^2}{4(D_L/uL)}\right] \tag{10 − 16}$$

相应的均值和方差为

平均停留时间: $$\overline{\theta} = 1 \tag{10 − 17}$$

方差: $$\sigma_\theta^2 = 2\left(\frac{D_L}{uL}\right) \tag{10 − 18}$$

对于程度较强的轴向扩散,示踪输出曲线将会变得极端不对称,并且显著地依赖于边界条件。在环境问题中,经常会遇到各种进、出口边界条件,但是多数情况下可以近似按开放系统处理。对于强返混效应的开放系统,式(10 − 15)的求解结果为

$$c_\theta = \frac{1}{2\sqrt{\pi\theta(D_L/uL)}} \exp\left[-\frac{(1-\theta)^2}{4\theta(D_L/uL)}\right] \tag{10 − 19}$$

相应的均值和方差为

平均停留时间: $$\overline{\theta} = \frac{\overline{t}_c}{\tau} = 1 + 2\frac{D_L}{uL} \tag{10 − 20}$$

方差: $$\sigma_\theta^2 = \frac{\sigma_c^2}{\tau^2} = 2\frac{D_L}{uL} + 8\left(\frac{D_L}{uL}\right)^2 \tag{10 − 21}$$

(三) 多级串联釜式模型(Tanks-in-series model)

另一种非理想模型称为多级串联釜式模型,该模型假设一个实际设备中的返混情况等效于若干个全混釜串联时的返混。当然,这里的串联釜的个数是虚拟的,该模型也是单参数模型。该模型如图 10 − 7 所示。

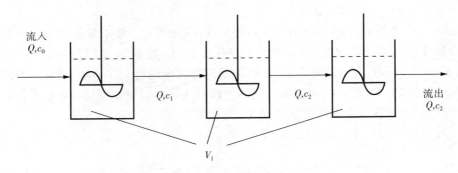

$$图 10-7 \quad 多级串联釜式模型示意$$

假定 n 个尺寸均为 V_1 的反应器串联,物料的体积流量为 Q,则物料在每个反应器中的水力停留时间 $t = \dfrac{V_1}{Q}$。$t = 0$ 时,浓度为 c_0 的示踪剂脉冲注入第 1 个反应器。对第 1 个反应器做物料衡算,有

$$0 = c_1 Q + V_1 \frac{\mathrm{d}c_1}{\mathrm{d}t} \tag{10-22}$$

积分后得 $c_1 = c_0 \mathrm{e}^{-t/\tau}$

同理对第 2 个反应器做物料衡算,代入 c_1 值后积分得

$$c_2 = c_0 \frac{t}{\tau} \mathrm{e}^{-t/\tau} \tag{10-23}$$

以此类推,第 n 个反应器的出口浓度为

$$c_n = \frac{c_0}{(n-1)!} \left(\frac{t}{\tau}\right)^{n-1} \mathrm{e}^{-t/\tau} \tag{10-24}$$

在环境工程实例中,通常存在反应项,下面讨论存在反应的两级串联釜式反应器的动力学模型。

假设某实际反应器(体积为 V)可视为两个体积相同的全混流反应器串联而成,反应混合物体积流量为 Q,进口浓度为 c_0,经过第 1、2 个全混流反应器后的浓度分别为 c_1 和 c_2。则对两个全混流反应器进行物料衡算

$$\frac{\mathrm{d}c_1}{\mathrm{d}t} \frac{V}{2} = Q c_0 - Q c_1 + r_c \frac{V}{2} \tag{10-25}$$

$$\frac{\mathrm{d}c_2}{\mathrm{d}t} \frac{V}{2} = Q c_1 - Q c_2 + r_c \frac{V}{2} \tag{10-26}$$

假定化学反应遵从一级反应动力学,反应速率常数为 k。则稳态时,求解以上

两式得

$$c_1 = \frac{c_0}{1 + (kV/2Q)} \tag{10-27}$$

$$c_2 = \frac{c_1}{1 + (kV/2Q)} \tag{10-28}$$

将式(10-27)代入式(10-28)得

$$c_2 = \frac{c_0}{[1 + (kV/2Q)]^2} \tag{10-29}$$

进而递推出稳态时，n 个体积相同的全混流反应器串联时，第 n 个反应器出口浓度表达式为

$$c_n = \frac{c_0}{[1 + (kV/nQ)]^n} \tag{10-30}$$

第二节　均相反应器

在实际生产中，化学反应器的差异往往都很大，都或大或小的存在着温度和浓度的差异，都存在着反应器动力消耗和结构的差异，这些差异往往给反应器的设计和放大带来了极大的困难。因此，建立理想化的反应器模型是很有必要的，这是研究实践中各种反应器的基础和前提，这些理想化的模型也是均相反应过程较为接近的。因此，研究间歇反应器、完全混合流反应器以及平推流反应器这些理想化模型的设计及运行原理具有普遍的意义。

一、间歇反应器

(一)间歇反应器的操作方法

间歇反应器的操作方式是将反应物料按一定比例一次加到反应器内，然后开始搅拌，使反应器内物料的浓度和温度保持均匀。反应一定时间，转化率达到所定的目标之后，将混合物料排出反应器。之后加入物料进行下一轮操作。

(二)间歇反应器的基本方程

间歇反应操作是一个非稳态操作，反应器内各组分的浓度随反应时间变化而变化，但是在任一瞬间，反应器内各处均一，不存在浓度和温度差异。

对于图 10-8 所示的间歇反应器，间歇操作中流入量和流出量都等于零，对反应组分 A 的物料衡算式可写为

$$-\frac{\mathrm{d}n_A}{\mathrm{d}t} = -r_A V \qquad (10-31)$$

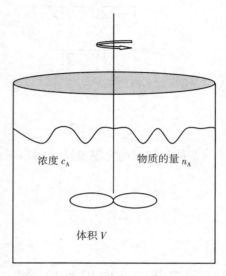

浓度 c_A 物质的量 n_A

体积 V

图 10-8   间歇反应器示意图

将 $n_A = n_{A0}(1-x_A)$ 代入上式可得到以转化率表示的衡算方程为

$$n_{A0}\frac{\mathrm{d}x_A}{\mathrm{d}t} = -r_A V \qquad (10-32)$$

将式(10-32)积分,可得到转化率与时间的关系式:

$$t = n_{A0}\int_0^{x_A}\frac{\mathrm{d}x_A}{-r_A V} \qquad (10-33)$$

对于恒容反应器,V 一定,则式(10-33)可写为

$$t = c_{A0}\int_0^{x_A}\frac{\mathrm{d}x_A}{-r_A} \qquad (10-34)$$

间歇反应器一般采用釜式反应器。釜式间歇反应器计算的内容主要有计算完成生产任务所需的反应器体积,确定达到一定的转化率时需要的反应时间或根据反应时间确定转化率或反应后的浓度。

1. 间歇反应器体积的计算

反应体积指的是反应物料在反应器中所占的体积,它取决于单位时间所处理的物料量和每批物料所需的操作时间。

反应器操作时间可分为反应时间和辅助时间,反应时间是物料进行化学反应的时间,辅助时间指进料、出料以及清洗所需的时间。

上文已经计算出在等温等容条件下反应达到一定的转化率 x_A 所需的反应时间为

$$t = c_{A0} \int_0^{x_A} \frac{dx_A}{-r_A}$$

若在恒容反应器中进行一级不可逆反应,则

$$r_A = -kc_{A0}(1 - x_A)$$

将其代入式(10 - 34)积分得

$$t = \frac{1}{k} \ln \frac{1}{1 - x_A}$$

同样,对于其他级数的反应,也可采用上述方法确定其反应时间。

2. 反应过程的计算

要确定达到一定的转化率时需要的反应时间或根据反应时间确定转化率或反应后的浓度,可以用解析法或者图解法求解。其中解析法的求解通过下面的例子说明。

例 10 - 1　在釜式反应器中,有基元液相反应 $A + B \longrightarrow R$。假定操作开始时反应器内只有B,体积为 V_0。然后连续加入物料A,其浓度为 c_{A0},体积流量为 q_V。假设反应过程中排出量为零,t 时刻反应物体积为 V,且反应过程中密度不变。试求反应器中 c_A,c_B 与 t 的关系式。

解:对组分 B 做物料衡算得

$$0 - 0 + r_B V = \frac{dn_B}{dt}$$

又

$$\frac{dn_B}{dt} = \frac{d(c_B V)}{dt} = c_B \frac{dV}{dt} + V \frac{dc_B}{dt}$$

则 B 的物料衡算式可改写为

$$r_B V = c_B \frac{dV}{dt} + V \frac{dc_B}{dt}$$

初始条件 $t = 0$ 时,$V = V_0$,则 t 时刻

$$V = V_0 + q_V t$$

则

$$\frac{\mathrm{d}V}{\mathrm{d}t} = q_V$$

将 $\dfrac{\mathrm{d}V}{\mathrm{d}t}=q_V$，$V=V_0+q_Vt$ 代入 $r_\mathrm{B}V=c_\mathrm{B}\dfrac{\mathrm{d}V}{\mathrm{d}t}+V\dfrac{\mathrm{d}c_\mathrm{B}}{\mathrm{d}t}$，则可得 c_B 与 t 的关系式

$$\frac{\mathrm{d}c_\mathrm{B}}{\mathrm{d}t} = r_\mathrm{B} - \frac{q_V}{V_0+q_Vt}c_\mathrm{B}$$

对组分 A 做物料衡算得

$$c_\mathrm{A0}q_V - 0 + r_\mathrm{A}V = \frac{\mathrm{d}n_\mathrm{A}}{\mathrm{d}t}$$

又

$$\frac{\mathrm{d}n_\mathrm{A}}{\mathrm{d}t} = \frac{\mathrm{d}(c_\mathrm{A}V)}{\mathrm{d}t} = c_\mathrm{A}\frac{\mathrm{d}V}{\mathrm{d}t} + V\frac{\mathrm{d}c_\mathrm{A}}{\mathrm{d}t} = c_\mathrm{A}q_V + V\frac{\mathrm{d}c_\mathrm{A}}{\mathrm{d}t} = c_\mathrm{A}q_V + (V_0+q_Vt)\frac{\mathrm{d}c_\mathrm{A}}{\mathrm{d}t}$$

将上式代入 A 的物料衡算方程则可得 c_A 与 t 的关系式

$$\frac{\mathrm{d}c_\mathrm{A}}{\mathrm{d}t} = r_\mathrm{A} + \frac{q_V(c_\mathrm{A0}-c_\mathrm{A})}{V_0+q_Vt}$$

如果该反应的级数不是 0 或 1，或者反应不是等温的，则必须使用数值方法解出 c_A，c_B 的微分衡算方程。

二、完全混合流反应器

（一）完全混合流反应器的操作方法

完全混合流反应器（简称全混流反应器）的操作是连续恒定地向反应器内加入反应物，同时连续不断地把反应液排出反应器，并采取搅拌等手段使反应器内的物料浓度和温度保持均匀。全混流反应器是一种理想化的反应器。在工程应用中，污水的 pH 中和槽以及好氧活性污泥的生物反应器（常称曝气池）等，只要搅拌强度达到一定的程度，都可以认为接近于全混流反应器。

（二）完全混合流反应器的基本方程

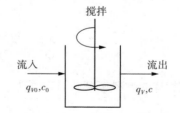

图 10-9　全混流反应器的物料衡算

对于如图 10-9 所示的全混流反应器，反应器内混合均匀，各处组成和温度均一而且与出口处一致。

在稳态状态下，组成不变，转化率恒定，即 $\mathrm{d}n_\mathrm{A}/\mathrm{d}t=0$。反应物 A 的物料衡算方程可表示为

$$q_{nA0} = q_{nA} + (-r_A)V \tag{10-35}$$

$$(-r_A)V = q_{nA0} - q_{nA}$$

$$(-r_A)V = q_{nA0}x_A \tag{10-36}$$

$$(-r_A)V = q_{V0}c_{A0}x_A \tag{10-37}$$

式中：q_{V0}，q_V——反应器进出口处物料的体积流量，m^3/s。

q_{nA0}，q_{nA}——单位时间内反应物 A 的流入量和排出量，$kmol/s$。

c_{A0}，c_A——反应器进出口处反应物 A 的浓度，$kmol/m^3$。

x_A——连续反应器中反应物 A 的转化率，量纲为 1。

令 $\tau = V/q_{V0}$，则由式(10-37)可得

$$\tau = \frac{V}{q_{V0}} = \frac{c_{A0}x_A}{-r_A} \tag{10-38}$$

τ 称为空间时间或平均空塔停留时间。

对于恒容反应器($q_{V0} = q_V$)，其基本方程(10-38)可以改写为以反应物 A 浓度表示的形式，即

$$(-r_A)V = q_{VA0}c_{A0} - q_{VA}c_A \tag{10-39}$$

$$\tau = \frac{c_{A0} - c_A}{-r_A} \tag{10-40}$$

(三) 完全混合流反应器的计算

1. 单级反应器的计算

对于单级完全混合流反应器，可以利用全混流反应器的基本方程式进行设计计算。根据反应要求等可以计算空间时间、反应体积、物料流量等。

例 10-2　完全混合流中发生反应 A ⟶ G，反应速率的方程式为

$$r_A = -0.15(s^{-1})c_A$$

(1) 要使 A 在流量为 100L/s 下的转化率达到 90%，且初始浓度为 $c_{A0} = 0.10mol/L$，则反应器的有效体积需要设计为多少？

(2) 在设计完成之后，工程师发现该反应不是一级反应，而是零级反应，即 $r_A = -0.15\,mol \cdot L^{-1} \cdot s^{-1}$，试问此时对该设计有何影响？

解：(1) 根据完全混合反应器物料衡算的基本方程 $(-r_A)V = q_V c_{A0} x_A$，得

$$V = \frac{q_V c_{A0} x_A}{(-r_A)}$$

又因 $c_A = (1 - x_A)c_{A0}$，则

$$V = \frac{q_V c_{A0} x_A}{(-r_A)} = \frac{q_V c_{A0} x_A}{k c_A}$$

$$= \frac{q_V c_{A0} x_A}{k(1 - x_A)c_{A0}} = \frac{q_V x_A}{k(1 - x_A)}$$

$$= \frac{100 \text{L/s} \times 90\%}{0.15 \text{s}^{-1} \times (1 - 90\%)} = 6000 \text{L}$$

（2）当反应为零级反应时，则有效体积为

$$V = \frac{q_V c_{A0} x_A}{(-r_A)} = \frac{q_V c_{A0} x_A}{-k} = \frac{100 \text{L/s} \times 0.10 \text{mol/L} \times 90\%}{0.15 \text{s}^{-1}} = 60 \text{L}$$

若仍然按照原流速处理，会造成反应器的空间浪费。若保持反应物 A 在反应器内的停留时间不变，于是有：$\tau = \frac{V_1}{q_{V1}} = \frac{V_2}{q_{V2}}$，整理得

$$q_{V2} = \frac{q_{V1} V_2}{V_1} = \frac{100 \text{L/s} \times 6000 \text{L}}{60 \text{L}} = 1 \times 10^4 \text{L/s}$$

于是可将流量提高到 $1 \times 10^4 \text{L}$。

2. 多级串联反应器的计算

在实际应用中，有时常采用多个全混流反应器串联操作，如图 10 - 10 所示，该反应器系统的特点是前一个反应器排出的反应混合液成为下一个反应器的反应物料。

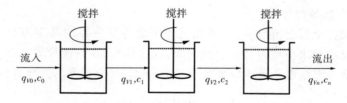

图 10 - 10　多级串联全混反应器示意图

这里介绍两种有关多级串联反应器的分析方法，以一级反应（$-r_A = kc_A$）为例，如下：

（1）解析法

在 n 个反应器组成的系统中，恒容条件下的基本设计方程为

$$\tau_i = \frac{V_i}{q_V} = \frac{c_{A,i-1} - c_{Ai}}{-r_{Ai}} = \frac{c_{A,i-1} - c_{Ai}}{k c_{Ai}} \tag{10 - 41}$$

式中：τ_i—— 第 i 个反应器的空间时间，s；

V_i—— 第 i 个反应器的有效体积，m^3；

$c_{A,i-1}, c_{Ai}$—— 第 $i-1$、i 个反应器出口处反应物 A 的浓度，$kmol/m^3$；

$-r_{Ai}$—— 第 i 个反应器的反应速率，$kmol/(m^3 \cdot s)$。

串联系统的总空间时间 τ 是各个反应器的空间时间的总和。

根据串联反应的基本方程进行逐步计算，可以求出各个反应器的出口浓度。

由式（10-41）知，

$$c_{A1} = \frac{c_{A0}}{1 + k\tau_1} \tag{10-42}$$

$$c_{A2} = \frac{c_{A0}}{(1 + k\tau_1)(1 + k\tau_2)} \tag{10-43}$$

由此类推可得

$$c_{An} = \frac{c_{A0}}{(1 + k\tau_1)(1 + k\tau_2)\cdots(1 + k\tau_n)} \tag{10-44}$$

如果各反应器体积大小相同时，则各反应釜的空间时间相同，则

$$c_{An} = \frac{c_{A0}}{(1 + k\tau_i)^n} \tag{10-45}$$

（2）图解法

运用图解法计算的前提条件是反应速率常数必须是单一变量（如浓度 c）的函数。图解法的具体步骤将结合下例做详细介绍。

例 10-3 3 个 $2000m^3$ 的全混流反应器串联，其流速为 $200m^3/d$，一级反应动力学反应速率常数 $k=0.1/d$。假设反应物 A 的初始浓度为 $500mg/L$。求从第 3 个反应器中流出的反应物 A 的浓度，分别采用解析法和图解法。

解：（1）解析法求解

$$
\begin{aligned}
c_{A1} &= \frac{c_{A0}}{(1 + k\tau_1)} \\[2mm]
&= \frac{c_{A0}}{(1 + kV_1/q_1)} \\[2mm]
&= \frac{500}{\left[1 + \dfrac{0.1d \times 2000m^3}{200m^3/d}\right]} \\[2mm]
&= 250mg/L
\end{aligned}
$$

依此类推，可解得

$$c_{A2} = 125\,\mathrm{mg/L}, c_{A3} = 62.5\,\mathrm{mg/L}$$

（2）图解法求解

① 由反应速率方程（一级反应时为 $-r_A = kc_A$），绘制反应速率 $-r_A$ 对反应物浓度 c_A 的曲线；

② 由物料衡算方程，得到 r_{Ai} 与 c_{Ai} 的关系曲线。

由式（10-4）可知

$$-r_{Ai} = -\frac{1}{\tau_i}(c_{Ai} - c_{A,i-1})$$

③ 作图：如图 10-11 所示，首先，过点（$c_{A0} = 500\,\mathrm{mg/L}, -r_{A0} = 0$），作斜率为 $-1/\tau$ 的直线，与反应速率曲线 $-r_A = kc_A$ 相交，交点横坐标即为 $c_{A1} = 250\,\mathrm{mg/L}$；再过点（$c_{A1} = 250\,\mathrm{mg/L}, -r_{A0} = 0$），作斜率为 $-1/\tau$ 的直线，与反应速率曲线 $-r_A = kc_A$ 相交，交点横坐标即为 $c_{A2} = 125\,\mathrm{mg/L}$；如此重复，最终得到出口浓度为 $c_{A3} = 62.5\,\mathrm{mg/L}$。

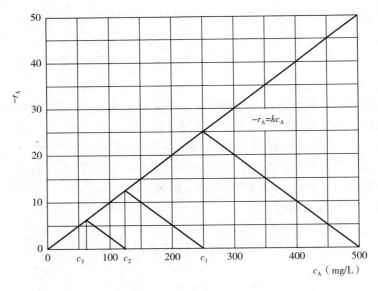

图 10-11　例 10-4 附图

三、平推流反应器

（一）平推流反应器的操作方法

另一种连续式反应器是平推流反应器。平推流反应器中的流动是理想的推流，该反应器有以下特点：

（1）在连续稳态操作条件下，反应器各断面上的参数不随时间变化而变化；

（2）反应器内各组分浓度等参数随轴向位置变化而变化，故反应速率也随之而变化；

（3）在反应器的径向断面上各处浓度均一，不存在浓度分布。

平推流反应器一般应满足以下条件：

（1）管式反应器的管长是管径的 10 倍以上，各断面上的参数不随时间变化而变化；

（2）固相催化反应器的填充层直径是催化剂粒径的 10 倍以上。

（二）平推流反应器的基本方程

为了分析管式反应器，可认为是由一系列长为 dV 的圆柱组成，如图 $10-12$ 所示。

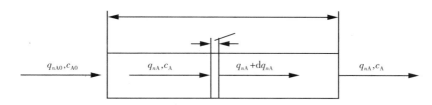

图 $10-12$ 平推流反应器物料衡算示意图

流入量为 q_{nA}，排出量为 $q_{nA}+dq_{nA}$，反应量为 $-r_A dV$，积累量为 0，故

$$q_{nA} = q_{nA} + dq_{nA} + (-r_A)dV \tag{10-46}$$

$$-dq_{nA} = -r_A dV \tag{10-47}$$

$$-\frac{dq_{nA}}{dV} = -r_A \tag{10-48}$$

把 $q_{nA} = q_{nA0}(1-x_A)$ 代入式（10-48），可得

$$q_{nA0}\frac{dx_A}{dV} = -r_A \tag{10-49}$$

积分式（10-49）得

$$\int_0^{x_A}\frac{dx_A}{-r_A} = \int_0^V\frac{dV}{q_{nA0}} = \frac{V}{q_{nA0}} = \frac{V}{q_V c_{A0}} = \frac{\tau}{c_{A0}} \tag{10-50}$$

在恒容条件下，$c_A = c_{A0}(1-x_A)$，即 $dc_A = -c_{A0}dx_A$，代入式（10-50），可得恒容反应器的基本方程：

$$\tau = \int_{c_A}^{c_{A0}}\frac{dc_A}{-r_A} \tag{10-51}$$

（三）平推流反应器的计算

平推流反应器的基本方程式中的主要参数有反应速率常数、转化率（或浓度）、反应器体积和进料量。当反应速率方程较为简单时，可以根据基本方程直接求出解析解。

对于恒容恒温反应，其设计方程和间歇反应器的设计方程完全相同。

例 10-4　假设二级反应动力学的速率方程为 $r_A = -kc_A^2$，为了使稳态时反应物 A 的转化率达到 90%，分别用全混流反应器和平推流反应器求的反应器容积之比。

解： 稳态时全混流反应器的物料衡算式为

$$q_V c_{A0} - q_V c_A - kc_A^2 V = 0$$

整理得

$$V = \frac{q_V}{k}\left(\frac{c_{A0} - c_A}{c_A^2}\right) = \frac{q_V}{k}\frac{c_{A0} x_A}{c_A^2} = \frac{q_V x_A}{kc_{A0}}\left(\frac{c_{A0}}{c_A}\right)^2 = \frac{q_V}{kc_{A0}}\frac{x_A}{(1 - x_A)^2}$$

稳态时平推流反应器的物料衡算式为

$$kc_A^2 \mathrm{d}V = -q_V \mathrm{d}c_A$$

整理得

$$V = -\frac{q_V}{k}\int_{c_{A0}}^{c_A}\frac{\mathrm{d}c_A}{c_A^2} = \frac{q_V}{k}\left(\frac{1}{c_A} - \frac{1}{c_{A0}}\right)$$

$$= \frac{q_V}{k}\left(\frac{1}{c_{A0}(1 - x_A)} - \frac{1}{c_{A0}}\right) = \frac{q_V}{kc_{A0}}\left(\frac{1}{1 - x_A} - 1\right) = \frac{q_V}{kc_{A0}}\frac{x_A}{1 - x_A}$$

于是有

$$\frac{V_{CSTR}}{V_{PFR}} = \frac{x_A}{(1 - x_A)^2} \Big/ \frac{x_A}{1 - x_A} = \frac{1}{1 - x_A} = \frac{1}{1 - 90\%} = 10$$

第三节　　非均相反应器

工业生产中许多重要的化学产品，如氨、甲醇、甲醛、氯乙烯等，都是通过多相催化合成反应而得到的。当今环境问题日趋严重，废水、废气污染的处理多涉及多相催化反应，例如，汽车尾气净化器就是一种典型的多相催化反应器。本章主要讨论多相催化反应器的设计和分析。

一、气（液）-固相催化反应器

（一）气-固相催化反应动力学

1. 非均相催化反应过程

反应过程的进行，要求各反应物彼此相接触，气固相催化反应必然发生在气固相接触的相界面处。单位体积固体表面积越大，则反应进行得越快。因此，多相催化反应所采用的催化剂，往往都是多孔结构，其内部的表面积极大，化学反应主要在这些表面上进行。

当流体通过固体颗粒时，流体在颗粒表面将形成一层相对静止的层流边界层（称气膜），如图 10-13 所示。欲使流体主体中反应组分到达固体表面，必须穿过边界层。边界层中物质的迁移主要靠分子扩散，造成流体主体与催化剂表面具有不同浓度。这种情况称为外扩散影响。

对于多孔催化剂，流体中的反应组分还需从颗粒外表面向各孔的内表面迁移，该过程也是靠气体分子的扩散才能进行。从而形成催化剂颗粒内部不同深度处气体浓度的不同。这种情况被称为内扩散影响。绝大多数反应在内表面进行。反应产物沿着相反的方向，从内表面向流体主体迁移。

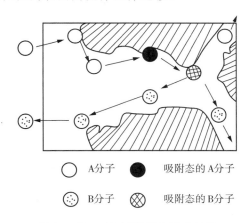

○ A分子	● 吸附态的A分子
⊙ B分子	⊗ 吸附态的B分子

图 10-13 气-固相催化反应过程

整个多相催化反应过程可概括为以下七个步骤：

① 反应组分从流体主体向固体催化剂外表面传递；

② 反应组分从外表面向催化剂内表面传递；

③ 反应组分在催化剂表面的活性中心上吸附；

④ 在催化剂表面上进行化学反应；

⑤ 反应产物在催化剂表面上脱附；

⑥ 反应产物从催化剂内表面向外表面传递；

⑦ 反应产物从催化剂的外表面向流体主体传递。

以上七个步骤中,① 和 ⑦ 是气相主体通过气膜与颗粒外表面进行物质传递,称为外扩散过程;② 和 ⑥ 是颗粒内的传质,称为内扩散过程;③、④、⑤ 分别是在颗粒表面上进行吸附、化学反应、脱附的过程,统称为化学动力学过程。

如上所述,多相催化反应过程是一个多步骤过程,如果其中某一步骤的速率与其他各步的速率相比要慢得多,以致整个反应速率取决于这一步的速率。该步骤就称为速率控制步骤。当反应过程达到定常态时,各步骤的速率应该相等,且反应过程的速率等于控制步骤的速率。这一点对于分析和解决实际问题十分重要。

2. 气-固相催化本征动力学

气-固相催化反应本征动力学是研究没有扩散过程存在,即排除了流体在固体表面处的外扩散影响及流体在固体孔隙中的内扩散影响的情况下,固体催化剂及与其相接触的气体之间的化学反应动力学。

一切化学反应都涉及反应分子的电子结构重排。在气固相催化反应中,催化剂参与了这种重排。反应物分子以化学吸附的方式与催化剂相结合,形成吸附络合物的反应中间物,通常它进一步与相邻的其他反应物形成的络合物进行反应生成产物,最后反应产物再从吸附表面上脱附出来。

综上所述,气-固相催化反应的本征动力学步骤大致可分为下述三步:① 气相分子在固体催化剂上的化学吸附,形成吸附络合物;② 吸附络合物之间相互反应生成产物络合物;③ 产物络合物从催化剂表面处脱附出来。按其机理来区分,① 和 ③ 属于吸附与脱附过程,② 为表面化学反应动力学过程。下面对上述步骤作详细说明。

(1) 吸附与脱附

催化作用的部分奥秘无疑是在于所谓的化学吸附现象。化学吸附被认为是由于电子的共用或转移而发生相互作用的分子与固体间电子重排,气体分子与固体之间的相互作用力具有化学键的特征,与固体物质和气体分子间仅借助于范德华力的物理吸附明显不同,前者在吸附过程中有电子的转移和重排,而后者不发生此类现象。

根据上述机理,化学吸附由于涉及吸附剂与被吸附物之间的电子转移或共用,因此有很强的特定性,即吸附剂对被吸附物有强选择性;吸附物在吸附剂表面属单分子层覆盖;吸附温度可以高于被吸附物的沸点温度;吸附热的大小近似于反应热。总而言之,化学吸附可被看做为吸附剂与被吸附物之间发生了化学反应。

而在物理吸附过程中,吸附剂与被吸附物之间是借助范德华力相结合的,选择性很弱,吸附覆盖层可以是多分子层,吸附温度通常低于被吸附物的沸点温度,吸附热大致接近于被吸附物的冷凝潜热。

上述不同的特征可以作为物理吸附与化学吸附的区分标准。然而,测定吸附过程的磁化率变化或进行红外光谱分析便可确定某一吸附过程的吸附类型。

由于化学吸附只能发生于固体表面那些能与气相分子起反应的原子上,通常把该类原子称为活性中心,用符号"σ"表示。由于化学吸附类似于化学反应,因此气相中 A 组分在活性中心上的吸附用如下吸附式表示:

$$A + \sigma \Longrightarrow A\sigma \qquad (10-52)$$

式中:$A\sigma$——A 与活性中心生成的络合物。

对于气-固催化反应,吸附速率 v_a 和脱附速率 v'_a 可分别表示为

$$v_a = k_a p_A \theta_v \qquad (10-53)$$

$$v'_a = k'_a \theta_A \qquad (10-54)$$

式中:v_a,v'_a——吸附速率和脱附速率;

p_A——A 组分在气相中的分压;

θ_v——空位率,量纲为 1;

θ_A——吸附率,量纲为 1;

k_a,k'_a——吸附速率常数与脱附速率常数。

同反应速率常数一样,k_a 和 k'_a 与温度的关系亦可用阿仑尼乌斯公式表示:

$$k_a = k_{a0} \exp(-\frac{E_a}{RT}) \qquad (10-55)$$

$$k'_a = k'_{a0} \exp(-\frac{E'_a}{RT}) \qquad (10-56)$$

式中:k_{a0},k'_{a0}——分别为吸附和脱附的指前因子;

E_a,E'_a——分别为吸附和脱附的活化能。

实际观察到的吸附速率,即净吸附速率是吸附速率与脱附速率之差,该速率被称为表观吸附速率 v_A,故

$$v_A = k_a p_A \theta_v - k'_a \theta_A \qquad (10-57)$$

当吸附达到平衡时,$v_A = 0$,所以

$$k_a p_A \theta_v = k'_a \theta_A \qquad (10-58)$$

设 $K_A = \frac{k_a}{k'_a}$,则

$$K_A = \frac{\theta_A}{p_A \theta_v} \qquad (10-59)$$

式中:K_A—— 吸附平衡常数,量纲为 1。

该方程称为吸附平衡方程。

(2) 表面化学反应

表面化学反应动力学主要研究被催化剂吸附的反应物分子之间反应生成产物的过程的反应速率问题。

该反应式通常可表示如下:

$$A\sigma \Longleftrightarrow G\sigma$$

式中:$A\sigma$,$G\sigma$—— 分别为反应组分 A 和 G 与活性中心形成的络合物。

由于该反应式为基元反应,其反应级数与化学计量系数相等。表面反应的正反应速率 r_s 和逆反应速率 r'_s 分别可表示为

$$r_s = k_s \theta_A \tag{10-60}$$

$$r'_s = k'_s \theta_G \tag{10-61}$$

式中:r_s,r'_s—— 以催化剂体积为基准的正反应、逆反应的反应速率;

k_s,k'_s—— 分别为正反应和逆反应的反应速率常数;

θ_A,θ_G—— 分别为 A 和 G 的吸附率,量纲为 1。

实际观察到的反应速率,即净反应速率是正反应速率与逆反应速率之差,该反应速率被称为表观反应速率 r_S,故有

$$r_S = r_s - r'_s = k_s \theta_A - k'_s \theta_G \tag{10-62}$$

反应达到平衡时,有

$$K_S = \frac{r_s}{r'_s} = \frac{\theta_G}{\theta_A} \tag{10-63}$$

式中:K_S—— 表面反应平衡常数,量纲为 1。

(3) 本征动力学

前面已分别讨论了吸附、脱附和表面反应,这三步在整个过程中是串联进行的,所以综合这三步而获得的反应速率关系式便是本征动力学方程。假设:① 在吸附—反应—脱附三个步骤中必然存在一个控制步骤,该控制步骤的速率便是本征反应速率;② 除了控制步骤外,其他步骤均处于平衡状态;③ 吸附和脱附过程属于理想过程,即吸附和脱附过程可用朗格缪尔吸附模型加以描述。

对于反应 $A \Longleftrightarrow G$,设想其反应机理步骤如下:

A 的吸附: $\qquad\qquad A + \sigma \Longleftrightarrow A\sigma$

表面反应: $\qquad\qquad A\sigma \Longleftrightarrow G\sigma$

G 的脱附: $\qquad\qquad G\sigma \Longleftrightarrow G + \sigma$

各步骤的表观速率方程为

A 的吸附速率：
$$v_A = k_a p_A \theta_v - k'_a \theta_A$$

表面反应速率：
$$r_S = k_s \theta_A - k'_s \theta_G$$

G 的脱附速率：
$$v_G = k_G \theta_G - k'_G p_G \theta_v$$

则
$$\theta_A + \theta_G + \theta_v = 1 \tag{10-64}$$

① 若 A 组分的吸附过程是控制步骤，则本征反应速率式为

$$-r_A = v_A = k_a p_A \theta_v - k'_a \theta_A \tag{10-65}$$

因表面反应和脱附均达到平衡，$r_S = 0, v_G = 0$，则

$$K_S = \frac{\theta_G}{\theta_A} \tag{10-66}$$

$$\theta_G = K_G p_G \theta_v \tag{10-67}$$

由式（10-64）、（10-66）、（10-67）可得

$$\theta_v = \frac{1}{(1/K_S + 1)K_G p_G + 1} \tag{10-68}$$

$$\theta_A = \frac{(K_p/K_S) p_G}{(1/K_S + 1)K_G p_G + 1} \tag{10-69}$$

则本征反应速率方程为

$$-r_A = k_a \frac{p_A - \dfrac{K_G}{K_S K_A} p_G}{(1/K_S + 1)K_G p_G + 1} \tag{10-70}$$

② 表面反应过程控制时，本征反应速率方程可以用表面速率方程表示：

$$-r_A = r_S = k_s \theta_A - k'_s \theta_G \tag{10-71}$$

此时 A 的吸附和 P 的脱附均已达到平衡，则

$$K_A p_A \theta_v = \theta_A \tag{10-72}$$

$$K_G p_G \theta_v = \theta_G \tag{10-73}$$

由式（10-64）、式（10-72）、式（10-73）可得

$$\theta_v = \frac{1}{K_A p_A + K_G p_G + 1} \tag{10-74}$$

$$\theta_A = \frac{K_A p_A}{K_A p_A + K_G p_G + 1} \tag{10-75}$$

$$\theta_p = \frac{K_G p_G}{K_A p_A + K_G p_G + 1} \tag{10-76}$$

则本征反应速率方程为

$$-r_A = k_s \frac{K_A p_A - (K_G/K_S)p_G}{K_A p_A + K_G p_G + 1} \tag{10-77}$$

③ 当产物 G 脱附过程为控制步骤时,本征反应速率可以用脱附速率表示:

$$-r_A = v_G = k_G \theta_G - k'_G p_G \theta_v \tag{10-78}$$

由于 A 的吸附和表面反应达到平衡,有

$$\theta_A = K_A p_A \theta_v \tag{10-79}$$

$$\theta_p = K_S \theta_A = K_A p_A K_S \theta_v \tag{10-80}$$

由式(10-64)、式(10-79)和式(10-80)可得

$$\theta_v = \frac{1}{1 + K_A p_A + K_S K_A p_A} \tag{10-81}$$

$$\theta_A = \frac{K_A p_A}{1 + K_A p_A + K_S K_A p_A} \tag{10-82}$$

$$\theta_G = \frac{K_S K_A p_A}{1 + K_A p_A + K_S K_A p_A} \tag{10-83}$$

则本征反应速率方程为

$$-r_A = k_p \frac{K_S K_A p_A - p_p/K_p}{K_A p_A(1+K_S) + 1} \tag{10-84}$$

3. 气-固催化宏观动力学

用于固定床的催化剂通常为直径几毫米的圆柱形或球形颗粒。气体分子从颗粒外表面向微孔内部扩散过程中有阻力,使微孔内外存在浓度梯度。微孔内部反应物分压较低,表面吸附量减小,活化分子浓度降低,反应速率相应变小。因此在等温催化剂颗粒中,微孔内部的催化活性常得不到充分发挥和利用,使得以单位重量催化剂的宏观反应速率比本征反应速率低。这两种反应速率的比值称为有效系数,又称内表面利用系数,可以表示为

$$\eta = \frac{宏观反应速率}{本征反应速率}$$

因为本征速率代表了化学反应体系本身的固有特征,与反应器设备条件无关,所以在进行动力学实验时,一般希望采取措施排除传递阻力而得到本征速率方程,

然后用有效系数可关联得到宏观速率方程,用于反应器的设计计算中:

$$-R_A = \eta(-r_A) \qquad\qquad (10-85)$$

式中:$-R_A$——宏观反应速率,$kmol/(m^3 \cdot s)$。

有效系数 η 的影响因素较多。当反应物浓度高,反应温度高,催化剂颗粒直径大时,催化剂颗粒微孔内外的浓度梯度也就较大,使有效系数降低。有效系数的大小,实质上反映了催化剂颗粒内部热。

由于扩散过程造成固体颗粒内部的气相浓度不同,以颗粒为基础的宏观动力学方程必然受颗粒形状的影响。首先讨论球形催化剂上的宏观动力学方程,其次讨论片状、无限长圆柱形催化剂的宏观动力学方程,最后归纳出任意形状催化剂的宏观动力学方程

(1) 球形催化剂上等温反应宏观动力学方程

① 球形催化剂的基础方程

设球形催化剂半径为 R,并且处于连续流动的气流中,取一体积微元对 A 组分进行物料衡算。

体积微元的取法如图 10-14 所示,取半径为 r、厚度为 dr 的壳层为一个体积微元。

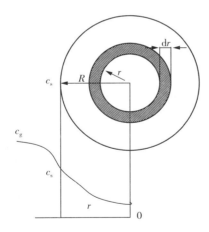

图 10-14 球形催化剂的宏观动力学

气相中 A 组分在体积单元内的物料衡算为

$$输入量 - 输出量 = 反应消耗量 + 积累量$$

输入量 $\quad D_e 4\pi (r+dr)^2 \dfrac{d}{dr}(c_A + \dfrac{dc_A}{dr}dr)$

输出量　　$D_e 4\pi r^2 \dfrac{dc_A}{dr}$

反应消耗量　　$4\pi r^2 \, dr(-r_A)$

积累量　　0（对于定常态过程）

将上述各项代入物料衡算式，并令 $z=r/R$，略去$(dr)^2$ 项整理后可得

$$\frac{d^2 c_A}{dz^2} + \frac{2}{z} \frac{dc_A}{dz} = \frac{R^2}{D_e}(-r_A) \tag{10-86}$$

该式为二阶微分方程，边界值条件是

$$r=0, z=0, \frac{dc_A}{dz}=0（中心对称）$$

$$r=R, z=1, c_A = c_{As}$$

式（10-86）是球形催化剂的基本方程，解出该方程便可求得催化剂内 A 组分的浓度分布规律。

② 球形催化剂等温一级反应的宏观动力学方程

若系统中进行的反应为一级不可逆反应，反应的本征动力学方程为

$$-r_A = kc_A$$

代入式（10-86），并令 $\phi_s = \dfrac{R}{3}\sqrt{\dfrac{k}{D_e}}$

ϕ_s 称为西勒（Thilele）模数。可得

$$\frac{d^2 c_A}{dz^2} + \frac{2}{z} \frac{dc_A}{dz} = (3\phi_s)^2 c_A \tag{10-87}$$

若令 $\omega = c_A z$

则

$$\frac{d\omega}{dz} = c_A + z\frac{dc_A}{dz}$$

$$\frac{d^2\omega}{dz^2} = z\frac{d^2 c_A}{dz^2} + 2\frac{dc_A}{dz} = z\left(\frac{d^2 c_A}{dz^2} + \frac{2}{z}\frac{dc_A}{dz}\right)$$

故

$$\frac{d^2 c_A}{dz^2} + \frac{2}{z}\frac{dc_A}{dz} = \frac{1}{z}\frac{d^2\omega}{dz^2} = (3\phi_s)^2 c_A \tag{10-88}$$

$$\frac{d^2\omega}{dz^2} = (3\phi_s)^2 c_A z = (3\phi_s)^2 \omega$$

该方程为二阶齐次常微分方程，通解为

$$\omega = c_A z = M_1 \exp(3\phi_s z) + M_2 \exp(-3\phi_s z) \qquad (10-89)$$

将边界值代入，可求出积分常数：

$$M_1 = \frac{c_{As}}{2\sinh(3\phi_s)}$$

$$M_2 = -M_1 = -\frac{c_{As}}{2\sinh(3\phi_s)}$$

将积分常数代入通解，经整理便可获得在球形催化剂内 A 组分的浓度分布关系式：

$$c_A = \frac{c_{As}}{z}\frac{\sinh(3\phi_s z)}{\sinh(3\phi_s)} \qquad (10-90)$$

将式(10-90)代入式(10-85)中，可得球形催化剂等温一级反应的宏观动力学方程。

因为任一球形体积为 $V_s = \frac{4}{3}\pi r^3$，所以，$dV_s = 4\pi R^2 dr$，则

$$-R_A = \frac{1}{V_s}\int_0^{V_s}(-r_A)\,dV_s$$

$$= \frac{1}{\frac{4}{3}\pi R^3}\int_0^R \frac{kc_{As}}{\frac{r}{R}}\frac{\sinh\left(3\phi_s\dfrac{r}{R}\right)}{\sinh(3\phi_s)}4\pi r^2\,dr$$

$$= \frac{1}{\phi_s}\left(\frac{1}{\tanh(3\phi_s)} - \frac{1}{3\phi_s}\right)kc_{As} \qquad (10-91)$$

式(10-91)为宏观动力学方程。

因为 $-r_{As} = kc_{As}$ 为本征动力学方程在外表面浓度时的反应速率，则宏观动力学方程可表示为

$$\begin{cases} -R_A = \eta(-r_{As}) \\[2mm] \eta = \dfrac{1}{\phi_s}\left(\dfrac{1}{\tanh(3\phi_s)} - \dfrac{1}{3\phi_s}\right) \\[2mm] \phi_s = \dfrac{R}{3}\sqrt{\dfrac{k}{D_e}} \end{cases} \qquad (10-92)$$

（2）其他形状催化剂的等温宏观动力学方程

① 无限长圆柱体催化剂的等温宏观反应动力学方程

所谓无限长圆柱体是指该圆柱的长径比很大，可忽略两端面扩散的影响。设圆柱体的半径为 R，长度为 L，并被置于连续流动的反应物气流中。在该圆柱体中取一段半径为 r、厚度为 dr、长度为 L 的体积微元，如图 10-15 所示。

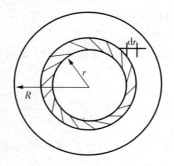

图 10-15　圆柱体催化剂的宏观反应动力学

对该体积微元作反应物 A 的物料衡算

输入量　$2\pi(r+dr)LD_e\dfrac{d}{dr}\left(c_A+\dfrac{dc_A}{dr}dr\right)$

输出量　$2\pi rLD_e\dfrac{dc_A}{dr}$

消耗量　$2\pi rL\,dr(-r_A)$

积累量　0（对于定常态过程）

将上述各式代入物料衡算式得

$$\frac{d^2c_A}{dr^2}+\frac{1}{r}\frac{dc_A}{dr}=\frac{-r_A}{D_e} \qquad (10-93)$$

边界条件：

$$r=0,\frac{dc_A}{dr}=0$$

$$r=R,c_A=c_{As}$$

对不可逆反应 $-r_A=kf(c_A)$，方程（10-93）的解为

$$\begin{cases} (-R_A) = \eta(-r_{AS}) \\ \eta = \dfrac{I_1(2\phi_s)}{\phi_s I_0(2\phi_s)} \\ \phi_s = \dfrac{R}{2}\sqrt{\dfrac{k}{D_e}f'(c_{As})} \end{cases} \tag{10-94}$$

令 $X = 2\phi_s$,则式中 $I_0(X)$ 和 $I_1(X)$ 分别为第一类 0 阶和 1 阶贝塞尔(Bessel)函数。

$$I_0(X) = \sum_{k=0}^{\infty} \frac{\left(\dfrac{X}{2}\right)^{2k}}{(k!)^2}$$

$$I_1(X) = I'_0(X) = \sum_{k=0}^{\infty} \frac{\left(\dfrac{X}{2}\right)^{2k+1}}{(k!)(k+1)!}$$

贝塞尔(Bessel)函数值可由数学手册中查找。

② 圆形薄片催化剂的宏观动力学方程

圆形薄片是指该催化剂的半径远大于其厚度。此时可忽略侧面处的扩散,仅考虑两端面进入气体的扩散。设圆形薄片半径为 R,高度为 L,放置于连续流动的反应物气流中。在圆形薄片中心取距中心截面为 l,厚度为 dl,半径为 R 的薄片作为体积微元。对该微元体作组分 A 的物料衡算

输入量:$\pi R^2 D_e \dfrac{d}{dl}\left(c_A + \dfrac{dc_A}{dl}dl\right)$

输出量:$\pi R^2 D_e \dfrac{dc_A}{dl}$

消耗量:$\pi R^2 dl(-r_A)$

积累量:0(对于定常态过程)

将上述各式代入物料衡算式并整理可得

$$\frac{d^2 c_A}{dl^2} = \frac{-r_A}{D_e} \tag{10-95}$$

边界值条件:

$$l = 0, \frac{dc_A}{dl} = 0$$

$$l = \frac{L}{2}, c_A = c_{As}$$

对不可逆反应 $-r_{\mathrm{A}} = kf(c_{\mathrm{A}})$，方程（10-94）的解为

$$
\begin{cases}
(-R_{\mathrm{A}}) = \eta(-r_{\mathrm{AS}}) \\[2mm]
\eta = \dfrac{\tanh(\phi_{\mathrm{s}})}{\phi_{\mathrm{s}}} \\[3mm]
\phi_{\mathrm{s}} = \dfrac{L}{2}\sqrt{\dfrac{k}{D_{\mathrm{e}}}f'(c_{\mathrm{As}})}
\end{cases}
\tag{10-96}
$$

（3）任意形状催化剂的等温宏观动力学方程

① 西勒模数的通用表达式

比较球形、无限长圆柱形和薄片催化剂的西勒模数，可以看出它们之间的区别仅在定性尺寸上。若以 V_{s} 表示催化剂颗粒体积，S_{s} 表示催化剂颗粒外表面积，上述三种形状催化剂的 $V_{\mathrm{s}}/S_{\mathrm{s}}$ 值分别为

球形：

$$
\frac{V_{\mathrm{s}}}{S_{\mathrm{s}}} = \frac{\frac{4}{3}\pi R^3}{4\pi R^2} = \frac{R}{3}
$$

无限圆柱体：

$$
\frac{V_{\mathrm{s}}}{S_{\mathrm{s}}} = \frac{\pi R^2 L}{2\pi R L} = \frac{R}{2}
$$

圆形薄片：

$$
\frac{V_{\mathrm{s}}}{S_{\mathrm{s}}} = \frac{\pi R^2 L}{2\pi R^2} = \frac{L}{2}
$$

由此可见，若取 $V_{\mathrm{s}}/S_{\mathrm{s}}$ 作为西勒模数的定性尺寸，便可将不同形状的催化剂的西勒模数表达式统一起来。

$$
\phi_{\mathrm{s}} = \frac{V_{\mathrm{s}}}{S_{\mathrm{s}}}\sqrt{\frac{k}{D_{\mathrm{e}}}f'(c_{\mathrm{As}})}
\tag{10-97}
$$

② 效率因子的近似估算

由于上述三种形状催化剂的西勒模数与效率因子之间关系大体相近。可以想象，对于不同形状的催化剂，若都用球形催化剂效率因子计算式来计算，不会出现大的偏差。

因此，任意形状催化剂的等温宏观动力学方程可近似表达如下：

$$
\begin{cases}
-R_{\mathrm{A}} = \eta(-r_{\mathrm{AS}}) \\[2mm]
\eta = \dfrac{1}{\phi_{\mathrm{s}}}\left(\dfrac{1}{\tanh(3\phi_{\mathrm{s}})} - \dfrac{1}{3\phi_{\mathrm{s}}}\right) \\[3mm]
\phi_{\mathrm{s}} = \dfrac{V_{\mathrm{s}}}{S_{\mathrm{s}}}\sqrt{\dfrac{k}{D_{\mathrm{e}}}f'(c_{\mathrm{As}})}
\end{cases}
\tag{10-98}
$$

（二）流化床反应器

1. 固体粒子的流化态与流化床反应器的特点

当液体或气体（通称为流体）通过固体颗粒层时，在流速达到一定时，床层中的固体颗粒悬浮在流体介质中，进行不规则的激烈的运动，具有像液体一样能够自由流动的性质时称为固体的流态化。催化剂颗粒处于流态化状态的反应器称为流化床反应器。

在一个底部装有小孔筛板的玻璃筒内放上一些微球催化剂，通过外力让流体自下而上地通过固体颗粒层时，可以发现当流体流速较小时固体颗粒静止不动，即为膨胀床状态；流速再升高，流体与颗粒间的摩擦力等于固体颗粒重量时，固体颗粒即悬浮在流体中，此即流态化开始，其相应的流体速度称为临界流化速度。当流体流速大于临界流化速度时，床层空隙率进一步增大，床高也相应增加，床层进入完全流化状态。流体为液体时，颗粒在床层中均匀地分散，称散式流化。流体介质为气体时，气体与固体所形成的气-固流化床在完全流化时会出现不均匀的分散，床层内粒子成团地湍动，部分气体形成气泡，因此床层中有两种聚集状态，一种是作为连续相的气、固均匀混合物，称为乳化相；另一种是作为分散相的气体以鼓泡形式穿过床层，称为气泡相，此种情况称为聚式流化床或鼓泡流化床。流体流速再继续增大到某一个程度时，固体颗粒将被流体带出，此现象称为气流输送，相应的流速称为颗粒带出速度。图 10-16 示出了流化过程的各个阶段。

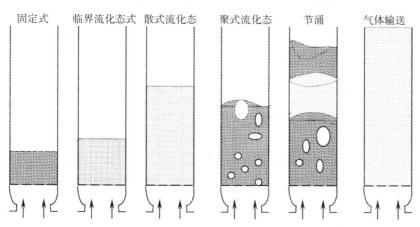

固定式　临界流化态式　散式流化态　聚式流化态　节涌　气体输送

图 10-16　流化态的各种形式

流态化技术在工业过程中的应用范围非常宽广，从传统应用领域的化学工业、石油工业已拓展到煤的燃烧和转化、环境处理（水污染和大气污染的控制）和能源工业等多种领域。

流态化技术具有如下优点：

①　由于床内物料的流化状态,可以方便大量输送固体粒子,对原料是固体的过程以及催化剂容易失活需要再生的过程(如催化裂化),采用流化床有助于实施连续流动和循环操作。

②　在床层中固体颗粒受到激烈混合,床内温度易于维持均匀,可避免发生局部过热,湿度易于控制,能够提高反应的选择性。

③　气-固相之间的传质速率较高,充分发挥催化剂的效能。

④　流化床的结构比较简单、紧凑,故适于大型生产操作。

流化床反应器具有如下缺点:

①　由于床层物料激烈混合,浓度比较均匀,与平推流相比,降低了反应速度,增加了副反应。

②　也是由于床层中颗粒混合良好,在新加入新鲜颗粒和取出已反应的颗粒时,必然有一部分新鲜的粒子也被取出来,也有一部分粒子长期留在反应器中。结果降低了催化剂的平均活性,或者降低了原料的利用率。

③　粒子的磨损和带出造成催化剂损耗,并要有旋风分离器等粒子回收系统,粒子的激烈运动加剧了对设备的磨损。

2.　流化床的设计

流化床反应器的设计由一系列的物料平衡、热量衡算、流体理学方程、动力学方程组成。任何流化床反应器都有一些必需的部件以保证流态化过程得以顺利进行,这些部件包括:分布器、固体颗粒的分离装置等。还有一些部件为了解决流化床反应器某种需要或者改善流化状态而安置,包括:接热设备、内构件、下料腿(下降管)、控制固体流动的装置和设备易磨损地方的内衬的一些耐磨材料等。

二、气 – 液相反应器

气液反应指反应物系中存在气相和液相的一种多相反应过程,通常是气相反应物溶解于液相后,再与液相中另外的反应物进行反应;也可能是反应物均存在于气相中,它们溶解于含有固体催化剂的溶液以后再进行反应。环境工程领域里,气液反应有着广泛的应用,通常通过气液反应净化气体,如用碱溶液吸收锅炉尾气中的 SO_2,酸溶液对氨的吸收,饮用水和污水的臭氧化处理等。

(一) 气 – 液相反应动力学

1.　气-液反应过程

气液反应的进行以两相界面的传质为前提。由于气相和液相均为流动相,两相间的界面不是固定不变的,而是由反应器的形式、反应器中的流体力学条件决定的。描述气液反应的模型以传质理论为基础,主要有双膜理论、渗透理论和表面更新理论等,但由这些模型得到的结果相差不多,而且由双膜理论推出的模型较后两个更为简单,所以通常采用双膜理论。如图 10 - 17 所示,对于反应 A + v_BB ⟶ G($-r_A = k_{m,n}c_A{}^m c_B{}^n$),反应步骤由以下各步组成:

(1)组分 A 由气相主体通过气膜传递到气液相界面,其分压由气相主体处的 p_{AG} 降至相界面处的 p_{Ai};

(2)组分 A 通过相界面传递到液膜内,并与液膜中的组分 B 进行化学反应,此时反应与扩散同时进行;

(3)未反应的 A 继续向液相主体扩散,并与液相主体中的组分 B 继续反应。

根据双膜理论,可建立气液反应的扩散反应方程,液膜扩散微元如图 10 - 16 所示,其离界面深度为 z,微元液膜厚度为 dz,则与传质方向相垂直的单位面积上气体 A 从 z 处扩散进入量为 $-D_A dc_A/dz$,从 $z + dz$ 处扩散出的量为 $-D_A(\frac{dc_A}{dz} + \frac{d^2 c_A}{dz^2}dz)$,微元内反应消耗 A 的量为 $r_A dz$,于是微元液膜内 A 组分的物料衡算式为

$$-D_A \frac{dc_A}{dz} = -D_A(\frac{dc_A}{dz} + \frac{d^2 c_A}{dz^2}dz) + r_A dz \tag{10-99}$$

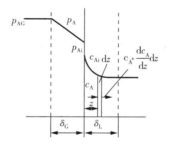

图 10 - 17　气-液相反应双膜模型中 A 组分的传质示意图

即
$$\frac{d^2 c_A}{dz^2} = \frac{-r_A}{D_A} \tag{10-100}$$

同样,对于液相中组分 B 在液膜内也可以建立如下微分方程
$$\frac{d^2 c_B}{dz^2} = \frac{-v_B r_A}{D_B}$$

边界条件为
$$z = 0, c_A = c_{Ai} \text{ 且 } dc_B/dz = 0$$
$z = \delta_L, c_B = c_{Bi}$ 且组分 A 向液相主体扩散的量应等于主体所反应的量,即
$$-D_A \frac{dc_A}{dz}\bigg|_{z=\delta_L} = -r_A(V - \delta_L) \tag{10-101}$$

式中，V—— 单位传质面积的积液体积，m^2/m^3；

$V-\delta_L$—— 单位传质表面的液相主体体积，m^3/m^2。显然，界面上 A 组分向液相扩散的速率即吸收速率为

$$N_A = -D_A \frac{dc_A}{dz}\bigg|_{z=0} \tag{10-102}$$

2. 典型的气液反应类型

根据液膜内化学反应和传递之间相对速率的大小关系，气-液反应可分为以下不同的类型，如图 10-18 所示，其特点简述如下

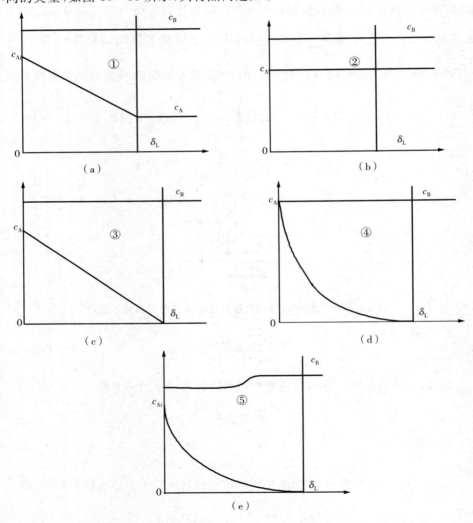

图 10-18　不同类型气-液相反应器的反应区域与浓度分布

① 慢反应的一般类型：由传质和化学反应共同控制的气-液反应，可具体分为② 和 ③ 两种。

② 极慢反应：A 与 B 的反应速率极慢，A、B 在液膜中的浓度与它们在液相主体中的浓度相同，此时扩散速率大大高于反应速率，液相主体中 A 的浓度达到饱和。

③ 质量传递控制下的慢反应：被吸收组分 A 在液相主体完全被组分 B 反应掉，但化学反应速率还是较慢，以致在液膜内的反应可以忽略。

④ 拟 m 级快速反应：A 与 B 的反应速率较快，被吸收组分 A 在液膜内完全被组分 B 反应掉，但组分 B 浓度很高，以致在液膜内的浓度变化可以忽略，即在整个液膜内 B 的浓度近似不变。

⑤ 反应级数为 $(m+n)$ 级的快速反应：A 与 B 的反应速率较快，被吸收组分 A 在液膜内完全被组分 B 反应掉，但组分 B 的浓度不是足够高，以致 B 在液膜内存在浓度梯度。

⑥ 瞬间快速反应：组分 A 与组分 B 之间的反应瞬间完成，两者不能共存，反应发生于液膜内某一个面上，该面称为反应面，在反应面上 A、B 的浓度均为零。

3. 常见的气液反应动力学

(1) 一级不可逆反应

反应对 A 组分、B 组分分别为一级、零级（即 $m=1, n=0$），则

$$\frac{\mathrm{d}^2 c_A}{\mathrm{d}z^2} = \frac{k_1 c_A}{D_A} \qquad (10-103)$$

求解微分方程，并利用边界条件，得

$$c_A = \frac{\mathrm{ch}\sqrt{Ha}\left(1-\dfrac{z}{\delta_L}\right) + \sqrt{Ha}\,(a_L-1)\mathrm{sh}\left(1-\dfrac{z}{\delta_L}\right)}{\mathrm{ch}\sqrt{Ha} + \sqrt{Ha}\,(a_L-1)\mathrm{sh}\left(1-\dfrac{z}{\delta_L}\right)} c_{Ai} \qquad (10-104)$$

式(10-104)中，$a_L = V/\delta_L$，表示单位传质表面的液相容积（或厚度）与液膜容积（厚度）比；

$$Ha^2 = \frac{D_A k_1}{k_L{}^2} \qquad (10-105)$$

其中 $k_L = D_A/\delta_L$，D_A 为组分 A 在液体中的分子扩散系数，m^2/s。

又因

$$N_A = \frac{k_L c_{Ai} Ha\left[Ha(a_L-1)\mathrm{th}Ha\right]}{(a_L-1)Ha\,\mathrm{th}Ha + 1}$$

对物理吸收，其吸收速率为

$$N_A' = k_L c_{Ai} \tag{10-106}$$

则增强因子为

$$\beta = \frac{Ha\left[Ha(a_L - 1)\mathrm{th}Ha\right]}{(a_L - 1)Ha\,\mathrm{th}Ha + 1} \tag{10-107}$$

Ha 称为 Hatta 数,为液膜内的化学反应速率与物理吸收速率之比,是气液反应的重要参数,可作为气液反应快慢程度的判据。当 $Ha > 3$ 时,属于在液膜内进行的瞬间或快速反应过程;当 $Ha < 0.02$ 时,属于在液相主体中进行的慢反应过程;当 $0.02 < Ha < 3$ 则为在液膜和液相主体中反应都不能忽略的中速反应过程。

(2) 不可逆瞬间反应

当液相中的反应为不可逆瞬间反应时,反应仅在液膜某一平面上瞬间完成,此平面为反应面。被吸收组分 A 从界面方向扩散而来,吸收剂 B 由液流主体扩散过来,其典型浓度分布如图 10-19 所示。

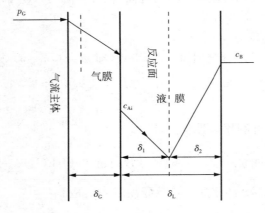

图 10-19　不可逆瞬间反应浓度分布

假设反应面上进行反应为 $A + v_B B \longrightarrow Q$,则被吸收组分 A 扩散至反应面的速率为

$$N_A = \left(\frac{D_A}{\delta_1}\right)c_{Ai} = \left(\frac{\delta_L}{\delta_1}\right)k_L c_{Ai} \tag{10-108}$$

式中:δ_1—— 自界面到反应面的距离,m。

由液流主体向反应面的反应物 B 的扩散速率为

$$N_B = \left(\frac{D_B}{\delta_L}\right)c_B = \left(\frac{\delta_L}{\delta_1}\right)\left(\frac{D_B}{\delta_L}\right)c_B \tag{10-109}$$

式中:δ_2—— 反应面至液流主体的距离,m。

扩散至反应面的 A 和 B 必须满足化学计量关系,即 $v_B N_A = N_B$,利用 $\delta_1 + \delta_2 = \delta_L$ 关系可得

$$N_A = \left(1 + \frac{D_B c_{LB}}{v_B D_A c_{Ai}}\right) k_L c_{Ai} \tag{10-110}$$

因此,增强因子为

$$\beta_i = 1 + \frac{D_B c_B}{v_B D_A c_{Ai}} \tag{10-111}$$

当 c_B 增加到出现 c_{Ai} 等于零的极限情况,此时反应面与相界面相重叠,此时吸收过程将以最大的速率 $N_A = k_g p_{Ag}$ 进行,吸收速率完全受气膜控制,B 组分的浓度成为临界浓度,用 $(c_B)_C$ 表示。由化学计量关系可知,在定态条件下有

$$N_B = (\frac{D_B}{\delta_L})\left[(c_B)_C - 0\right] = v_B N_A = v_B k_g p_{Ag} \tag{10-112}$$

可得

$$(c_B)_C = (\frac{v_B k_g}{k_L})(\frac{D_A}{D_B}) p_{Ag} \tag{10-113}$$

当 $c_B \geqslant (c_B)_C$ 时,过程完全受气膜控制,吸收速率为

$$N_A = k_g p_{Ag} \tag{10-114}$$

当 $c_B < (c_B)_C$ 时,吸收速率由气液膜共同决定,

气膜传质速率式:

$$N_A = k_g(p_{Ag} - p_{Ai}) \tag{10-115}$$

界面平衡条件

$$c_{Ai} = H p_{Ai} \tag{10-116}$$

$(10-112)$、$(10-115)$、$(10-116)$ 联立消去界面条件得

$$N_A = \frac{p_{Ag} + \dfrac{D_B}{v_B H D_A} c_B}{\dfrac{1}{Hk_L} + \dfrac{1}{k_g}} \tag{10-117}$$

(3) 二级不可逆反应

假设被吸收组分 A 和吸收剂 B 发生二级不可逆反应,反应为 $A + v_B B \longrightarrow G$,

此时考虑吸收剂 B 在液膜中的变化。其浓度变化如图 10-20 所示。

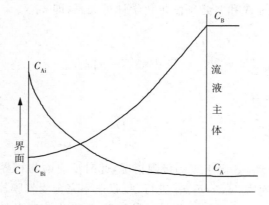

图 10-20 二级不可逆反应的浓度分布

此种情况不能直接得到解析解,常用的是液流主体反应进行完毕($c_A = 0$)情况下的近似解,此时增强因子为

$$\beta = \frac{\sqrt{D_A k_2 c_{Bi}}}{k_L} / th\left(\frac{\sqrt{D_A k_2 c_{Bi}}}{k_L}\right) \tag{10-118}$$

结合微分方程,可得

$$D_{LA} \frac{d^2 c_A}{dz^2} = \left(\frac{D_{LB} d^2 c_B}{v_B dz^2}\right) \tag{10-119}$$

积分两次,带入相应的边界条件可得

$$(\beta - 1) D_A = D_B / v_B (c_B - c_{Bi}) \tag{10-120}$$

可得

$$\beta = \frac{Ha \sqrt{\dfrac{\beta_i - \beta}{\beta_i}}}{th\left(Ha \sqrt{\dfrac{\beta_i - \beta}{\beta_i}}\right)} \tag{10-121}$$

式中:$Ha^2 = D_A k_2 c_B / k_L^2$,$Ha$ 为二级不可逆反应时的 Hatta 数。

由于(10-121)是个隐函数,β 值不能直接求出,但我们可以通过 Ha 和 β_i 的数值,从图 10-21 中读出 β 的数值。

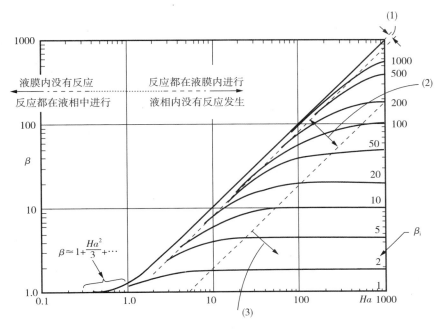

图 10-21 增强因子 β 在瞬时增强因子 β_i 与 Hatta 数共同影响下三者间的关系

图 10-21 可分为 3 个区域:

① 当 $\beta_i > 5Ha$ 时,如果液膜中 B 的扩散远大于反应的消耗,则液膜中组分 B 的浓度可认为不变,此时可视为拟一级快反应,$\beta = Ha$,如图 10-21 中(1)所在区域。

② 当 $5\beta_i > Ha > \beta_i/5$ 时,按快速二级反应处理,如图 10-21 中(2)所在区域。

③ 当 $Ha > 5\beta_i$ 时,可按瞬间反应来处理,$\beta = \beta_i$,如图 10-21 中(3)所在区域。

例 10-8 用硫酸溶液从氨中吸收塔回收气体混合物中的氨,试计算塔底和塔顶的吸收速率 N_{A2} 和 N_{A1}。已知:气体混合物中氨的分压进口处为 5066.25Pa,出口处为 1013.25Pa,吸收剂中 H_2SO_4 的浓度进口处为 0.6kmol/m³,出口处为 0.5kmol/m³,气-液两相逆流接触,气体加入量 $G = 45$kmol/h,$k_G = 3.45 \times 10^{-6}$ kmol/(m²·Pa·h),$k_L = 0.005$m/h,亨利系数:$H = 7.40 \times 10^{-4}$ kmol/(m³·Pa),总压 $p = 1.01325 \times 10^5$ Pa,$D_A = D_B$。

解:硫酸吸收氨的反应为不可逆瞬间反应:

$$2NH_3 + H_2SO_4 \longrightarrow (NH_4)_2SO_4$$

在塔顶处:$p_{AG1} = 1013.25$Pa,$c_{B1} = 0.6$(kmol/m³)

在塔底处:$p_{AG2} = 5066.25$Pa,$c_{B2} = 0.5$(kmol/m³)

塔顶临界浓度

$$(c_B)_c = (\frac{v_B k_G}{k_L})(\frac{D_A}{D_B})p_{AG1} = \frac{0.5 \times 3.45 \times 10^{-6}}{5.0 \times 10^{-3}} \times 1 \times 1.013.25 = 0.35(\text{km ol/m}^3)$$

$$(c_B)_c < c_{B1}$$

此时吸收速率完全受气膜控制,则吸收速率为

$$N_A = k_G p_{AG} = 3.45 \times 10^{-6} \times 1013.25 = 0.0035(\text{km ol} \cdot \text{m}^2 \cdot \text{h}^{-1})$$

塔底临界浓度

$$(c_B)_c = (\frac{v_B k_G}{k_L})(\frac{D_A}{D_B})p_{AG2} = \frac{0.5 \times 3.45 \times 10^{-6}}{5.0 \times 10^{-3}} \times 1 \times 5066 = 1.75(\text{kmol/m}^3)$$

$$(c_B)_c > c_{B2}$$

此时吸收速率由气液膜共同决定,则吸收速率为

$$N_A = \frac{p_{AG2} + \frac{D_B}{v_B H D_A}c_B}{\frac{1}{Hk_L} + \frac{1}{k_G}} = \frac{5066.25 + \frac{1}{0.5 \times 7.4 \times 10^{-4}} \times 0.5}{\frac{1}{7.4 \times 10^{-4} \times 0.005} + \frac{1}{3.45 \times 10^{-6}}}$$

$$= 0.01145(\text{kmol} \cdot \text{m}^2 \cdot \text{h}^{-1})$$

思考题与习题

10-1 有时臭氧会被当做饮用水的消毒剂。因为臭氧有很强的活性,能和水中的许多物种反应,杀死水中的病原。而且人们发现臭氧在水中的反应接近一级反应,如臭氧浓度降低一半需耗时 12min,即 $t_{1/2} = 12\text{min}$。供水商打算将臭氧注入管道使其进入水处理设备中对输入水进行预消毒。管道直径为 0.91m,长 1036m,稳定流速为 37.85m³/min。假设管道内流体流动为理想 PFR,为了使从管道进入设备的臭氧浓度为 1.0mg/L,求注入管道入口处的臭氧浓度。

10-2 实验室用一容积为 5L 的全混流反应器做实验,反应器内的化学反应计量关系为 A —→ 2B,且反应物 A 的初始浓度为 1mol/L,实验测得的结果如下:

习题 10-2 附表

序号	输入流速(mL/s)	温度(℃)	c_B(mol/L)
1	2	13	1.8
2	15	13	1.5
3	15	84	1.8

通过计算说明该反应的反应速率表达式。

10-3　两湖相连,第一个湖的入口处 UBOD(完全生化需氧量)浓度为 20mg/L,如果 BOD 是一级反应,且反应速率常数为 0.35d^{-1}。假设两湖内的物质完全混合,湖内流速为 4000m^3/d,两湖的容积分别为 20000m^3 和 12000m^3,求每个湖出口处的 UBOD 浓度。

10-4　一个废水处理厂在将污水排放到附近的河流之前必须进行消毒。废水含有 4.5×10^5 粪大肠杆菌群落形成单位(CUF)/L。粪大肠杆菌的最大允许排浓度是 2000(CUF)/L。有人提议用一根管道来进行废水消毒。如果管道中废水的线速度是 0.75m/s,确定需要的管道长度。假设管道是一个稳态的活塞流系统,粪大肠杆菌消失的反应速率常数是 0.23min^{-1}。

10-5　一个完全混合的污水塘(浅池塘)接受来自下水管道的污水 430m^3/d。污水塘表面积为 100000m^2,深度为 1m。排入水塘的未处理的污水中,污染物浓度是 180mg/L。污水中的有机物按照一级反应动力学进行生物降解,反应速率常数是 0.70d^{-1}。假设没有其他水分的损失或获得(蒸发、渗流或降水),并且水塘是完全混合的,确定水塘出水中污染物的浓度。

10-6　在进入一个地下设施的拱顶进行维修之前,工作人员分析了拱顶内的空气,发现含有 29mg/L 的硫化氢。因为允许的暴露水平是 14mg/L,工作人员开始用一个鼓风机给拱顶鼓风。如果拱顶的体积是 160L,不含污染物的气体流量是 10L/min,需要多长时间才能使硫化氢的水平降低到允许工作人员进入的水平?假设拱顶是一个 CSTR,并在考虑的时间内硫化氢不发生反应。

10-7　某种化学物质在流量平衡稳定的 CSTR 中进行降解,反应服从一级反应动力学规律。这种化学物质的上游浓度是 10mg/L,下游浓度是 2mg/L,水的速度是 29m^3/min,反应器的体积是 580m^3。求降解速率是多少,反应速率常数是多少。

第十一章　微生物反应器

第一节　微生物反应的特点

微生物在环境保护和环境治理中起着举足轻重的作用。人们很早就用堆肥方法来处理固体废物,微生物还广泛应用于处理生活污水和工业废水。表11-1列出了微生物在环境工程的典型应用。

表 11 - 1　微生物在环境工程中的典型应用

类型	举例
地下生物修复	原位投加微生物修复地下水、土壤和沉积物
废水处理	去除工业废水、活性污泥所含的有机物
土地农耕法	石油勘探和生产废物处理(地上)
非水相流体的强化开采	在地下土壤引入细菌培养模拟表面活性剂的产生
溢油清除	微生物降解石油泄漏
工程菌	处理特定废物(剧毒和难降解物质)

与物理和化学方法相比,微生物方法具有经济高效的优点,并且可以达到无害化,是环境治理中的主体方法。因此,有必要进一步介绍微生物反应的特点。

微生物反应与一般的化学反应有显著的差别,它是以酶或者活细胞为催化剂,参与反应的成分极多,反应途径错综复杂,产物类型多样,且常常与细胞代谢过程等息息相关,因此,微生物反应很难用一个精确的反应式来表示。此外,微生物有容易发生变异的特点,在环境治理过程中,随着新污染物数量和种类的增加,微生物的种类可随之增加,增加了微生物反应的多样性。

第二节　微生物反应动力学

微生物反应动力学研究各种过程变量在活细胞作用下变化的规律，以及各种反应条件对这些过程变量变化速率的影响。由于微生物反应动力学研究的对象是运动着的物质，故不能单纯地用传统的静态变量如质量、溶氧量、菌体量等进行描述，必须涉及动态变量，如细胞比生长率、基质比消耗率、产物比生产率等，而这些动态变量一般不能直接测量，只能根据动力学方程式间接估计。

目前已进入工业生产的主要有酶催化反应、细胞反应以及废水的生物处理。

（1）酶催化反应，是指采用游离酶或固定化酶作为催化剂时的反应。生物体中所进行的反应，几乎都是在酶的催化下进行的。酶和底物是构成酶催化反应系统的最基本因素，它们决定了酶催化反应的基本性质，其他各种因素都须通过它们才能产生影响。因此酶与底物的动力学关系是整个酶反应动力学的基础。

（2）细胞反应，是指采用活细胞为催化剂时的反应。包括一般的微生物细胞发酵反应，以及固定化细胞反应和动植物细胞的培养。

（3）废水的生物处理，是指利用微生物本身的分解能力和净化能力，除去废水中的污浊物质。具有下述特点：

① 由细菌等菌类、原生动物、微型后生动物等各种微生物构成的混合培养系统；

② 几乎全部都采用连续操作；

③ 微生物所处的环境条件波动大；

④ 反应的目的是消除有害物质而不是生产代谢产物和微生物细胞本身。

废水的生物处理已日益受到人们的重视，与微生物细胞反应一样都是利用微生物的反应过程。限于篇幅，本节将重点讨论酶催化反应和细胞反应。

一、酶催化反应动力学

酶是活细胞产生的特殊蛋白质，具有催化活性和高度的选择性，既能参与生物体内各种代谢反应，也能参与生物体外的各种生化反应。酶具有催化效率高、高度的专一性、反应条件温和等特点。

对于典型的单底物酶催化反应，例如，对于反应

$$S \xrightarrow{E} G$$

其反应机理可表示为

$$S + E \underset{k_{-1}}{\overset{k_{+1}}{\rightleftharpoons}} [ES] \xrightarrow{k_{+2}} E + G \qquad (11-1)$$

式中, E—— 游离酶;

[ES]—— 酶底物复合物;

S—— 底物;

G—— 产物;

k_{+1}, k_{-1}, k_{+2}—— 相应各步反应的反应速率常数。

由 Michaelis－Menten 的平衡模型或 Briggs－Haldane 的 稳态模型, 推导得到米氏方程定量描述底物浓度与反应速率的关系, 适用于单底物、无抑制的情况, 即

$$r = -\frac{\mathrm{d}c_{S}}{\mathrm{d}S} = \frac{\mathrm{d}c_{p}}{\mathrm{d}t} = \frac{r_{\max}c_{S}}{K_{m} + c_{S}} \qquad (11-2)$$

式中: c_{S}—— 底物 S 的浓度, mg/L;

$r_{\max}$—— 最大反应速率, mg/(L·min);

K_{m}—— 米氏常数, mg/L, $K_{m} = \dfrac{k_{-1} + k_{+2}}{k_{+1}}$。

从图 11-1 中可以看出, 米氏方程是以 $r_{\max}$ 为渐近线的双曲线方程。在 $r-c_{S}$ 关系曲线上, 表示了三个具有不同动力学特点的区域:

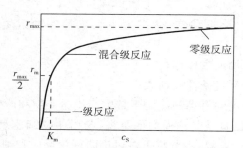

图 11-1   底物浓度与酶催化反应速率的关系

(1) $c_{S} \ll K_{m}$, 该曲线近似为一直线, 表示为反应速率与底物浓度近似为正比关系, 可视为一级反应, 即 $r = \dfrac{r_{\max}}{K_{m}} c_{S}$;

(2) $c_{S} \gg K_{m}$, 该曲线近似为一水平线, 表示当底物浓度增加时反应速率趋于稳定; 米氏方程描述的 $r-c_{S}$ 关系很小, 可视为零级反应, 即 $r = r_{\max}$;

(3) 当 c_{S} 与 K_{m} 的数量级相当, 反应速率不与底物浓度成正比, 表现为混合级反应, 需用米氏方程表示其动力学关系, 并且当 $c_{S} = K_{m}$ 时, $r = \dfrac{r_{\max}}{2}$。

为了更直观看出底物浓度变化对反应速率的影响, Levenspiel 提出用幂函数形

式表示米氏方程为

$$r \approx r_{max} c_S \frac{k_{rm}}{k_{rm}+c_B} \qquad (11-3)$$

r_{max} 和 K_m 作为米氏方程两个重要的动力学参数,必须对米氏方程线性化处理后,通过作图法或线性最小二乘法求根,常用的有三种方法。

(1) Lineweaver-Burke 法,又称双倒数作图法,简称 L–B 法。以 $1/r$ 对 $1/c_S$ 作图得一直线,该直线斜率为 K_m/r_{max},截距为 l/r_{max}。

$$\frac{1}{r} = \frac{K_m}{r_{max}} \cdot \frac{1}{c_S} + \frac{1}{r_{max}} \qquad (11-4)$$

(2) Langmuir 法,又称 Hanes – Woolf 法,简称 H – W 法。以 c_S/r 对 c_S 作图,得一斜率为 $1/r_{max}$,截距为 K_m/r_{max} 的直线。

$$\frac{c_S}{r} = \frac{1}{r_{max}} c_S + \frac{K_m}{r_{max}} \qquad (11-5)$$

(三)Eadie-Hofstee 法,简称 E – H 法。以 r 对 r/c_S 作图,得一斜率为 $-K_m$、截距为 r_{max} 的直线。

$$r = -K_m \frac{r}{c_S} + r_{max} \qquad (11-6)$$

例 11 – 1 某污染物酶降解为 CO_2 和 H_2O,其降解初始速率与浓度关系如表 11 – 2 所示。

表 11 – 2 · 例 11 – 1 附表 1

c_S(mg/L)	r(mg(L · min))
0.002	3.3
0.005	6.6
0.010	10.1
0.017	12.4
0.050	16.6

试分别用 Lineweaver-Burke 法、Langmuir 法和 Eadie-Hofstee 法求米氏方程参数。

解:采用 Lineweaver-Burke 法、Langmuir 法和 Eadie-Hofstee 法得到不同的线性拟合,如图 11 – 2 所示。则 K_m 和 r_{max} 可由所得直线的斜率和截距确定,结果如表 11 – 3 所示。

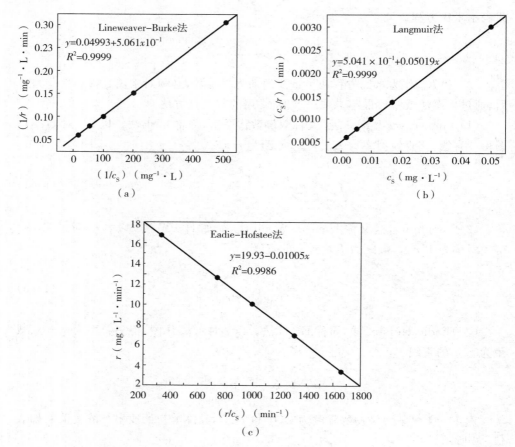

图 11 - 2   例 11 - 1 附图

(a)Lineweaver-Burke 法的线性拟合;(b)Langmuir 法的线性拟合;(c)Eadie-Hofstee 法的线性拟合

表 11 - 3   例 11 - 1 附表 2

方法	R^2	K_m(mg/L)	r_{max}(mg/(L·min))
Lineweaver-Burke 法	0.9999	10.1	20.0
Langmuir 法	0.9999	10.0	19.9
Eadie-Hofstee 法	0.9986	10.0	19.9

说明:Lineweaver-Burke 法能够直接反应 c_S 和 r 之间的关系,但其主要原因是当 $c_S \longrightarrow 0$ 时,则 $1/r \longrightarrow \infty$,使数据误差进一步放大。而 Eadie-Hofstee 法则没有对 r 取倒数而不会放大底物浓度的误差。

二、细胞反应动力学

细胞的生长、繁殖代谢是一个复杂的生物化学过程。该过程既包括细胞内的生化反应,也包括胞内与胞外的物质交换,以及胞外的物质传递及反应。同时,细胞的培养和代谢还是一个复杂的群体的生命活动,通常 1mL 培养液中含有 $10^4 \sim 10^8$ 个细胞,每个细胞都经历着生长、成熟直至衰老的过程,同时还伴有退化、变异。因而,定量描述微生物反应过程的速率及其影响因素,也变得更加复杂。为了应用,首先要进行合理的简化,在简化的基础上建立过程的物理模型,再据此推出数学模型。

限于篇幅,本节仅简单介绍在以代谢产物为目的产物的微生物反应过程中,生化反应速率及其影响因素,包括细胞的生长、基质的消耗和代谢产物的生成。

(一)反应速率的定义

在一间歇操作的反应器中进行某一细胞反应过程,则可得到细胞浓度(c_X)、基质浓度(c_S)和代谢产物浓度(c_G)等随反应时间的变化曲线,采用绝对速率和比速率两种定义方法描述这种变化。

1. 绝对速率(简称为速率)

绝对速率表示单位时间、单位反应体积某一组分的变化量。可用下述表达式来表示在恒温($T = $常数)和恒容($V_R = $常数)的情况下组分的生长、消耗和生成的绝对速率值:

细胞生长速率为

$$r_X = \frac{dc_X}{dt} \tag{11-7}$$

其中 c_X 为细胞的浓度,常用单位体积液中所含细胞(或称菌体)的干燥质量表示。

基质的消耗速率为

$$r_S = \frac{-dc_S}{dt} \tag{11-8}$$

产物的生成速率为

$$r_G = \frac{dc_G}{dt} \tag{11-9}$$

2. 比速率

比速率是以单位浓度细胞(或单位质量)为基质而表示的各个组分变化速率。

细胞的比生长速率为

$$\mu = \frac{1}{c_X} \cdot \frac{\mathrm{d}c_X}{\mathrm{d}t} \tag{11-10}$$

基质的比消耗速率为

$$q_S = \frac{1}{c_X} \cdot \frac{\mathrm{d}c_S}{\mathrm{d}t} \tag{11-11}$$

产物的比生成速率为

$$q_G = \frac{1}{c_X} \cdot \frac{\mathrm{d}c_G}{\mathrm{d}t} \tag{11-12}$$

式中，c_X，c_S 和 c_G 分别为细胞、基质和产物的浓度。

比速率的大小表示了菌体增长的能力，它受到菌株和各种物理化学环境因素的影响。

（二）细胞生长动力学

现代细胞生长动力学的奠基人 Monod 早在 1942 年就提出，针对确定的菌株，在温度和 pH 等恒定时，细胞比生长速率与限制性基质浓度的关系可用下式表示，即 Monod 方程

$$\mu = \frac{\mu_{max} c_S}{K_S + c_S} \tag{11-13}$$

式中：c_S—— 限制性基质的浓度，g/L；

μ_{max}—— 最大比生长速率，h^{-1}；

K_S—— 饱和系数，g/L，亦称 Monod 常数，其值等于最大比生长速率一半时限制性基质的浓度。虽然它不像米氏常数那样有明确的物理意义，但也是表征某种生长限制性基质与细胞生长速率间依赖关系的一个常数。

相较于米氏方程从反应机理推导，Monod 方程则是从经验得出的。Monod 方程是典型的均衡生长模型，它基于下述假设建立：

（1）细胞的生长为均衡型生长，因此可用细胞浓度变化来描述细胞生长；

（2）培养基中仅有一种底物是细胞生长限制性基质，其余组分均为过量，它们的变化不影响细胞生长；

（3）将细胞生长视为简单反应，且细胞得率 $Y_{X/S}$ 为一个常数。

根据 Monod 方程，其 μ 与 c_S 的关系如图 11-3 所示。

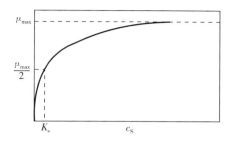

图 11-3　细胞比生长速率与限制性底物浓度的关系

当 $c_S \ll K_S$ 时,提高限制性基质浓度可以明显提高细胞的生长速率,细胞比生长速率与基质浓度为一级反应动力学关系

$$\mu \approx \frac{\mu_{max}}{K_S} c_S \qquad (11-14)$$

当 $c_S \gg K_S$ 时,继续提高基质浓度,细胞生长速率基本不变,细胞比生长速率与基质浓度无关,呈现零级反应动力学关系

$$\mu \approx \mu_{max} \qquad (11-15)$$

当 c_S 处于上述两种情况之间,则 μ 与 c_S 关系符合 Monod 方程。

根据细胞生长速率、细胞比生长速率与 Monod 方程,整理可得

$$r_X = \frac{\mu_{max} c_S}{K_S + c_S} c_X \qquad (11-16)$$

从 Monod 方程可以看出,只要 $c_S > 0$,则 $\mu > 0$,即微生物就可以生长。但事实上,当基质浓度达到一定值时,观察不到微生物的生长,这种现象是由于维持代谢引起的。也就是说,要维持细胞活性,需要消耗一定的基质。另一方面,在细胞生长的同时,也有一部分活细胞死亡或进行自我分解,从而减少反应系统的微生物宏观生长率。这种现象称为自呼吸(或内源呼吸)。

考虑到上述因素,微生物的生长速率可表示为

$$\mu = \frac{\mu_{max} c_S}{K_S + c_S} - k_d \qquad (11-17)$$

式中:k_d—— 自衰系数,h^{-1}。

Monod 方程表述简单、应用范围广泛,是细胞生长动力学最重要方程之一。但

是,该方程仅适用于细胞生长较慢和细胞密度较低的环境,使得细胞生长与基质浓度 c_S 呈简单关系。在基质消耗速率快、细胞浓度高等情况下,又有一些修正的 Monod 方程,使用时可参阅有关文献。

（三）基质消耗动力学

基质消耗速率是指在单位体积培养基单位时间内消耗基质的质量,可通过细胞得率系数与细胞生长速率相关联。

如果基质仅用于细胞的生长,定义 $Y_{X/S}$ 为对基质的细胞得率,则单位体积培养液中基质 S 的损耗速率 r_S 可表示为

$$r_S = \frac{1}{Y_{X/S}} = \frac{1}{Y_{X/S}} \mu c_X = \frac{1}{Y_{X/S}} \mu_{max} \frac{c_S}{K_S + c_S} c_X \qquad (11-18)$$

则基质的比消耗速率 q_S 可表示为

$$q_S = \frac{1}{c_X} r_S = \frac{1}{c_X} \cdot \frac{1}{Y_{X/S}} r_X = \frac{1}{Y_{X/S} u} \frac{1}{Y_{X/S}} \mu_{max} \frac{c_S}{K_S + c_S} \qquad (11-19)$$

若定义 $q_{S1,max} = \frac{1}{Y_{X/S}} \mu_{max}$,则 $q_S = q_{S,max} \frac{c_S}{K_S + c_S}$。$q_{S,max}$ 称为基质最大比消耗速率。

对于能量不仅消耗在细胞的生长上,而且也要消耗在维持细胞结构的代谢上,基质消耗速率可表示为

$$r_S = \frac{r_X}{Y_{X/S}^*} \mu + m c_X \qquad (11-20)$$

比消耗速率则为

$$q_S = \frac{1}{Y_{X/S}^*} \mu + m \qquad (11-21)$$

式中:$Y_{X/S}^*$—— 在不维持代谢时基质的细胞得率,即理论得率,亦称最大细胞得率;

m_S—— 菌体维持系数,表示单位时间内单位质量菌体为维持其正常生理活动所消耗的基质量。

当产物生成不与或仅仅部分与能量代谢相联系,则用于生成产物的基质或全部或部分以单独物流进入细胞内,产物生成与能量代谢为间接相耦合。基质的消耗主要用于三个方面,即细胞生长和繁殖、维持细胞生命活动以及合成产物,可表示为

$$r_S = \frac{r_X}{Y_{X/S}^*} + m c_X + \frac{r_G}{Y_{G/S}} \qquad (11-22)$$

又可表示为

$$-\frac{\mathrm{d}c_{\mathrm{S}}}{\mathrm{d}t} = \frac{1}{Y_{\mathrm{X/S}}^{*}}\mu c_{\mathrm{X}} + mc_{\mathrm{X}} + \frac{1}{Y_{\mathrm{G/S}}}q_{\mathrm{S}}c_{\mathrm{X}} \qquad (11-23)$$

用基质的比消耗速率表示,则上式为

$$q_{\mathrm{S}} = \frac{1}{Y_{\mathrm{X/S}}^{*}}\mu + m\frac{1}{Y_{\mathrm{G/S}}}q_{\mathrm{G}} \qquad (11-24)$$

式中:$Y_{\mathrm{G/S}}$ 为对基质的产物得率,即每消耗单位质量基质所生成的产物质量。

（四）产物生成动力学

细胞反应生成的代谢产物有醇类、有机酸、抗生素和酶等,涉及范围很广。由于细胞内生物合成途径十分复杂,其代谢调节机制也是各具特点。根据产物形成与细胞生长之间的动态关系,将其分为三种类型,即Ⅰ型、Ⅱ型和Ⅲ型。

1. Ⅰ型称为生长耦联型产物

该类型特点是产物的生成与细胞的生长直接相关联,它们之间是同步的和完全耦联的,产物的生成与底物的消耗有直接的化学计量关系,如图11-4(a)所示。属于此类型的产物有乙醇、葡萄糖酸和乳酸等。这类型的产物生成动力学方程为

$$r_{\mathrm{G}} = Y_{\mathrm{G/X}}r_{\mathrm{X}} = Y_{\mathrm{G/X}}(\mu c_{\mathrm{X}}) \qquad (11-25)$$

$$q_{\mathrm{G}} = Y_{\mathrm{G/X}}\mu \qquad (11-26)$$

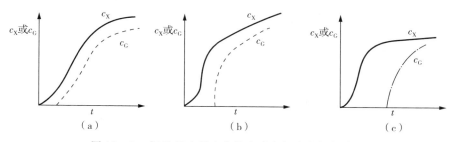

图 11-4　间歇反应器中产物生成和细胞生长的关系

(a) 耦联型；(b) 半耦联型；(c) 非耦联型

2. Ⅱ型称为生长部分耦联型产物

该类型特点是产物的生成与细胞的生长部分耦联,如图11-4(b)所示。产物的生成与底物的消耗仅有时间关系,而无直接的化学计量关系,产物生成与细胞生长仅部分耦联,属于中间类型。在细胞生长的前期基本上无产物生成,一旦有产物生成后,产物的生成速率既与细胞生长有关,又与细菌浓度有关。属于此类型的产物有柠檬酸、氨基酸等。该类型产物生成的动力学方程为

$$r_{\mathrm{G}} = \alpha r_{\mathrm{X}} = \beta c_{\mathrm{X}} \qquad (11-27)$$

$$q_G = \alpha\mu + \beta \tag{11-28}$$

式中：α—— 与细胞生长耦联的产物生成系数；

$\quad\quad \beta$—— 与细胞浓度相关的产物生成系数。

3. Ⅲ 型称为非生长耦联型产物

产物生成与细胞生长无直接联系，其特点是当细胞处于生长阶段时无产物积累，当细胞停止生长后才有大量产物生成，细胞生长和产物生长可以明显区分，该类型产物生成只与细胞的积累量有关，如图 11-4(c) 所示。该类型的产物生成动力学方程为

$$r_G = \beta c_X \tag{11-29}$$
$$q_G = \beta \tag{11-30}$$

第三节　微生物反应器的操作与设计

生化反应器在环境工程方面的应用，不仅体现在异地废物处理，还能够在原位进行废物现场补救。按照所使用的生物催化剂不同，可将其分为酶催化反应器和细胞生化反应器。生化反应器设计计算的基本方程式，即物料衡算式、热量衡算式和动量衡算式，完全类似于化学反应器，只是生化反应动力学具体方程不同于化学反应，且比一般化学反应动力学方程更加复杂，更加非线性化，所以分析与计算更为复杂。现仅介绍最简单的情况，用以说明生化反应器的基本设计计算方法。

一、间歇反应器

（一）酶催化反应过程的反应时间

对于酶催化或发酵，采用间歇反应器较为合适。对于单底物无抑制反应，底物浓度随时间的变化关系满足米氏方程

$$-\frac{dc_S}{dt} = \frac{r_{max}c_S}{K_m + c_S} \tag{11-31}$$

对该式变形积分得

$$-\int_{c_{S0}}^{c_S}(\frac{k_m}{c_S}+1)dc_S = r_{max}\int_0^t dt$$

$$\frac{1}{t}\ln\frac{c_{S0}}{c_S} = \frac{r_{max}}{K_m} = \frac{c_{S0}-c_S}{K_m t} \tag{11-32}$$

式(11-32)为酶反应器的速率积分方程。以$(1/t)\ln(c_{S0}/c_S)$对$(c_{S0}/c_S)/t$作图，得到斜率为$-1/K_m$，截距为r_{max}/K_m，因此确定米氏方程参数。定义转化率为x，则$c_S = c_{S0}(1-x)$，可以得到

$$\frac{1}{t}\ln\frac{1}{(1-x)}=\frac{r_{\max}}{K_{\mathrm{m}}}-\frac{c_{S0}x}{K_{\mathrm{m}}t} \qquad (11-33)$$

上述方程可以用于计算间歇反应器中达到一定转化率时所需的时间。

例 11-2 Meikle 等人采用间歇反应器进行土壤基质的生物农药分解实验,处理时间 423 天,实验数据见表 11-4。利用米氏方程确定反应过程参数。

表 11-4　例 11-1 附表

c_{S0}(mg/L)	c_S(mg/L)	$(c_{S0}-c_S)/t$ $t=423$d	$(1/t)\ln(c_{S0}c_S)$
3.2	1.56	0.003887	0.001698
3.2	1.76	0.003404	0.001413
1.6	0.51	0.002577	0.002703
1.6	0.69	0.002151	0.001988
0.8	0.24	0.001324	0.002846
0.8	0.21	0.001395	0.003162
0.4	0.12	0.000662	0.002846
0.4	0.094	0.00723	0.003424
0.2	0.029	0.00404	0.004565
0.2	0.026	0.000411	0.004823
0.1	0.01	0.000213	0.005443
0.1	0.013	0.000206	0.004823
0.05	0.07	0.000102	0.004648
0.05	0.005	0.000106	0.005443

解:根据上述数据,以 $(1/t)\ln(c_{S0}/c_S)$ 对 $(c_{S0}/c_S)/t$ 作图,如图 11-5 所示。
则 $K_{\mathrm{m}}=-1/$ 斜率 $=1.03$(mg/L)
$r_{\max}/K_{\mathrm{m}}=r_{\max}/1.03=0.00477$,因此可计算出

$$r_{\max}=0.0049(\mathrm{mg/L})/d。$$

(二)细胞反应过程的反应时间

若菌体生长仅有一种限制性底物,且符合 Monod 方程,基质的消耗完全用于菌体生长,其他消耗可忽略不计。因此,菌体的生长速率为

$$r_{\mathrm{X}}=\frac{\mathrm{d}c_{\mathrm{X}}}{\mathrm{d}t}=\frac{\mu_{\max}c_{\mathrm{S}}}{K_{\mathrm{S}}+c_{\mathrm{S}}}c_{\mathrm{X}} \qquad (11-34)$$

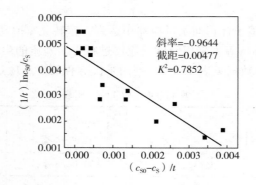

图 11-5　例 11-2 附图

由于基质消耗速率与菌体生长速率间的关系为

$$-\frac{\mathrm{d}c_S}{\mathrm{d}t} = Y_{S/X}\frac{\mathrm{d}c_X}{\mathrm{d}t} \qquad (11-35)$$

当所有底物均消耗于细胞生成,得率系数 $Y_{S/X}$ 为一常数,且当 $t=0$ 时,$c_X=c_{X0}$,$c_S=c_{S0}$,则

$$c_S = c_{S0} - Y_{S/X}(c_X - c_{X0}) \qquad (11-36)$$

将式(11-36)代入式(11-34)得

$$\frac{\mathrm{d}c_X}{\mathrm{d}t} = \frac{\mu_{\max}c_X[c_{S0}-Y_{S/X}(c_X-c_{X0})]}{K_S+c_{S0}-Y_{S/X}(c_X-c_{X0})} \qquad (11-37)$$

对上述方程进行积分得

$$(c_{S0}+Y_{S/X}c_{X0})\mu_{\max}t = (K_S+c_{S0}+Y_{S/X}c_{X0})\ln\frac{c_X}{c_{X0}} - K_S\ln\frac{c_{S0}-Y_{S/X}(c_X-c_{X0})}{c_{X0}}$$

$$(11-38)$$

该式直接表达了菌体浓度与发酵时间的关系。底物浓度与反应时间的关系可联立式(11-37)和式(11-38)得到。

例 11-3　某间歇反应动力学符合 Monod 方程,动力学参量:$\mu_{\max}=0.85\mathrm{h}^{-1}$,$K_S=1.23\times10^{-8}\mathrm{g/L}$,$Y_{X/S}=0.53$。反应开始时,即:$t=0$ 时,$c_{X0}=0.1\mathrm{g/L}$,$c_{S0}=50\mathrm{g/L}$。若不考虑延迟期,求培养至 6h 的细胞浓度。

解:根据式(11-38)

$$(c_{S0}+Y_{S/X}c_{X0})\mu_{\max}t = (K_S+c_{S0}+Y_{S/X}c_{X0})\ln\frac{c_X}{c_{X0}} - K_S\ln\frac{c_{S0}-Y_{S/X}(c_X-c_{X0})}{c_{S0}}$$

$$Y_{S/X} = 1/Y_{X/S} = 1/0.53 = 1.89$$

将已知数据带入得

$$(50 + 1.89 \times 0.1) \times 0.85 \times 6$$

$$= (1.23 \times 10^{-2} + 50 + 1.89 \times 0.1)\ln\frac{c_X}{0.1} - 1.23 \times 10^{-2}\ln\frac{50 - 1.89(c_X - 0.1)}{50}$$

求得培养量至 6h 的细胞浓度为 $c_X = 17g/L$。

二、全混流反应器

全混流反应器已经广泛用于活性污泥法等污染治理中。如图 11-6 所示，底物（或营养物）以一定速率添加到反应器中，并保持其操作条件如 pH、溶解氧以及温度等。

$$q_{V0}c_X = r_X V_X = \mu c_X V_X \qquad (11-39)$$

在全混流反应器中，假设进料中不含菌体，则达到定态操作时，在反应器中菌体的生长速率等于菌体流出速率，即进料流量与培养液体积之比称为稀释率，即 $D = q_{V0}/V_X$，将其代入式（11-39）得：

$$\mu = D \qquad (11-40)$$

D 表示了反应器内物料被"稀释"的程度，量纲为[时间]$^{-1}$。

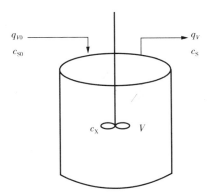

图 11-6　全混流反应器（CSTR）

由式（11-40）可知，在全混流反应器中进行细胞培养时，当达到定态操作后，细胞的比生长速率与反应器的稀释率相等。这是全混流反应器中进行细胞培养时的重要特性。可以利用该特性，用控制培养基的不同进料速率，来改变定态操作下的细胞比生长速率。因此，全混流反应器用于细胞培养时也称恒化器。利用恒化器可较方便地研究细胞生长特性。

(一)Monod 动力学的 CSTR 操作特性

在全混流反应器中,限制性基质浓度和菌体浓度与稀释率有关。对于菌体生长符合 Monod 方程的情况,由于

$$D = \mu = \frac{\mu_{max} c_S}{K_S + c_S} \qquad (11-41)$$

所以,反应器中基质浓度与稀释率的关系为

$$c_S = \frac{K_S D}{\mu_{max} - D} \qquad (11-42)$$

假设限制性基质仅用于细胞生长,则在定态操作时,有

$$q_{V0}(c_{S0} - c_S) = r_S V_X \qquad (11-43)$$

而

$$r_S = \frac{r_X}{Y_{X/S}} = \frac{\mu c_X}{Y_{X/S}} \qquad (11-44)$$

$$c_X = Y_{X/S}(c_{S0} - c_S) \qquad (11-45)$$

将式(11-43)代入,并结合式(11-39)得到反应器中细胞浓度:

$$D(c_{S0} - c_S) = \frac{\mu_{max} c_S c_X}{Y_{X/S}(K_S + c_S)} \qquad (11-46)$$

将式(11-41)代入,得细胞浓度与稀释率的关系,即
可变形为

$$\frac{c_X}{D(c_{S0} - c_S)} = \frac{K_S Y_{X/S}}{\mu_{max}} \cdot \frac{1}{c_S} + \frac{Y_{X/S}}{\mu_{max}} \qquad (11-47)$$

由式(11-42)可知,随着 D 的增大,反应器中 c_S 亦增大,当 D 达到使 $c_S = c_{S0}$ 时,此时稀释率为临界稀释率,即

$$D_c = \mu_c = \frac{\mu_{max} c_{S0}}{K_S + c_{S0}} \qquad (11-48)$$

反应器的稀释率必须小于临界稀释率。一旦 $D > D_c$ 后,反应器中细胞浓度会不断降低,最后细胞从反应器中被"洗出",这显然是不允许的。

细胞的产率 p_X 亦为细胞的生长速率,即

$$p_X = r_X = \mu c_X = D_c X = D Y_{X/S}(c_{S0} - \frac{K_S D}{\mu_{max} - D}) \qquad (11-49)$$

在全混流反应器中,产物生成速率与稀释率关系应根据产物生成的类型,结合动力学方程对反应器作物料衡算得到。

（二）考虑维持代谢的 CSTR 操作特性

对细胞生长反应,当其比生长速率较大时,维持代谢相对细胞生长则可以忽略。但当比生长速率较小时,则维持代谢对细胞生长的动力学特性就会有显著的影响。若考虑维持代谢中 CSTR 为稳态操作,则细胞的质量平衡方程不变,仍存在 $\mu = D$,$Y_{X/S}$ 为常数。该过程的质量守恒考虑菌体的生长、流出以及生物降解,因而有

$$D = \mu = \frac{\mu_{\max} c_S}{K_S + c_S} - k_d \tag{11-50}$$

将式(11-46)重组得

$$\frac{\mu_{\max} c_X}{K_S + c_S} = Y_{X/S} D \frac{c_{S0} - c_S}{c_X} \tag{11-51}$$

再结合式(11-50),可得

$$\frac{c_{S0} - c_S}{c_X} = \frac{k_d}{Y_{X/S} D} + \frac{1}{Y_{X/S}} \tag{11-52}$$

以 $(c_{S0} - c_S)/c_X$ 对 $1/D$ 作图,可得一直线,斜率为 $k_d/Y_{X/S}$,截距为 $1/Y_{X/S}$。从而可确定反应器动力学参数。

例 11-4　一全混流发酵罐中反应达到稳态,稀释率如表 11-5 所示。底物反应初始浓度为 700 mg/L。根据表 11-5 的实验数据计算 Monod 方程常数 $\mu_{\max}$ 和 K_S,细胞得率 $Y_{X/S}$ 及自衰系数 k_d。

表 11-5　例 11-4 附表 1

$D(\text{h}^{-1})$	$c_S(\text{mg/L})$	$c_X(\text{mg/L})$
0.30	45	326
0.25	41	328
0.30	16	340
0.12	8	342
0.08	3.8	344

解:根据式(11-47)和式(11-52)对实验数据进行处理,结果如表 11-5 所示。

表 12 - 6 例 12 - 4 附表 2

D	c_S	c_X	$1/D$	$(c_{S0}-c_S)/c_X$	$1/c_S$	$c_X/D(c_{S0}-c_S)$
0.30	45	326	3.33	2.0092	0.0222	1.659
0.25	41	328	4.00	2.0091	0.0244	1.991
0.20	16	240	5.00	2.0118	0.0525	2.485
0.12	8	342	8.33	2.0234	0.1250	4.118
0.08	3.8	344	12.50	2.0238	0.2632	6.176

分别以 $(c_{S0}-c_S)/c_X$ 对 $1/D$、$c_X/D(c_{S0}-c_S)$ 对 $1/c_S$ 作图,如图 11 - 7 所示。

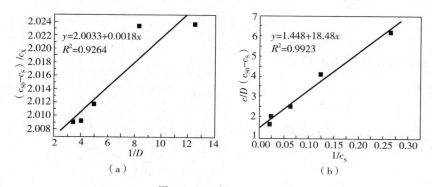

图 11 - 7 例 11 - 4 图

(a)$(c_{S0}-c_S)/c_X$ 对 $1/D$ 关系图;(b)$c_X/D(c_{S0}-c_S)$ 对 $1/c_S$ 关系图

图 11 - 7(a) 中,截距 $=1/Y_{X/S}=2.0033$,即 $Y_{X/S}=0.50$。

斜率 $=k_d/Y_{X/S}=0.0018$,计算 $k_d=0.0018/2.0033=0.0009(\text{h}^{-1})$。

图 11 - 7(b) 中,截距 $=Y_{X/S}/\mu_{max}=1.448$。

$\mu_{max}=0.50/1.448=0.34(\text{h}^{-1})$。

斜率 $=K_S Y_{X/S}/\mu_{max}=1.448K_S=18.48$。

别 $K_S=18.48/1.448=12.8(\text{mg/L})$。

思考题与习题

11 - 1 在一培养器内利用间歇操作将某细菌培养到对数增长期,细胞浓度达到 1.0g/L 时改为连续操作,将培养液连续供入培养器(稀释率 $D=1.0\text{h}^{-1}$),测得不同时间时的细胞浓度如下表所示。试用作图法求出该细菌的 μ_{max}(假设在该实验条件下细菌的生长符合 Monod 方程,且 $S \gg K_S$)。

习题 11 - 1 附表

$t(\text{h})$	0	0.5	1.0	1.5	2.0	2.5	3.0	3.5
$X(\text{g} \cdot \text{L}^{-1})$	1.00	0.96	0.67	0.50	0.43	0.33	0.26	0.20

习题 11-2 附表

序号	输入流速(mL/s)	温度(℃)	c_B(mol/L)
1	2	13	1.8
2	15	13	1.5
3	15	84	1.8

通过计算说明该反应的反应速率表达式。

11-2　在间歇反应器内的酶催化底物的反应速率方程如下

$$r_c = \frac{kc_c}{K + c_c}$$

式中：k——最大反应速率，mg/(L·min)；

　　c_c——底物浓度，mg/L；

　　K——常数，mg/L。

请用该公式推导出在反应器内的底物随时间降解的浓度关系；如果 $k = 40$mg/(L·min)，$x = 100$mg/L，$K = 100$mg/L，计算出底物浓度由 1000mg/L 降低到 100mg/L 的时间。

11-3　一连续流搅拌槽被用于污水处理。可假设在反应器内的反应速率方程为 $r = kc$ 的不可逆一级反应，且反应速率常数为 0.15d，若反应器的容积为 20m³，要使污染物的去除率达到 98%，则该反应器的流速应为多大？若要使污染物的去除率达到 92%，则该反应器的流速又应为多大？

11-4　以葡萄糖为基质在一连续培养器中培养大肠杆菌，培养液的基质浓度为 5g/L，当 $D = 0.15$ h⁻¹ 时，出口处的基质浓度为 0.1g/L，细胞浓度为 2.5g/L。若大肠杆菌的生长符合 Monod 方程，且 $K_s = 0.2$g/L，试求出 μ_{max} 和 $Y_{X/S}$。

参 考 文 献

［1］胡洪营,张旭,黄霞,等．环境工程原理．北京:高等教育出版社,2005

［2］蒋展鹏．环境工程学(第二版)．北京:高等教育出版社,2005

［3］Machenzie L Davis,Susan J Masten．环境科学与工程原理(影印版)．北京:清华大学出版社,2004

［4］威廉 W,纳扎罗夫,莉萨·阿尔瓦雷斯-科恩著．环境工程原理．漆新华,刘春光译．北京:化学工业出版社,2006

［5］蒋维钧,戴猷元,顾惠君,等．化工原理(第 3 版)(上册)．北京:清华大学出版社,2009

［6］张濂,许志美,袁向前．化学反应工程原理．上海:华东理工大学出版社,2007

［7］沈光球,陶家洵,徐功骅．现代化学基础．北京:清华大学出版社,1999

［8］胡忠鲠．现代化学基础．北京:高等教育出版社,2000

［9］许保玖,龙腾锐．当代给水与废水处理原理．北京:高等教育出版社,2000

［10］朱慎林,朴香兰,赵毅红．环境化工技术及应用．北京:化学工业出版社,2003

［11］戚以政．生化反应动力学与反应器．北京:化学工业出版社,1999

［12］李绍芬．反应工程(第二版)．北京:化学工业出版社,1999

［13］朱炳辰．化学反应工程．北京:化学工业出版社,2007

［14］H. 斯科特·福格勒．化学反应工程．北京:化学工业出版社,2005

［15］郭锴,唐小恒,周绪美．化学反应工程．北京:化学工业出版社,2008

［16］尹芳华,李为民．化学反应工程基础．北京:中国石化出版社,2000

［17］李天成,王军民,朱慎林．环境工程中的化学反应技术及应用．北京:化学工业出版社,2005

［18］陈仁学．化学反应工程与反应器．北京:国防工业出版社,1988

［19］山根恒夫．生化反应工程．周斌译．西安:西北大学出版社,1992

［20］Bruce E R, Perry L M. Environmental Biotechnology: Principles and

Applications. 北京:清华大学出版社,2002

[21] 黄恩才. 化学反应工程. 北京:化学工业出版社,1996

[22] Valsaraj K. T. Elements of Environmental Engineering. CRC Press,2009

[23] 王志魁. 化工原理(第三版). 北京:化学工业出版社,2005

[24] 王承学,等. 化学反应工程. 北京:化学工业出版社,2009

[25] 王正烈,周亚平. 物理化学. 北京:高等教育出版社,2001

[26] 王晓红,田文德,王英龙. 化工原理. 北京:化学工业出版社,2009

[27] Davis M L & Masten S J. Principles of Environmental Engineering and Science. McGraw-Hill,2004

[28] Levenspiel O ,Lou S. Chemical Reaction Engineering (Third Edition), John Wiley & Sons. New York, Chichester Weinheim Brisbane Singapore Toronto 1999

[29] Fogler,Scott H. Elements of chemical reaction engineering,Pearson Education Asia LTD. ,2006

[30] Mackenzie L, Davis, Susun J. Masten: Principles of Environmental Engineering and Science. 王建龙译. 北京:清华大学出版社,2007

[31] Neal R, Amundson, Dan Luss. Reviews In Chemical Engineering. Freund Publishing House LTD,1992.

[32] Valsaraj K T. Elements of environmental engineering. CRC Press,2009

[33] Beltrán F J. Ozone reaction kinetics for water and wastewater systems. Lewis publishers,CRC Press,2004

[34] Sotelo J L,Beltran T J,et al. Industrial & Engineering Chemistry Research. 1987,26:39

[35] Richardson J F,Peacock D G. Chemical Engineering. Third Edition. 北京:世界图书出版公司,1994